Mathematik heute 5

Rheinland-Pfalz

Herausgegeben von
Heinz Griesel, Helmut Postel

Schroedel

Mathematik
heute 5
Rheinland-Pfalz

Herausgegeben und bearbeitet von

Professor Dr. Heinz Griesel
Professor Helmut Postel

Heiko Cassens, Günter Cöster, Dr. Rudolf vom Hofe, Erwin Hollmann, Swantje Huntemann, Wolfgang Krippner, Manfred Popken, Rudolf Prosch, Klaus Schäfer, Hans Weckesser, Dieter Wolny

Beratend an dieser Ausgabe für Rheinland-Pfalz wirkten mit: Dieter Gruber, Erich Mathis, Wolfgang Scheffka

Zum Schülerband erscheint:
Lösungen
Best.-Nr. 83631

ISBN 3-507-**83621**-1

© 1997 Schroedel Verlag GmbH, Hannover

Alle Rechte vorbehalten. Dieses Werk sowie einzelne Teile desselben sind urheberrechtlich geschützt. Jede Verwertung in anderen als den gesetzlich zugelassenen Fällen ist ohne vorherige schriftliche Zustimmung des Verlages nicht zulässig.

Druck A $^{5\,4\,3\,2}$ / Jahr 03 02 01 2000

Alle Drucke der Serie A sind im Unterricht parallel verwendbar. Die letzte Zahl bezeichnet das Jahr dieses Druckes.

Titel- und Innenlayout: Helke Brandt & Partner
Illustrationen: Dietmar Griese; Zeichnungen: Günter Schlierf
Satz: K. Triltsch, Druck- und Verlagsanstalt GmbH, 97070 Würzburg
Druck: klr mediapartner GmbH & Co., 49525 Lengerich (Westf.)

Gedruckt auf Papier, das nicht mit Chlor gebleicht wurde. Bei der Produktion entstehen keine chlorkohlenwasserstoffhaltigen Abwässer.

Inhaltsverzeichnis

5 Zum Aufbau des Buches

Kapitel 1

- 6 **Natürliche Zahlen**
- 7 Zahlen über 1 Million
- 14 Anordnung der natürlichen Zahlen
- 19 Andere Zahlschreibweisen
- 24 Darstellen von Zahlen in Diagrammen
- 29 Bist du fit?

Kapitel 2

- 30 **Rechnen mit natürlichen Zahlen**
- 31 Addieren und Subtrahieren einer Zahl
- 37 Schriftliche Verfahren beim Addieren und Subtrahieren
- 42 Vermischte Übungen zur Addition und Subtraktion
- 44 Multiplizieren und Dividieren einer Zahl
- 51 Potenzieren
- 53 Schriftliche Verfahren beim Multiplizieren
- 56 Schriftliche Verfahren beim Dividieren
- 62 Vermischte Übungen
- 64 Bist du fit?

Kapitel 3

- 66 **Terme – Rechengesetze – Gleichungen**
- 67 Rechenwege „auf einen Blick" – Klammern
- 75 Vorteilhaft rechnen – Rechengesetze
- 85 Gleichungen und Ungleichungen
- 90 Bist du fit?

Kapitel 4

- 92 **Geometrie**
- 93 Körper – Ecken, Kanten, Flächen
- 96 Strecken und Vielecke – Koordinatensystem
- 103 Geraden – Beziehungen zwischen Geraden
- 114 Rechtecke – Parallelogramme
- 118 Herstellen von Würfeln und Quadern aus einem Netz
- 121 Schrägbild vom Quader
- 124 Achsensymmetrische Figuren
- 128 Spiegeln und Verschieben von Figuren
- 134 Vermischte Übungen
- 136 Bist du fit?

Kapitel 5

- 138 **Sachrechnen**
- 139 Längen und Längenmessung
- 146 Rechnen mit Längen
- 151 Gewichte und Gewichtsmessung
- 157 Rechnen mit Gewichten
- 159 Zeitspannen – Zeitpunkte – Rechnen mit Zeitspannen
- 166 Vermischte Übungen
- 167 Bist du fit?
- 168 Im Blickpunkt: Fernsehgewohnheiten

Kapitel 6

- 170 **Flächeninhalte**
- 171 Flächenvergleich – Messen von Flächen
- 179 Umwandeln in andere Maßeinheiten – Kommaschreibweise
- 183 Rechnen mit Flächeninhalten
- 188 Berechnungen am Rechteck
- 192 Vermischte Übungen
- 193 Bist du fit?

Kapitel 7

- 194 **Volumina (Rauminhalte)**
- 195 Volumen (Rauminhalt) eines Körpers – Angabe durch Zahlenwert und Maßeinheit
- 202 Umwandeln in andere Volumeneinheiten – Kommaschreibweise
- 206 Rechnen mit Volumina (Rauminhalten)
- 210 Berechnungen am Quader
- 216 Vermischte Übungen
- 217 Bist du fit?
- 218 Im Blickpunkt: Flughäfen im Vergleich

- 221 Lösungen zu „Bist du fit?"
- 223 Maßeinheiten und ihre Umrechnungen
- 223 Verzeichnis mathematischer Symbole
- 224 Stichwortverzeichnis

Zum Aufbau des Buches

Zum methodischen Aufbau der einzelnen Lerneinheiten

Die einzelnen Lerneinheiten sind mit einer Überschrift versehen. Sie bestehen aus:

1. *Einstiegsaufgabe mit vollständiger Lösung*
   Die Einstiegsaufgabe soll beim Schüler eine Aktivität in Gang setzen, die zum Kern der Lerneinheit führt. Die Lösung sollte im Unterricht erarbeitet werden.

2. *Zum Festigen und Weiterarbeiten*
   Dieser Teil der Lerneinheit dient der ersten Festigung der neuen Inhalte sowie ihrer Durcharbeitung, indem diese Inhalte durch Variation des ursprünglichen Lösungsweges sowie Zielumkehraufgaben, benachbarte Aufgaben und Anschlussaufgaben zu den bisherigen Inhalten in Beziehung gesetzt werden. Die Lösungen sollten im Unterricht erarbeitet werden.

3. *Informationen und Ergänzungen*
   Informationen und Ergänzungen werden gegeben, wenn dies günstiger als erarbeitendes Vorgehen ist.

4. *Zusammenfassung des Gelernten*
   In einem roten Rahmen werden die Ergebnisse zusammengefasst und übersichtlich herausgestellt. Musterbeispiele als Vorbild für Schreibweisen und Lösungswege werden in blauem Rahmen angegeben.

5. *Übungen*
   Übungen sind als Abschluss jeder Lerneinheit zusammengefasst.
   Aufgaben mit Lernkontrollen sind an geeigneten Stellen eingefügt.
   Spiele und spielerische Übungsformen setzen Arbeitsweisen der Grundschule fort.
   Die methodische Freiheit des Lehrers wird dadurch gewahrt, dass die große Zahl der Aufgaben auch eigene Wege gestattet.

6. *Vermischte Übungen*
   In fast allen Kapiteln findet sich am Ende ein Abschnitt mit der Überschrift *Vermischte Übungen*, in welchem die erworbenen Qualifikationen in vermischter Form angewandt werden müssen. Weitere vermischte Übungen sind auch in die übrigen Abschnitte eingestreut.
   Grundsätzlich lassen sich viele Übungsaufgaben auch im Team bearbeiten. In einigen besonderen Fällen werden Anregungen zur *Teamarbeit* gegeben.

7. *Bist du fit?*
   Am Ende eines jeden Kapitels gibt es einen Abschnitt mit der Überschrift: *Bist du fit?* Hier werden in besonderer Weise Grundqualifikationen, die im Kapitel erworben worden sind, abgetestet.
   Die Lösungen dieser Aufgaben sind im Buch auf den Seiten 221 und 222 abgedruckt.

Zur Differenzierung

Der Aufbau und insbesondere das Übungsmaterial sind dem Schwierigkeitsgrad nach gestuft. Dem Lehrer sei daher empfohlen, bei den schwierigeren Aufgaben zu überprüfen, welche für seine Schüler noch angemessen sind.
Eine weitere Hilfe für die individuelle Förderung der einzelnen Schüler geben die folgenden Zeichen:
Etwas anspruchsvollere Aufgaben sind mit roten Aufgabenziffern versehen.
Zusatzstoffe sind durch △ und ▲ gekennzeichnet.

Natürliche Zahlen

„Wie viele sind es?" Diese Frage ist schon sehr alt. Als unsere Vorfahren Jäger und Sammler waren, zählten sie bereits ihre Häute und Faustkeile. Dabei benutzten sie aber nur wenige Zahlen. Noch in der heutigen Zeit gibt es Volksstämme, die nur wenige Zahlen kennen. Nördlich von Australien leben auf einigen kleinen Inseln die Torres-Insulaner. Sie kennen nur zwei Zahlwörter: „urapun" für eins und „okosa" für zwei. Um weiterzuzählen, kombinieren sie diese beiden Wörter: „urapun-okosa" für drei, „okosa-okosa" für vier. Kannst du ihre Zahlwörter für fünf und sechs angeben?

Für die Zahlen ab sieben haben die Insulaner keine Namen. Sie sagen dann einfach: „viel". Auch in den Sagen und Märchen aus Europa spielt die Zahl „sieben" eine besondere Rolle. Sie wird oft im Sinne von „viel" oder „weit" benutzt, zum Beispiel bei den „Siebenmeilenstiefeln" oder „Hinter den sieben Bergen". Vielleicht haben unsere Vorfahren ähnlich gedacht wie die Torres-Insulaner.

Heute können wir mühelos mit sehr großen Zahlen umgehen.
Wusstest du schon, dass
- dein Herz im Jahr ungefähr 42 000 000-mal schlägt?
- die Sonne etwa 150 000 000 Kilometer von der Erde entfernt ist?
- im Jahre 1996 auf der Erde etwa 5 825 000 000 Menschen lebten?

Zahlen über 1 Million
Große Zahlen – Stellentafel

1. *Aus der Welt der Märchen:*
In einem fernen Lande lebte einmal ein König. Er suchte im ganzen Lande jemanden, der ihm einen neuen Brunnen bauen sollte. Eines Tages kam Mula und versprach einen Brunnen zu bauen.
Mula erbat sich als Lohn für den ersten Tag 1 Taler, für den zweiten Tag 2 Taler, für den dritten Tag 4 Taler, für den vierten Tag 8 Taler usw.
Der König hielt diesen Vorschlag für sehr bescheiden. Nach einigen Tagen merkte er aber, dass er überlistet war. Als der Brunnen fertig war, war der König ein armer Mann.

Aufgabe

a. Wie viele Taler erhielt Mula am 5., am 6., am 7., …, am 30. Tag?
An welchem Tag verlangte Mula erstmals mehr als 1 000 Taler?
An welchem Tag erstmals mehr als 1 000 000 Taler?

b. Am 32. Tag wurde der Brunnen fertig. Wie viele Taler forderte Mula für den 32. Tag?

Lösung

a. In der Tabelle steht, wie viele Taler Mula an den einzelnen Tagen verlangte.
Am 11. Tag erhielt Mula erstmals mehr als 1 000 Taler, nämlich 1 024 Taler. Am 21. Tag waren es erstmals mehr als 1 000 000 Taler, nämlich 1 048 576 Taler.
Die Zahl 1 048 576 wird gelesen:
1 Million 48 Tausend 576
Am 30. Tag verlangte Mula 536 870 912 Taler (gelesen: *536 Millionen 870 Tausend 912*).

Tag	Taler
1.	1
2.	2
3.	4
4.	8
5.	16
6.	32
7.	64
8.	128
9.	256
10.	512
11.	1 024
12.	2 048
13.	4 096
14.	8 192
15.	16 384
16.	32 768
17.	65 536
18.	131 072
19.	262 144
20.	524 288
21.	1 048 576
22.	2 097 152
23.	4 194 304
24.	8 388 608
25.	16 777 216
26.	33 554 432
27.	67 108 864
28.	134 217 728
29.	268 435 456
30.	536 870 912

b. *31. Tag:*
```
    536 870 912
+   536 870 912
  1 073 741 824
```
(*1 Milliarde 73 Millionen 741 Tausend 824*)

32. Tag:
```
  1 073 741 824
+ 1 073 741 824
  2 147 483 648
```
(*2 Milliarden 147 Millionen 483 Tausend 648*)

Ergebnis: Am 32. Tag verlangte Mula 2 147 483 648 Taler.

Kapitel 1

Information

(1) Stellentafel

Große Zahlen sind oft nicht leicht zu überblicken. Wenn man sie in einer **Stellentafel** darstellt, gewinnt man eine Übersicht über ihren Aufbau.

Billionen	Milliarden	Millionen	Tausender			H	Z	E	Gelesen
			HT	ZT	T				
			8	6	2	1	2	5	862 Tausend 125
		1	2	5	6	3	4	5	0	12 Millionen 563 Tausend 450
		3	0	5	0	0	0	8	4	305 Millionen 84
	2	0	0	0	0	4	8	0	0	2 Milliarden 48 Tausend
	4	2	9	4	0	0	0	0	0	4 Milliarden 294 Millionen
7	0	6	7	0	0	0	0	0	0	7 Billionen 67 Milliarden

Hier ist die letzte Zahl aufgeschrieben: 7 067 000 000 000. Anstelle der dicken Striche lässt du Zwischenräume. Gelegentlich wird auch ein Punkt gesetzt. Es entstehen Dreierpäckchen. Notiere auch die anderen Zahlen aus der Stellentafel so.

(2) Zehnersystem, Stufenzahlen

Wir schreiben unsere Zahlen im *Zehnersystem*.
Dazu reichen die *zehn* Ziffern 0, 1, 2, 3, 4, 5, 6, 7, 8, 9 aus.

Stufenzahlen im Zehnersystem:
1 Zehner   = 10 Einer   = 10
1 Hunderter = 10 Zehner   = 100
1 Tausender = 10 Hunderter = 1 000   usw.

Tausend: 3 Nullen
Million: 6 Nullen
Milliarde: 9 Nullen
Billion: 12 Nullen

Große Stufenzahlen im Zehnersystem:
1 Million   (kurz: 1 Mio.) = 1 000 Tausender =   1 000 000
1 Milliarde (kurz: 1 Mrd.) = 1 000 Millionen =   1 000 000 000
1 Billion   = 1 000 Milliarden = 1 000 000 000 000

Zum Festigen und Weiterarbeiten

2. Julia hat Schwierigkeiten die hohen Zahlen bei Mulas Geldbeträgen (Aufgabe 1) zu lesen. Daher trägt sie die Zahlen vom 20. Tag an in eine Stellentafel ein.

	Milliarden		Millionen			Tausender			H	Z	E
						HT	ZT	T			
20. Tag							5	2	4	2	8	8
21. Tag					1	0	4	8	5	7	6
22. Tag					2	0	9	7	1	5	2
23. Tag											

a. Zeichne die Stellentafel ab und trage die Zahlen bis zum 32. Tag ein. Lies die Zahlen.

b. Trage ein, wie viel Taler Mula am 33. Tag, 34. Tag, 35. Tag, 36. Tag fordern würde. Lies die Zahlen.

c. An welchem Tag übersteigt sein Tageslohn zum ersten Mal 1 Billion Taler?

3. Lies die Zahlen und schreibe sie. Achte auf „Dreierpäckchen".

a.

Millionen			Tausender			H	Z	E
			1	5	7	6	5	0	0
		1	7	9	3	0	0	0
		2	0	8	5	0	0	0
	1	4	8	2	0	0	0	0
	4	5	5	0	0	0	0	0

b.

Bill.	Milliarden			Millionen			Tausender			H	Z	E
			5	1	6	4	0	8	0	5	6	1
		1	6	3	0	9	4	5	0	0	1	4
	7	4	2	6	0	0	5	8	5	0	0	0
4	3	5	2	6	5	5	8	1	5	2	1	2
7	6	0	4	1	3	4	9	0	0	7	3	0	4

4. Lies die Zahlen. Trage sie dann in eine Stellentafel ein.

a. 2 400 000	**b.** 1 650 000	**c.** 1 335 440 578	**d.** 7 348 655 423 282
25 500 000	13 585 000	38 467 005 151	15 278 050 730 000
536 000 000	475 150 970	778 966 630 065	23 000 006 583 620

5. Schreibe nur mit Ziffern.

a. 4 Millionen	**b.** 15 Millionen	**c.** 34 Millionen 6 Tausend
40 Millionen	60 Millionen	280 Millionen 19 Tausend
4 Milliarden	700 Milliarden	10 Milliarden 60 Millionen
400 Milliarden	3 Milliarden	3 Billionen 700 Milliarden

6. a. Um wie viel € war der zuerst angegebene Betrag in der Zeitungsmeldung zu hoch?

b. Hänge bei 50 000 € eine Null an. Um wie viel € vergrößert sich der Betrag?

c. Streiche bei 900 000 € eine Null. Um wie viel € nimmt der Betrag ab?

> **Auf die Null kommt es an**
> In der letzten Bekanntmachung hatte sich ein Fehler eingeschlichen. Es wurden nicht 400 000 € zur Sportförderung bewilligt, wie irrtümlich mitgeteilt, sondern nur 40 000 €

Übungen

7. Trage in eine Stellentafel ein.

a. 7 550 366	**b.** 91 012 817	**c.** 657 112 455	**d.** 8 053 183 253
14 576 791	75 072 190	840 234 987	6 726 745 500 953
150 418 691	567 880 710	6 547 503 464	28 273 762 112 035

8. Schreibe mit Ziffern.

$6\,ZT + 5\,H + 2\,Z + 3\,E = 60\,523$

a. 8 T + 4 Z + 4 E	**b.** 2 Mio. + 6 HT	**c.** 3 Mrd. + 40 Mio. + 6 HT
2 HT + 3 ZT + 8 H + 5 Z	1 Mio. + 3 HT	10 Mrd. + 800 Mio. + 9 HT + 4 ZT
8 ZT + 4 T + 2 Z + 5 E	7 Mrd. + 225 Mio.	100 Mrd. + 300 Mio. + 7 HT + 3 T
6 HT + 1 ZT + 7 H + 4 Z	2 Mrd. + 140 Mio.	6 Bill. + 200 Mrd. + 35 Mio. + 8 HT

9. Zerlege die Zahlen in Bill., Mrd., Mio., HT, ZT, T, H, Z, E (siehe Aufgabe 8).

a. 846 856	**b.** 751 930	**c.** 690 097	**d.** 2 450 000	**e.** 4 850 200 000
425 746	434 018	305 037	6 072 500	1 004 090 000
249 220	780 657	801 402	18 003 020	8 795 012 006 000

10. Schreibe nur mit Ziffern.

a. 15 Milliarden
36 Billionen
200 Millionen
6 Milliarden

b. 5 Millionen 800 Tausend 17
5 Milliarden 12 Millionen 50 Tausend
13 Milliarden 8 Millionen 7 Tausend
4 Milliarden 20 Millionen 65 Tausend

c. 1 Billion 5 Milliarden 13 Tausend 67
29 Billionen 823 Millionen
72 Billionen 8 Tausend
138 Billionen 93 Millionen 216

Kapitel 1

11. *Rohstoffreserven der Erde:*

Gold	11 Tausend Tonnen	Kupfer	308 Mio. Tonnen
Silber	170 Tausend Tonnen	Blei	91 Mio. Tonnen
Zink	123 Mio. Tonnen	Eisen	100 Mrd. Tonnen
Kohle	5000 Mrd. Tonnen	Aluminium	1 Mrd. 117 Mio. Tonnen
Erdöl	95 Mrd. Tonnen	Zinn	4 Mio. 250 Tausend Tonnen

Schreibe diese Angaben mit Ziffern.

12. Auf einem Scheck ist der €-Betrag auch in Worten angegeben.

   a. Schreibe mit Ziffern.
      (1) siebentausenddreihundertsiebzehn
      (2) neunzehntausendsiebenhundertvierzig
      (3) achtunddreißigtausendfünfhundertvier
      (4) neunhundertsechzehntausendfünfhundertsieben

   b. Schreibe in Worten.
      (1) 204   (2) 752   (3) 4550   (4) 9820   (5) 38500   (6) 240712

13. In China leben ungefähr 1 Milliarde Menschen. Wie viele Millionen Menschen sind das?

14. **a.** In der Bundesrepublik Deutschland waren 1997 ungefähr 2 303 000 000 1-DM-Stücke in Umlauf
Gegen wie viele Tausendmarkscheine könnte man diese Münzen tauschen?

   b. Von den Münzarten war 1997 das 1-Pf-Stück am meisten verbreitet. Es gab 16 800 000 000 1-Pf-Stücke. Gegen wie viele 1-DM-Stücke könnte man sie tauschen?

15. Gib den Wert der Geldscheine rechts in DM an.

In der Bundesrepublik waren 1997 im Umlauf
518 800 000   Zehnmarkscheine
995 410 000   Hundertmarkscheine
  88 511 000   Tausendmarkscheine

16. Ein Stapel aus 100 Blatt Papier ist ungefähr 1 cm dick.

   a. Wie dick ist ein Stapel aus 1000 Blatt, wie dick ein Stapel aus 10 000 Blatt?

   b. 1 Million Blätter sollen zu Stapel mit je 10 000 Blatt geordnet werden. Wie viele Stapel erhält man?

   c. Wie hoch wäre ein Stapel aus 1 Million Blatt Papier?

Zum Knobeln

17. Miriams Mutter kauft ein gebrauchtes Auto für 4300 €. Mit wie vielen 500-€-Scheinen und 100-€-Scheinen könnte sie das Auto bezahlen?
Es gibt mehrere Möglichkeiten. Findest du alle?

18. Schreibe mit Ziffern.

   a. 11 Hundert   **b.** 11 Hundert 11   **c.** 11 Tausend 11 Hundert 11

Stufenzahlen als Zehnerpotenzen

Aufgabe

1. Große Stufenzahlen können wir wegen der vielen Nullen nur mühsam schreiben.
   Man kann Stufenzahlen kürzer schreiben. Um das zu verstehen, schreibe zunächst die Zahlen 10 000, 100 000, 1 000 000, 10 000 000 als Malaufgabe wie im Beispiel. Benutze dabei nur die Zahl 10.

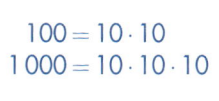

$100 = 10 \cdot 10$
$1\,000 = 10 \cdot 10 \cdot 10$

Lösung

$10\,000 = 10 \cdot 10 \cdot 10 \cdot 10$ $1\,000\,000 = 10 \cdot 10 \cdot 10 \cdot 10 \cdot 10 \cdot 10$
$100\,000 = 10 \cdot 10 \cdot 10 \cdot 10 \cdot 10$ $10\,000\,000 = 10 \cdot 10 \cdot 10 \cdot 10 \cdot 10 \cdot 10 \cdot 10$

Für $10 \cdot 10 \cdot 10 \cdot 10$ schreibt man kürzer:
10^4 (gelesen: *10 hoch 4*)
10^4 ist eine **Potenz (Zehnerpotenz)**.
Sie hat die *Grundzahl* 10 und die *Hochzahl* 4.
Es gilt: $10^3 = 10 \cdot 10 \cdot 10 = 1\,000$
Man schreibt auch: $10^1 = 10$

Hochzahl (Exponent)

$$10^4$$

Grundzahl (Basis)

10^4
Die 10 viermal
hinschreiben:
$10 \cdot 10 \cdot 10 \cdot 10$

Zum Festigen und Weiterarbeiten

2. **a.** Schreibe als Malaufgabe: 10^3, 10^5, 10^2, 10^6, 10^8
   b. Schreibe die Stufenzahlen 10, 100, 1 000, …, 1 000 000 000 als Zehnerpotenzen.
   c. Berechne und vergleiche: (1) 10^4; $10 \cdot 4$ (2) 10^7; $10 \cdot 7$ (3) $10 \cdot 9$; 10^9

3. **a.** Schreibe die Zahlen mit Zehnerpotenzen.
   (1) 500   (2) 80 000   (3) 5 000 000   (4) 400 000 000
   9 000   300 000   60 000 000   9 000 000 000

   $6\,000 = 6 \cdot 1\,000$
   $ = 6 \cdot 10^3$

   b. Gib die Zahlen ohne Zehnerpotenzen an.
   (1) $7 \cdot 10^3$ (2) $2 \cdot 10^5$ (3) $3 \cdot 10^6$ (4) $4 \cdot 10^7$

   $5 \cdot 10^4 = 5 \cdot 10\,000$
   $ = 50\,000$

4. Schreibe die Zahlen in der Stellentafel wie im Beispiel.

   $84\,056\,000 = 8 \cdot 10^7 + 4 \cdot 10^6 + 5 \cdot 10^4 + 6 \cdot 10^3$

Billionen			Milliarden			Millionen			Tausender					
									HT	ZT	T	H	Z	E
10^{14}	10^{13}	10^{12}	10^{11}	10^{10}	10^9	10^8	10^7	10^6	10^5	10^4	10^3	10^2	10^1	1
							4	6	0	8	5	0	0	1
					3	0	0	7	5	0	0	0	0	4
3	0	6	1	4	5	0	0	4	0	2	0	0	0	0

Übungen

5. **a.** $6 \cdot 10^2$ **b.** $9 \cdot 10^3$ **c.** $1 \cdot 10^5$ **d.** $13 \cdot 10^4$ **e.** $27 \cdot 10^9$
   $2 \cdot 10^1$ $7 \cdot 10^4$ $8 \cdot 10^6$ $11 \cdot 10^5$ $36 \cdot 10^8$

6. Schreibe die Zahlen mit Zehnerpotenzen wie in Aufgabe 3a.
   a. 700   **b.** 80 000   **c.** 900 000   **d.** 50 000 000   **e.** 30 000 000 000
   4 000   5 000   30 000   7 000 000   2 000 000 000

7. Gib die Zahlen ohne Zehnerpotenzen an.

$7 \cdot 10^3 + 2 \cdot 10^1 + 3 = 7023$

a. $6 \cdot 10^3 + 8 \cdot 10^2 + 1 \cdot 10^1 + 9$
$5 \cdot 10^3 + 4 \cdot 10^2 + 3 \cdot 10^1 + 1$
$7 \cdot 10^4 + 2 \cdot 10^3 + 6 \cdot 10^2 + 4 \cdot 10^1$
$9 \cdot 10^6 + 3 \cdot 10^4 + 4 \cdot 10^3 + 6 \cdot 10^2$

b. $8 \cdot 10^9 + 6 \cdot 10^7 + 5 \cdot 10^4 + 3 \cdot 10^1$
$1 \cdot 10^8 + 3 \cdot 10^6 + 4 \cdot 10^3 + 9 \cdot 10^1 + 3$
$4 \cdot 10^9 + 7 \cdot 10^6 + 1 \cdot 10^5 + 2 \cdot 10^3 + 10^1$

8. Schreibe mit Zehnerpotenzen wie in Aufgabe 4.

	a.	b.	c.	d.	e.
	8120	18300	604900	1608700	12000500000
	6045	245000	7505000	4000609	5007000200
	35800	400072	3046070	17500060	20060200000

9. Die Erde ist vor $5 \cdot 10^9$ Jahren entstanden, die Lebewesen später. Schreibe die folgenden Zeitangaben ohne Potenzen.

Bakterien	Fische	Insekten	Saurier	Blütenpflanzen	Mensch
$6 \cdot 10^8$ Jahre	$45 \cdot 10^7$ Jahre	$4 \cdot 10^8$ Jahre	$2 \cdot 10^8$ Jahre	$7 \cdot 10^7$ Jahre	10^5 Jahre

Vorgänger, Nachfolger
Die unbegrenzte Folge der natürlichen Zahlen

Aufgabe

1. a. Der Fahrrad-Tachometer zeigt für den Kilometerstand die Zahl 10099 an.
Wie heißt die vorhergehende Zahl (der *Vorgänger*)?
Wie heißt die nachfolgende Zahl (der *Nachfolger*)?
b. Bis zu welcher Zahl kann das Gerät zählen?
c. Wie müsste man das Gerät erweitern, damit es noch weiter zählen könnte?

Lösung

a. Vorgänger 10098
Zahl 10099
Nachfolger 10100
b. Das Gerät kann bis 99999 zählen.
c. Man erweitert die Anzeige um weitere Stellen.

Anzeige für die	Das Gerät zählt bis
Zehntausender	99999
Hunderttausender	999999
Millionen	9999999
Zehnmillionen	99999999

Zum Festigen und Weiterarbeiten

2. *Gehe auf Entdeckungsreise:* Wo findet man Zählwerke?

3. Wie heißt der Nachfolger der Zahl? Wie heißt der Vorgänger der Zahl?
Denke an einen Kilometerzähler.

a. 150 **b.** 528 **c.** 1000 **d.** 90000 **e.** 250000 **f.** 529889 **g.** 39989999

4. Welche Zahlen liegen zwischen den folgenden beiden Zahlen?
   a. 197 und 205   **b.** 9 996 und 10 005   **c.** 199 989 und 200 003   **d.** 4 979 992 und 4 980 007

5. a. 418, 590, 125 sind dreistellige Zahlen. Wie viele dreistellige Zahlen gibt es?
   b. 1 025, 6 441, 8 000 sind vierstellige Zahlen. Wie viele vierstellige Zahlen gibt es?

6. Max hat auf einen Zettel eine 1 und dahinter hundert Nullen geschrieben. Er behauptet: „Das ist die größte natürliche Zahl, die es gibt." Was meinst du dazu?

Information

Zu jeder (noch so großen) natürlichen Zahl kann man eine nachfolgende Zahl (den Nachfolger) finden; man braucht nur 1 zu addieren. Daher kann man *ohne Ende* weiter zählen.
Trotzdem reichen zum Schreiben die zehn Ziffern 0, 1, 2, 3, 4, 5, 6, 7, 8, 9 aus.

Übungen

7. Zeichne die Tabelle ab. Fülle sie aus.

Vorgänger			1 799				8 397 889
Zahl	487	900		46 000		899 000	
Nachfolger			2 400		2 959 000	780 000	

8. Schreibe alle natürlichen Zahlen auf, die zwischen folgenden Zahlen liegen.
   a. 993 und 1 010   **b.** 9 994 und 10 010   **c.** 199 995 und 200 004

9. Wie viele natürliche Zahlen liegen zwischen den folgenden beiden Zahlen?
   a. 75 und 84   **b.** 4 990 und 5 005   **c.** 25 988 und 26 000   **d.** 99 987 und 100 007

10. Im Zoo wird heute der 1 000 000. Besucher erwartet. Der Zoodirektor möchte ihm ein Geschenk überreichen. Das Zählwerk am Zooeingang zeigt gerade die Zahl 999 976, als die Klasse 5 b sich an der Kasse anstellt. In der Klasse sind 28 Schüler. Eric als Klassensprecher soll stellvertretend für die Klasse das Geschenk in Empfang nehmen.
Wie viele Mitschüler müssen vor ihm durch den Eingang gehen, damit er der 1 000 000. Besucher wird?

11. Lena und Zehra besuchen ein Fußballspiel. Lena kauft ihre Eintrittskarte etwas später als Zehra.
Wie viele Besucher haben in der Zwischenzeit eine Eintrittskarte gekauft? Schreibe auch die Nummern dieser Eintrittskarten auf.

12. Wie viele Zahlen sind   **a.** zweistellig;   **b.** fünfstellig;   **c.** neunstellig?

Anordnung der natürlichen Zahlen
Zahlenstrahl – Skalen

Aufgabe

1. Die natürlichen Zahlen kann man auf dem Zahlenstrahl darstellen.
   a. Zeichne einen Zahlenstrahl. Beginne bei 0. Der Abstand zwischen benachbarten Zahlen soll immer 1 cm sein. Wie weit kommst du?
   b. Was kann man tun um auch große Zahlen auf dem Zahlenstrahl darzustellen?

   Lösung

   a.
   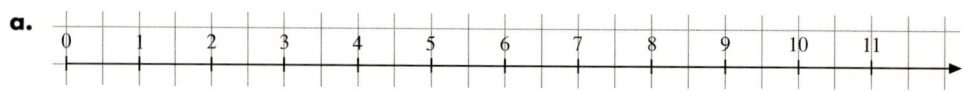

   Die Folge der natürlichen Zahlen ist unbegrenzt. Der Zahlenstrahl hat einen Anfangspunkt, aber nach rechts keinen Endpunkt.

   b. Man verkleinert den Abstand zwischen den Zahlen.

   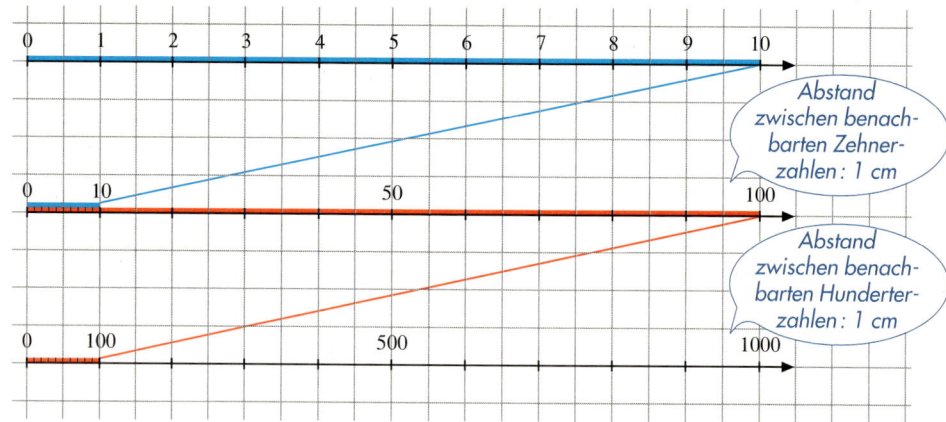

   Abstand zwischen benachbarten Zehnerzahlen: 1 cm

   Abstand zwischen benachbarten Hunderterzahlen: 1 cm

Zum Festigen und Weiterarbeiten

2. a. Lies auf jeder Skala die angezeigte Zahl ab. Wozu benutzt man die Geräte?

   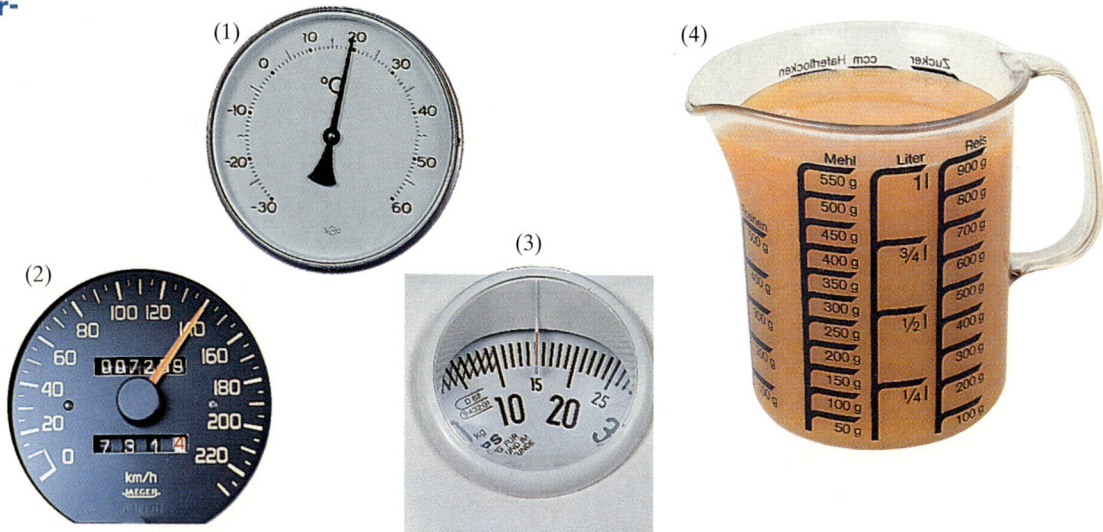

   b. *Gehe auf Entdeckungsreise:* Wo findest du weitere Skalen?

3. An dem folgenden Zahlenstrahl sind einige rote Striche. Wie heißen die zugehörigen Zahlen?

a.

b.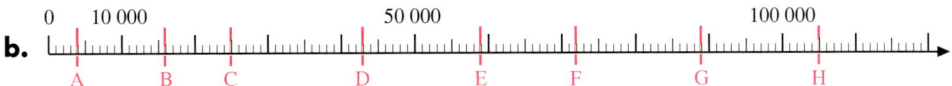

c.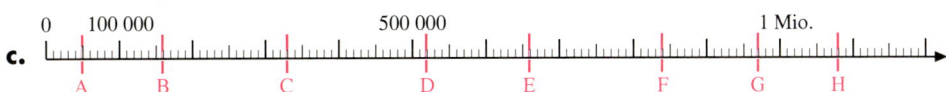

4. a. Sieh dir die Skala an. Welche Zahl liegt genau in der Mitte zwischen 400 und 760?

b. Welche Zahl liegt genau in der Mitte zwischen 280 und 600?

c. Welche Zahl liegt genau in der Mitte zwischen 100 000 und 500 000? Denke an den Zahlenstrahl. Aufgabe 3 c. hilft dir bei der Lösung.

5. Auf dem Zahlenstrahl sind Zahlen durch rote Striche markiert. Schreibe die Zahlen auf.   **Übungen**

a.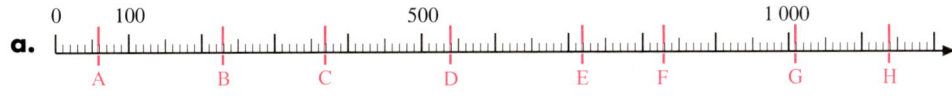

b.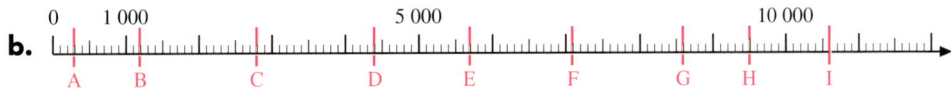

c.

6. Sieh dir die folgenden Zahlen an. Zeichne zu Teilaufgabe a. und b. je einen Zahlenstrahl, auf dem du die Zahlen markierst.

    a. 700; 1 300, 200; 1 800; 1 100   **b.** 18 000; 24 000; 11 000; 6 000; 20 000

7. Welche Zahl liegt genau in der Mitte zwischen den eingetragenen Zahlen?

    a.  300 000 ? 700 000   **b.**  400 000 ? 900 000   **c.**  1 Mio. ? 4 Mio.

8. Welche Zahl liegt genau in der Mitte zwischen folgenden beiden Zahlen?

    a. 800 000 und 1 000 000   **d.** 900 000 und 1 200 000

    b. 700 000 und 1 100 000   **e.** 1 Million und 10 Millionen

    c. 300 000 und 1 000 000   **f.** 20 Millionen und 1 Milliarde

9. Zähle von der Zahl 98 500 weiter.

    a. in Hunderter-Schritten;   **b.** in Tausender-Schritten;   **c.** in Achthunderter-Schritten.

Kleiner, größer – Ordnen von Zahlen

Aufgabe

1. Bei einer Lotterie kann man gewinnen:

Bei der Auslosung der Gewinner wird zuerst der kleinste Gewinn gezogen, dann der zweitkleinste Gewinn usw. Zuletzt wird der Hauptgewinn gezogen.

a. Welcher Gewinn wird zuerst gezogen? Welches ist der Hauptgewinn?
b. Ordne die Gewinne in der Reihenfolge, in der sie gezogen werden.

Lösung

a. Der CD Player wird zuerst verlost, denn 199 ist die kleinste der Zahlen.
Das Auto ist der Hauptgewinn, denn 13 900 ist die größte der Zahlen.

b.

CD Player	Mountain Bike	Camcorder	Computer	Flugreise	Klavier	Auto
199 €	498 €	899 €	1 867 €	4 500 €	5 500 €	13 900 €

Information

```
0    10                50                      85  91  100
|....|....|....|....|....|....|....|....|....|....|....>
```

Man kann Zahlen nach ihrer Größe vergleichen. Es gibt zwei Möglichkeiten:

(1) *ist kleiner als* (<): **85 < 91**   (2) *ist größer als* (>): **91 > 85**

Auf dem Zahlenstrahl liegt der Punkt   Auf dem Zahlenstrahl liegt der Punkt
für 85 *links* von dem Punkt für 91.   für 91 *rechts* von dem Punkt für 85.
Beim Zählen kommt 85 *früher* als 91.   Beim Zählen kommt 91 *später* als 85.

Kleinerzeichen: <
Denke an das K

Zum Festigen und Weiterarbeiten

2. Vergleiche. Setze für ■ das passende Zeichen (< oder >) ein.

a. 2 568 ■ 20 270   b. 3 255 ■ 3 522   c. 2 365 677 ■ 2 365 766
    3 580 ■ 990   74 878 ■ 74 788   3 938 752 ■ 3 938 572
    75 385 ■ 8 953   525 678 ■ 524 769   5 633 521 ■ 5 633 612
    265 ■ 1 122   13 480 ■ 13 478   1 043 750 ■ 1 034 570

3. Ordne die Zahlen nach der Größe. Beginne mit der kleinsten.

$\boxed{137 < 574 < 1250 < 1500}$

a. 345; 195 066; 4 580; 75 365; 45 990
b. 998; 49; 6 410; 560; 18 000
c. 10 757; 1 750; 10 575; 1 575; 15 075
d. 67 575; 65 765; 66 575; 66 577; 65 576

4. Ordne die Zahlen nach der Größe. Beginne mit der größten.

$\boxed{13\,400 > 1325 > 755 > 360}$

a. 412; 750; 13 500; 89; 1 590
b. 125; 1 436; 52; 62 000; 2 036; 520
c. 16 800; 2 850; 890 500; 1 987; 15 900
d. 248 400; 486 000; 384 600; 468 500; 348 700

5. Gib zu der Zahl die beiden benachbarten Hunderterzahlen, Tausenderzahlen, Zehntausenderzahlen an. Schreibe wie im Beispiel.

Benachbarte
Hunderter: 41 500 < 41 568 < 41 600
Tausender: 41 000 < 41 568 < 42 000
Zehntausender: 40 000 < 41 568 < 50 000

a. 75 844   **c.** 280 890   **e.** 129 955
b. 498 950 **d.** 27 759   **f.** 549 920

6. *Wer hat die höchste Hausnummer?*
Fertige eine Tabelle mit 3 [4] Spalten an. Jeder Mitspieler würfelt mit einem Würfel 3-mal [4-mal] und entscheidet nach jedem Wurf, in welche der 3 [4] Spalten er sein Ergebnis eintragen möchte. Es entsteht eine 3-stellige [4-stellige] Zahl.
Wer die größte Zahl in seiner Tabelle stehen hat, gewinnt.
Variante: Ihr könnt auch „Wer hat die kleinste Hausnummer?" spielen. Dann gewinnt, wer die kleinste Zahl in seiner Tabelle stehen hat.

Spiel

Übungen

7. Vergleiche. Setze für ■ das passende Zeichen (< oder >).

a. 41 568 ■ 1 658   **b.** 17 568 ■ 17 685   **c.** 8 157 ■ 9 650   **d.** 2 191 233 ■ 2 191 322
    27 899 ■ 727 989   440 755 ■ 440 666   14 750 ■ 14 570   6 667 765 ■ 6 666 775
    33 572 ■ 3 293   45 457 ■ 46 444   48 960 ■ 180 550   9 453 340 ■ 9 453 499
    69 456 ■ 569 546   691 875 ■ 689 995   95 000 ■ 9 990   12 865 745 ■ 12 856 745

8. Ordne die Zahlen nach der Größe. Beginne mit der kleinsten Zahl.

a. 8 450; 5 450; 195; 55 900; 890
b. 3 658; 3 750; 3 121; 6 570; 3 715
c. 46 640; 44 660; 6 460; 66 040; 406 400
d. 456 654; 456 564; 465 654; 466 554; 456 646

9. Ordne die Zahlen nach der Größe. Beginne mit der größten Zahl.

a. 844; 2 540; 15 480; 1 966; 970
b. 1 429; 270; 23 600; 163; 8 267
c. 171 250; 4 150 000; 314 571; 49 350; 757 170
d. 986 500; 865 900; 968 500; 887 450; 869 400

10. Anzahl der Fluggäste auf Flughäfen in der Bundesrepublik Deutschland (Stand 1998):

Berlin-Tegel	8 882 000	Frankfurt	42 734 000
Berlin-Tempelhof	934 000	Hamburg	9 126 000
Berlin-Schönefeld	1 947 000	Hannover	4 829 000
Bremen	1 715 000	Köln/Bonn	5 384 000
Dresden	1 689 000	Leipzig/Halle	2 102 000
Düsseldorf	15 755 000	München	19 321 000
		Münster/Osnabrück	1 280 000
		Nürnberg	2 518 000
		Stuttgart	7 237 000

Ordne die Flughäfen nach der Anzahl der Fluggäste.

11. Schülerzahlen in den Ländern der Bundesrepublik Deutschland (Stand 1997):

Baden-Württemberg	1 236 647	Hamburg	174 615	Rheinland-Pfalz	465 946
Bayern	1 377 898	Hessen	682 670	Saarland	119 341
Berlin	432 400	Mecklenburg-Vorpommern	289 702	Sachsen	621 085
Brandenburg	401 854	Niedersachsen	927 416	Sachsen-Anhalt	386 369
Bremen	74 380	Nordrhein-Westfalen	2 215 327	Schleswig-Holstein	309 619
				Thüringen	355 490

a. In welchen Ländern sind mehr als 500 000 Schüler?

b. Ordne die Länder nach der Anzahl ihrer Schüler.

12. Jedes Fernsehgerät hat eine Seriennummer. Elektrohändler Schmedes hat Fernsehgeräte eines bestimmten Typs an folgende Kunden verkauft (hinter dem Namen die Seriennummer):

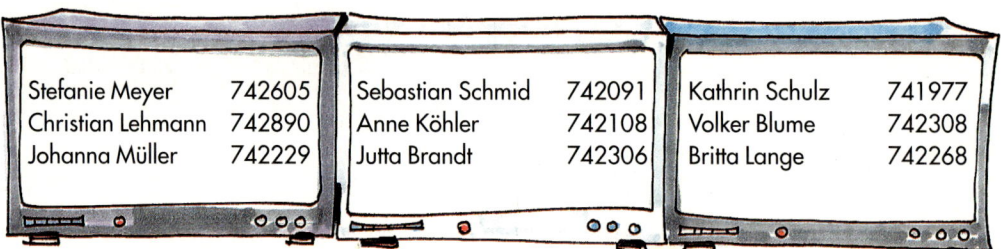

Stefanie Meyer	742605	Sebastian Schmid	742091	Kathrin Schulz	741977
Christian Lehmann	742890	Anne Köhler	742108	Volker Blume	742308
Johanna Müller	742229	Jutta Brandt	742306	Britta Lange	742268

Bei den Geräten mit den Nummern 742103 bis 742288 stellt die Herstellerfirma einen Montagefehler fest. Diese Geräte werden zurückgenommen.
Sind auch Kunden von Elektrohändler Schmedes betroffen?

Zum Knobeln

13. a. Stefan möchte mit den drei Ziffernkärtchen alle möglichen dreistelligen Zahlen legen.
Notiere alle Zahlen, die Stefan legen kann.
Ordne die Zahlen nach ihrer Größe.

b. Mit den Ziffern 4, 5, 6, 7 kann man vierstellige Zahlen legen.
Wie heißen die sechs kleinsten Zahlen?
Wie heißen die sechs größten Zahlen?

Andere Zahlschreibweisen
Römische Zahlschreibweise

Unsere Ziffern 0, 1, 2, 3, 4, 5, 6, 7, 8, 9 sind erst seit ungefähr 500 Jahren in Europa verbreitet. Sie stammen aus Indien und wurden von den Arabern nach Europa gebracht. Sie heißen daher *arabische Ziffern*.
Vorher wurden bei uns die römischen Zahlzeichen benutzt. Noch heute findet man römische Zahlzeichen an Gebäuden, wie am Alten Museum in Berlin (Bild rechts).

Römische Zahlzeichen:

I	V	X	L	C	D	M
1	5	10	50	100	500	1000

Information

1.
a. Schreibe mit arabischen Ziffern: VIII, XXVI, CCLXV, DCLXI
b. Schreibe mit römischen Zahlzeichen: 22, 133, 580, 1271
c. So schrieben die Römer die Zahlen:
4 = IV, 9 = IX, 40 = XL, 90 = XC, 400 = CD, 900 = CM. Was fällt dir auf?
d. Wann wurde das Alte Museum in Berlin gebaut?

Aufgabe

Lösung

a. $\quad$ VIII = 5 + 1 + 1 + 1 = 8 $\qquad\qquad$ CCLXV = 100 + 100 + 50 + 10 + 5 = 265
$\quad$ XXVI = 10 + 10 + 5 + 1 = 26 $\qquad\qquad$ DCLXI = 500 + 100 + 50 + 10 + 1 = 661

b. *Überlegung:* 22 = 10 + 10 + 1 + 1 $\qquad$ *Ergebnis:* 22 = XXII; $\qquad$ 133 = CXXXIII
$\qquad\qquad\qquad\quad$ X $\;\;$ X $\;\;$ I $\;$ I $\qquad\qquad\qquad\qquad\qquad$ 580 = DLXXX; $\quad$ 1271 = MCCLXXI

c. Bei den Zahlen 4, 9, 40, 90, 400, 900 steht ein Zeichen mit einem *kleineren* Wert *vor* einem Zeichen mit einem *größeren* Wert. Der kleinere Wert wird von dem größeren abgezogen: IV = 5 − 1; IX = 10 − 1; XL = 50 − 10; XC = 100 − 10 = 90 usw.

d. Die Werte der einzelnen Zeichen werden zusammengezählt:
$\quad$ M $\;$ D $\;$ C $\;$ C $\;$ C $\;$ X $\;$ X $\;$ V $\;$ I $\;$ I $\;$ I
$\quad$ 1000 + 500 + 100 + 100 + 100 + 10 + 10 + 5 + 1 + 1 + 1 = 1828
Ergebnis: MDCCCXXVIII = 1828

Information

Bei der **römischen Zahlenschreibweise** gelten meist folgende Regeln:

(1) Die Zeichen M, C, X, I werden nach ihrem Wert geordnet so oft wie nötig hintereinander geschrieben, jedoch höchstens dreimal bei einer Zahl.

(2) Die Zeichen D, L, V kommen nur einmal vor.

(3) Wo eigentlich vier gleiche Zeichen stehen müssten, schrieben die Römer so:

IV	IX	XL	XC	CD	CM
vier	neun	vierzig	neunzig	vierhundert	neunhundert

Kapitel 1

Zum Festigen und Weiterarbeiten

2. *Gehe auf Entdeckungsreise:* Wo findest du römische Zahlzeichen in deiner Umgebung? *Beachte:* Zeitweise schrieben die Römer auch IIII für 4, VIIII für 9, XXXX für 40 usw. Auch heute noch benutzt man gelegentlich diese Schreibweise.

3. Schreibe mit römischen Zahlzeichen die Zahlen:
   a. von 1 bis 20;   b. 33, 66, 85, 821, 625, 1 872   c. 89, 124, 144, 1 984, 1 409, 1 939

4. Schreibe mit arabischen Ziffern:
   a. XXXVII, CXXV, DCCLII, MCCCXXVI, MDCLXVI, MDCCLXIII
   b. XLII, XXIV, XXXIX, XCIII, XCIV, MCMXIX, MCMXLIX

5. Welche Zahlen werden im Zehnersystem, welche Zahlen in der römischen Zahlschreibweise mit genau einem Zeichen geschrieben?

6. a. Das Zehnersystem ist ein Stellenwertsystem, d.h. der Wert einer Ziffer richtet sich nach der Stelle, an der die Ziffer steht.
   Begründe: Die römische Zahlschreibweise ist kein Stellenwertsystem.
   b. Man kann im Zehnersystem schon an der (unterschiedlichen) Anzahl der Ziffern erkennen, welche von zwei Zahlen die kleinere ist.
   Ist das im römischen System auch so?

Übungen

7. Gib die Nummern der folgenden Asterix-Hefte mit arabischen Ziffern an.

8. Gib im Zehnersystem an. Beachte die römische Schreibweise für 4, 9, 40, 400, 900.

a. XVI	b. XXXVIII	c. LXI	d. XCVI	e. LXIX	f. CDXC
XXII	XVII	LXXII	CDXXX	CXLIV	CMXL
XXXI	XIII	LXXXV	CMLXII	DCXLIX	CMXCIV

9. Schreibe mit römischen Zahlzeichen.

a. 26	b. 48	c. 56	d. 63	e. 94	f. 236	g. 197	h. 484
39	79	92	31	149	282	337	319
72	81	117	75	167	373	556	845

10. Schreibe folgende Jahreszahlen mit arabischen Ziffern.
    a. CMXLII, MCCLXXVI, MCMXLIX   b. MCCCXXIX, MCMXXIV, MDCCCLXXII

11. Schreibe mit römischen Zahlzeichen.
    a. 1256   b. 1806   c. 1939   d. dein Geburtsjahr   e. das jetzige Jahr

Zum Knobeln

12. Suche möglichst viele Zahlen, die man mit zwei römischen Zahlzeichen schreiben kann.

Zahlschreibweise im Zweiersystem

Aufgabe

1. Zum Schreiben von Zahlen braucht man nicht unbedingt das Zehnersystem. Computer arbeiten im Zweiersystem. Tanja möchte wissen, wie man Zahlen im Zweiersystem schreibt. Betrachte dazu die Bilder. Du erkennst rechts ein Zweierboot und unten ein Viererboot. Es gibt auch Einerboote und Achterboote. Ein Boot darf nur fahren, wenn alle Plätze besetzt sind.

a. Das Achterboot, das Viererboot und das Einerboot sind unterwegs. Wie viele Personen werden befördert?

b. Es wollen 11 Personen fahren. Welche Boote werden benötigt?

c. Mit den Booten kann man Zahlen im Zweiersystem veranschaulichen: Welche Zahlen sind in der Tabelle dargestellt? Welche Ziffern kommen vor? Welchen Wert haben die Ziffern?

d. Schreibe die Zahlen von zehn bis fünfzehn im Zweiersystem auf.

Achter	Vierer	Zweier	Einer	
			1	1
		1	0	10
		1	1	11
	1	0	0	100
	1	0	1	101
	1	1	0	110
	1	1	1	111
1	0	0	0	1 000
1	0	0	1	1 001

Lösung

a. Addiere die Anzahlen der Personen in den Booten: $8 + 4 + 1 = 13$.
Ergebnis: Es sind 13 Personen unterwegs.

b. Zerlege 11 in Achter, Vierer, Zweier, Einer: $11 = 8 + 2 + 1$.
Ergebnis: Man benötigt 1 Achterboot, 1 Zweierboot, 1 Einerboot.

c. Die Zahlen von eins bis neun sind dargestellt. Es kommen nur die Ziffern 0 und 1 vor. Die erste Ziffer von rechts gibt die Einer an, die zweite Ziffer die Zweier, die dritte Ziffer die Vierer, die vierte Ziffer die Achter.

d. Die nächsten Zahlen im Zweiersystem findest du in der Tabelle.

Achter	Vierer	Zweier	Einer	
1	0	1	0	1 010
1	0	1	1	1 011
1	1	0	0	1 100
1	1	0	1	1 101
1	1	1	0	1 110
1	1	1	1	1 111

Kapitel 1

Information

Zweiersystem

Im *Zweiersystem* werden 2 Einer zu 1 Zweier zusammengefasst. 2 Zweier ergeben 1 Vierer, 2 Vierer ergeben 1 Achter usw.
Die Ziffern zeigen an, aus wie vielen Einern, Zweiern, Vierern, Achtern usw. die Zahl sich zusammensetzt.
Man benötigt nur die Ziffern 0 und 1.

Um zu erkennen, dass eine Zahl im Zweiersystem geschrieben ist, setzen wir hinter das Zahlwort das Zeichen ₍₂₎.

32er	16er	8er	4er	2er	1er
		1	0	1	1

$1 \cdot 8 + 0 \cdot 4 + 1 \cdot 2 + 1 \cdot 1$

$1011_{(2)}$ (Gelesen: *eins – null – eins – eins*).

Zum Festigen und Weiterarbeiten

2. Rechts siehst du eine Stellentafel für das Zweiersystem. Zeichne sie ab. Trage die Zahlen von eins bis zwanzig ein. Schreibe die Zahlen im Zweiersystem auch ohne Stellentafel.

	16	8	4	2	1	
eins					1	$1_{(2)}$
zwei				1	0	$10_{(2)}$
drei				1	1	$11_{(2)}$

3. Welche Zahl ist rechts dargestellt? Schreibe die Zahl im Zweiersystem. Trage die nächsten fünf Zahlen im Zweiersystem ein.

32	16	8	4	2	1
	1	1	0	1	0

4. Jede Ziffer hat in einem Zahlwort einen bestimmten Wert (Stellenwert).
Gib den Stellenwert jeder Ziffer an:
$10110_{(2)}$; 110011; $1010110_{(2)}$

Zweiersystem: $1010_{(2)}$
Die zweite Ziffer von rechts hat den Stellenwert 2, die vierte den Stellenwert 8.

5. Man kann die Stellenwerte im Zweiersystem als Potenzen von 2 schreiben:
$2 = 2^1$; $4 = 2 \cdot 2 = 2^2$; $8 = 2 \cdot 2 \cdot 2 = 2^3$; ...
Setze fort bis 2^{10}. Trage die Potenzen in eine Stellentafel für das Zweiersystem ein.

2^5	2^4	2^3	2^2	2^1	
		8	4	2	1

Übungen

6. Wie heißen die nächsten fünf Zahlen? Trage sie in die Stellentafel ein.

a.
32	16	8	4	2	1
	1	1	0	1	1

c.
64	32	16	8	4	2	1
	1	1	1	0	1	1

b.
32	16	8	4	2	1
1	0	1	1	0	1

d.
64	32	16	8	4	2	1
	1	0	1	0	1	1

7. Gib den Nachfolger [den Vorgänger] jeder Zahl an.
a. $1101_{(2)}$; $1110_{(2)}$; $1111_{(2)}$; $11010_{(2)}$
b. $10110_{(2)}$; $10011_{(2)}$; $10111_{(2)}$; $11111_{(2)}$

8. Schreibe im Zweiersystem alle Zahlen
a. von $1000_{(2)}$ bis $10000_{(2)}$;
b. von $1101_{(2)}$ bis $10111_{(2)}$;
c. von $10000_{(2)}$ bis $11000_{(2)}$;
d. von $11001_{(2)}$ bis $11110_{(2)}$.

Vom Zweiersystem zum Zehnersystem und umgekehrt

1. a. Computer (und auch Taschenrechner) arbeiten im Zweiersystem. Bevor die Zahlen auf dem Bildschirm angezeigt werden, rechnet der Computer sie vom Zweiersystem in das Zehnersystem um.
Rechne die Zahl $110011_{(2)}$ in das Zehnersystem um.

b. Ein Computer nimmt Zahlen im Zehnersystem an. Bevor der Computer die Zahlen verarbeitet, rechnet er sie in das Zweiersystem um.
Rechne die Zahl 92 in das Zweiersystem um.

Aufgabe

Lösung

a. Betrachte die Stellenwerte der Ziffern. Addiere sie:

32er	16er	8er	4er	2er	1er
1	1	0	0	1	1

$$110011_{(2)} = 1 \cdot 32 + 1 \cdot 16 + 0 \cdot 8 + 0 \cdot 4 + 1 \cdot 2 + 1 \cdot 1$$
$$= 32 + 16 + 0 + 0 + 2 + 1$$
$$= 51$$

Ergebnis: $110011_{(2)} = 51$

b. Zerlege die Zahl in die Stellenwerte 1, 2, 4, 8, 16, 32, ….

$92 = 64 + 28$

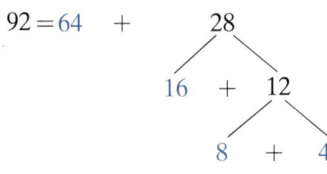

$92 = 64 + 16 + 8 + 4$
$= 1 \cdot 64 + 0 \cdot 32 + 1 \cdot 16 + 1 \cdot 8 + 1 \cdot 4 + 0 \cdot 2 + 0 \cdot 1$
$= 1011100_{(2)}$

Ergebnis: $92 = 1011100_{(2)}$

2. Rechne in das Zehnersystem um:
   a. $11001_{(2)}$; $10110_{(2)}$ **b.** $110111_{(2)}$; $101110_{(2)}$ **c.** $10100011_{(2)}$; $11101010_{(2)}$

Zum Festigen und Weiterarbeiten

3. Rechne in das Zweiersystem um:
   a. 18; 23; 29   **b.** 55; 75; 100   **c.** 121; 140; 209

4. Rechne in das Zehnersystem um:
   a. $10001_{(2)}$ **c.** $1000101_{(2)}$ **e.** $1100111_{(2)}$
      $11010_{(2)}$ $1100101_{(2)}$ $1110100_{(2)}$
   b. $1000011_{(2)}$ **d.** $101010_{(2)}$ **f.** $1001100_{(2)}$
      $1110011_{(2)}$ $111000_{(2)}$ $11010110_{(2)}$

Übungen

5. Rechne in das Zweiersystem um:
   a. 18; 25   **b.** 35; 77   **c.** 43; 100   **d.** 129; 160   **e.** 207; 233

6. Auffällige Ergebnisse! Rechne in das Zweiersystem um.
   a. 2; 4; 8; 16; 32; 64; 128   **b.** 3; 7; 15; 31; 63; 127   **c.** 5; 9; 17; 33; 65; 129

7. Schreibe die größte Zahl, die im Zweiersystem **a.** sechsstellig, **b.** siebenstellig ist.
Rechne sie in das Zehnersystem um.

Darstellen von Zahlen in Diagrammen
Strichlisten – Diagramme

Aufgabe

1. a. Die Schüler der Klasse 5a haben eine Befragung über die Länge ihrer Schulwege durchgeführt.

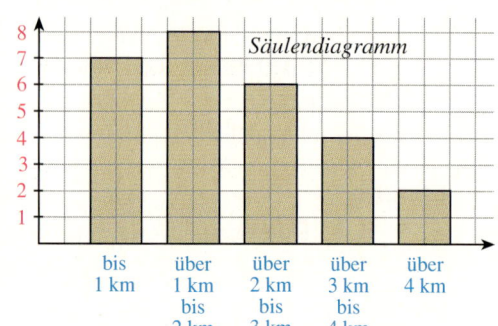

Lies an der Strichliste und an dem Säulendiagramm ab, bei wie vielen Schülern der Schulweg unter 1 km, 1 km bis unter 2 km, 2 km bis unter 3 km usw. lang ist.

b. Eine weitere Frage lautete:
„Mit welchem Verkehrsmittel kommt ihr zur Schule?"
Die Ergebnisse sind in der Strichliste zusammengestellt.
Zeichne ein Säulendiagramm.
Wähle eine Kästchenlänge für je einen Schüler.

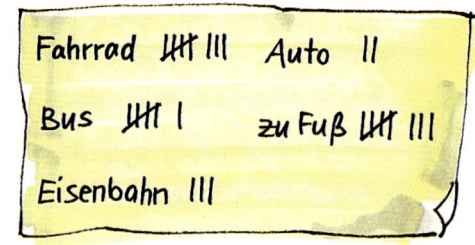

Lösung

a.
Entfernung	Schülerzahl
Bis 1 km	7
über 1 km bis 2 km	8
über 2 km bis 3 km	6
über 3 km bis 4 km	4
über 4 km	2

b.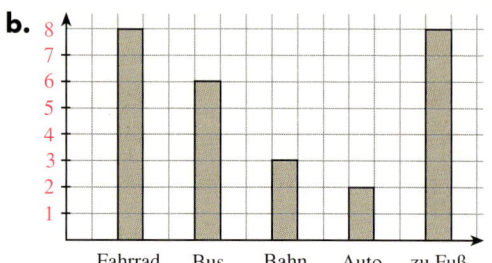

Zum Festigen und Weiterarbeiten

2. Führt in eurer Klasse die Befragung über die benutzten Verkehrsmittel durch. Legt dabei eine Strichliste an.
Zeichne das zugehörige Säulendiagramm.

3. In der Strichliste sind die Ergebnisse einer Klassenarbeit dargestellt.
Zeichne das zugehörige Säulendiagramm.

Note	1	2	3	4	5	6
Schülerzahl	II	IIII	IIII	IIII	II	I

Kapitel 1

Übungen

4. Die Mädchen und Jungen der 5. Klassen wurden gefragt, welche Sportart sie am liebsten betreiben.

  a. Wie viele Mädchen, wie viele Jungen wurden befragt?

  b. Zeichne ein Säulendiagramm für die einzelnen Sportarten bei den Mädchen.
  Wähle 1 Kästchenlänge für jedes Mädchen.

  c. Zeichne das entsprechende Diagramm für die Sportarten bei den Jungen.

Sportart	Mädchen	Jungen
Schwimmen	⦀⦀ ⦀⦀	⦀⦀ ⦀
Fußball	⦀⦀	⦀⦀ ⦀⦀ ⦀⦀⦀
Reiten	⦀⦀ ⦀⦀ ⦀	⦀⦀
Radfahren	⦀⦀	⦀⦀⦀⦀
Tischtennis	⦀⦀⦀	⦀⦀⦀⦀
Tennis	⦀	⦀⦀⦀
Turnen	⦀⦀⦀⦀	⦀
Skisport	⦀⦀	⦀

5. a. Das Säulendiagramm zeigt, wie viel mm Niederschlag (Regen, Schnee, Hagel) durchschnittlich in den einzelnen Monaten in Hannover fallen.

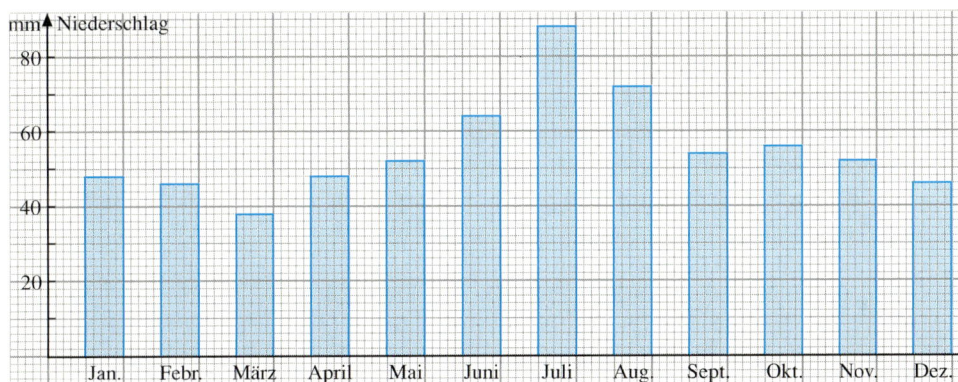

Lies die Niederschlagshöhe (in mm) für jeden Monat ab. Lege eine Tabelle an.

b. Zeichne ein Säulendiagramm für die folgenden Niederschlagshöhen in Mainz.
Wähle 1 mm Säulenhöhe für je 1 mm Niederschlagshöhe.

Jan.	Febr.	März	April	Mai	Juni	Juli	Aug.	Sept.	Okt.	Nov.	Dez.
37 mm	31 mm	31 mm	36 mm	41 mm	52 mm	54 mm	57 mm	45 mm	50 mm	39 mm	43 mm

6. *So alt können Tiere werden (Angaben in Jahren):*

Zeichne ein Säulendiagramm. Wähle 1 Kästchenlänge für je 10 Jahre.

Diagramme – Runden von Zahlen

Aufgabe

1. Einwohnerzahlen werden manchmal in **Bilddiagrammen** veranschaulicht; dabei werden die genauen Zahlen *gerundet*.

   a. Vergleiche die Anzahl der Figuren für Hannover und Düsseldorf mit den genauen Einwohnerzahlen:
   Düsseldorf 577 600   Hannover 525 300
   Warum hat Düsseldorf eine Figur mehr als Hannover?

   b. Wie viele Figuren braucht man für die folgenden Einwohnerzahlen?
   Frankfurt   663 600   Hamburg   1 701 600
   Köln   961 600   Mainz   185 200

Lösung

a. Jede Figur bedeutet 100 000 Einwohner. Das Diagramm gibt die Einwohnerzahl nicht genau, sondern auf Hunderttausender gerundet an.

Für Düsseldorf zeichnet man 6 Figuren:
– für jeden vollen Hunderttausender eine Figur
– für den Rest von 77 600 eine Figur, weil 77 600 mehr als die Hälfte von 100 000 ist.
Die Einwohnerzahl von Düsseldorf wird also *aufgerundet*: 577 600 ≈ 600 000
Das Zeichen ≈ wird gelesen: *ist ungefähr gleich (rund).*
Für Hannover zeichnet man nur 5 Figuren:
– für jeden vollen Hunderttausender eine Figur
– für den Rest von 25 300 zeichnet man keine Figur, weil 25 300 weniger als die Hälfte von 100 000 ist.
Die Einwohnerzahl von Hannover wird also *abgerundet*: 535 300 ≈ 500 000

b. Runde die Zahlen zuerst auf volle Hunderttausender:
Frankfurt: 663 600 ≈   700 000,   also   7 Figuren
Köln: 961 600 ≈ 1 000 000,   also   10 Figuren
Hamburg: 1 701 600 ≈ 1 700 000,   also   17 Figuren
Mainz: 185 200 ≈   200 000,   also   2 Figuren

*Bei 0, 1, 2, 3, 4 **ab**runden; bei 5, 6, 7, 8, 9 **auf**runden*

Information

Oft ist es nicht erforderlich, eine Zahl ganz genau anzugeben. Dann kann man die Zahl **runden.**

Runden auf Hunderter:
Suche die nächstgelegene Hunderterzahl.
1 737 ≈ 1 700
4 861 ≈ 4 900
3 550 ≈ 3 600

Runden auf Tausender:
Suche die nächstgelegene Tausenderzahl.
42 475 ≈ 42 000
76 780 ≈ 77 000
63 500 ≈ 64 000

Runden auf Zehntausender:
Suche die nächstgelegene Zehntausenderzahl.
62 175 ≈ 60 000
86 034 ≈ 90 000
75 000 ≈ 80 000

Beim Runden richtet man sich nach der *nächstfolgenden Ziffer.*
Bei den Ziffern 0, 1, 2, 3, 4 wird **abgerundet**; bei 5, 6, 7, 8, 9 wird **aufgerundet**.
3 550 liegt genau in der Mitte zwischen 3 500 und 3 600. Man hat festgelegt, daß man in solchen Fällen aufrundet.

2. a. Runde auf Zehner [auf Hunderter]:
261; 317; 750; 995; 708; 1 345

b. Runde auf Tausender [auf Zehntausender]: 23 608; 44 550; 19 755; 81 845; 42 759; 44 685

c. Runde auf Millionen [auf Hunderttausender]: 12 588 570; 7 498 995; 2 574 710; 5 677 500

Zum Festigen und Weiterarbeiten

3. *Einwohnerzahlen einiger Millionenstädte in Europa:*

Athen	3 148 000	London	6 803 000
Berlin	3 466 000	Madrid	3 010 000
Brüssel	950 000	Warschau	1 645 000
Moskau	9 003 000	Rom	3 660 000
Paris	9 320 000	Wien	1 533 176
Prag	1 214 174	Budapest	2 009 000

Damit das zugehörige Bilddiagramm nicht zu groß wird, soll eine Figur hier 1 Million Einwohner bedeuten. Wie viele Figuren braucht man für die einzelnen Einwohnerzahlen der angegebenen Städte?
Hinweis: Überlege bei jeder Zahl, ob du aufrunden oder ob du abrunden musst.

4. a. Gib vier Zahlen an, die beim Runden auf Hunderter die Zahl 1 200 ergeben.

b. Wie heißt die größte [kleinste] Zahl, die beim Runden auf Hunderter die Zahl 1 200 ergibt?

5. In welchem der folgenden Fälle darf man nicht runden? Begründe deine Entscheidung.
(1) Tim zahlt für eine Fahrkarte 52 €.   (3) Mikes Sparbuch hat die Nummer 677 476.
(2) Langes haben die Telefonnummer 3 64 27.   (4) Herr Müller fuhr im März 2 697 km.

6. *Kraftfahrzeugbestand (Pkw und Kombi) in einigen Ländern:*

Übungen

Deutschland	39 515 800	Großbritannien	24 347 712	Niederlande	6 275 412
Frankreich	29 048 456	Italien	31 144 498	Spanien	15 832 260
Australien	9 484 244	Japan	61 498 554	Südafrika	6 370 880

Rechts siehst du ein angefangenes Bilddiagramm. Welche Zahl wird durch eine Figur veranschaulicht? Vervollständige das Diagramm in deinem Heft.

7. Einwohnerzahlen der Länder der Bundesrepublik Deutschland (Stand 31.12.1994)

Baden-Württemberg	10 272 000	Niedersachsen	7 715 000
Bayern	11 922 000	Nordrhein-Westfalen	17 816 000
Berlin	3 472 000	Rheinland-Pfalz	3 952 000
Brandenburg	2 537 000	Saarland	1 084 000
Bremen	680 000	Sachsen	4 584 000
Hamburg	1 706 000	Sachsen-Anhalt	2 759 000
Hessen	5 981 000	Schleswig-Holstein	2 708 000
Mecklenburg-Vorpommern	1 832 000	Thüringen	2 518 000

Zeichne ein Bilddiagramm. Jede Figur ♦ bedeutet 1 Million Einwohner.

8. Runde auf Hunderter [Tausender; Hunderttausender; Millionen].

    a. 6 142 718   **b.** 1 555 000   **c.** 2 295 000   **d.** 23 949 243   **e.** 15 495 000   **f.** 103 260 000
        3 433 100   6 790 980   5 453 640   29 492 000   45 500 750   897 400

9. Runde auf volle € [auf volle 10 Cent].

    a. 36,75 €   **b.** 39,50 €   **c.** 63,50 €   **d.** 195,95 €   **e.** 40,86 €   **f.** 30,50 €
        69,70 €   49,95 €   145,35 €   70,75 €   998,80 €   59,49 €

10. Runde auf *eine* Stelle.   48 375 ≈ 50 000

    a. 685 547   **b.** 75 001   **c.** 3 986   **d.** 19 389   **e.** 1 959   **f.** 64 855   **g.** 1 984
        4 572   24 887   6 500   14 999   59 696   98 000   55 000

11. a. Bei einem Tennisturnier waren 5 913 Zuschauer anwesend. Der Reporter rundet auf Tausender. Welche Zuschauerzahl wird er angeben?

b. Bei einem Fußballspiel waren 54 000 Zuschauer. Diese Zahl ist auf Tausender gerundet. Wie viele Zuschauer waren es mindestens, wie viele waren es höchstens?

12. *Längen einiger Flüsse:*   1 mm entspricht 10 km Flusslänge

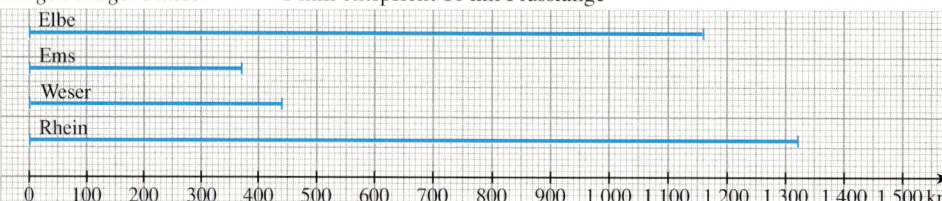

    a. Wie lang sind die Flüsse? Auf wie viel km genau kannst du die Längen ablesen?

    b. Wie viel mm benötigt man in dem Säulendiagramm für folgende Flusslängen? Runde zuvor auf 10 km.

        Mosel   514 km   Main   524 km   Neckar   371 km
        Leine   241 km   Hunte   189 km   Ruhr   235 km

13. Darf man hier runden? Begründe deine Entscheidung.

     (1) Der Wagen von Frau König hat die Fahrgestell-Nummer 840 665.
     (2) Von Hannover bis Berlin sind es 292 km.
     (3) Bingen am Rhein hat die Postleitzahl 55411.
     (4) Die Eisenbahnen in der Bundesrepublik Deutschland besitzen 7 133 Lokomotiven, 14 041 Personenwagen und 313 264 Güterwagen.

Bist du fit?

1. Schreibe nur mit Ziffern.
  a. 4 HT + 8 T + 9 Z + 2 E
  b. 4 Mio. + 6 HT + 2 ZT + 3 T
  c. 5 Mio. + 5 ZT + 4 T
  d. 8 Mio. + 5 HT + 2 ZT + 7 T
  e. 4 Mrd. + 200 Mio. + 750 T
  f. 3 Mrd. + 35 Mio. + 12 T

2. Schreibe nur mit Ziffern.
  a. 50 Millionen
  b. 120 Millionen
  c. 600 Milliarden
  d. 32 Milliarden
  e. 4 Billionen 180 Milliarden
  f. 32 Milliarden 40 Millionen

3. Gib die Zahlen ohne Zehnerpotenzen an.
  a. $4 \cdot 10^3 + 7 \cdot 10^2 + 2 \cdot 10^1 + 8$
  b. $8 \cdot 10^4 + 5 \cdot 10^3 + 3 \cdot 10^1 + 1$

4. Schreibe den Vorgänger und den Nachfolger der Zahl auf.
  a. 790 **b.** 4000 **c.** 14 889 **d.** 92 999 **e.** 300 000 **f.** 60 000 000

5. Schreibe alle natürlichen Zahlen zwischen den folgenden beiden Zahlen auf.
  a. 997 und 1006 **b.** 8998 und 9003 **c.** 99 995 und 100 004 **d.** 999 997 und 1 000 005

6. Welche Zahlen gehören zu den roten Strichen? Schreibe die Zahlen auf.

7. Welche Zahl liegt genau in der Mitte zwischen
  a. 300 und 700 **b.** 1000 und 2400 **c.** 200 000 und 500 000 **d.** 600 000 und 1 300 000?

8. Vergleiche. Setze für ▇ das passende Zeichen (< oder >)
  a. 3946 ▇ 9396 **b.** 4554 ▇ 4545 **c.** 70 684 ▇ 70 864 **d.** 4 325 500 ▇ 4 352 100

9. Runde 6475, 13 704, 9550, 1499 **a.** auf Hunderter; **b.** auf Tausender.

10. a. Lies die Höhe jedes Bauwerkes ab.

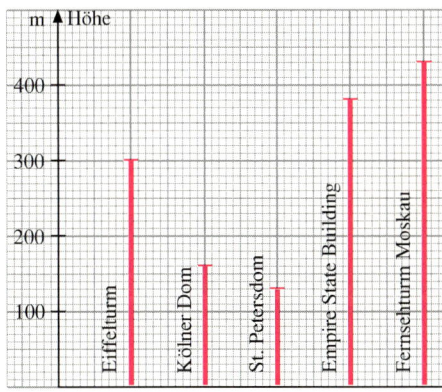

b. In einer Stadt mit 100 000 Einwohnern kommen jährlich etwa 5600 Tonnen Verpackungsmaterialien auf den Hausmüll. Zeichne ein Säulendiagramm.
Wähle 1 mm Höhe für je 50 Tonnen.

Rechnen mit natürlichen Zahlen

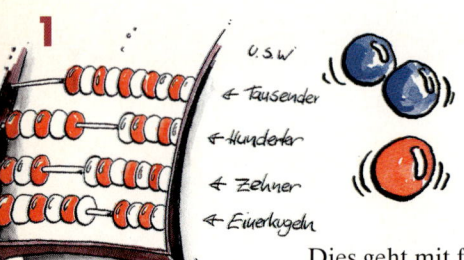

Hast du schon mal ein Rechenbrett in der Hand gehabt? Rechenbretter haben meistens hundert Kugeln, die auf zehn Drähte aufgezogen sind. Kannst du dir vorstellen, dass man damit auch Zahlen addieren kann, die viel größer als Hundert sind?

Dies geht mit folgendem Trick: Man rechnet nicht nur mit Einerkugeln, sondern auch mit Zehner-, Hunderter- und Tausenderkugeln (s. Abb. 1). Auf der untersten Linie sind die Einer, darüber die Zehner, die Hunderter usw. In unserer ersten Abbildung kann man sehen, wie die Zahl 536 dargestellt wird man schiebt 5 Hunderter, 3 Zehner und 6 Einer nach links.

Zu der Zahl 536 addieren wir nun die Zahl 317. Das geht in folgenden Schritten:

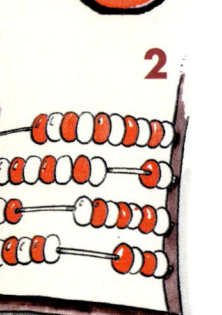
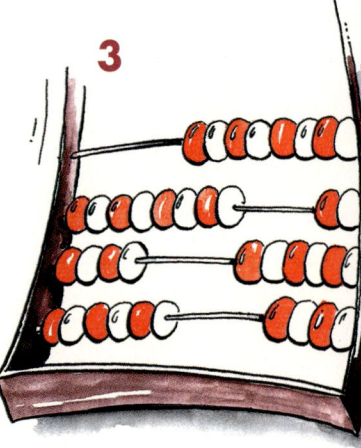

– Man schiebt drei Hunderterkugeln nach links (Abb. 2).
– Dann schiebt man eine Zehnerkugel nach links (Abb. 3).
– Nun müsste man eigentlich noch 7 Einerkugeln nach links schieben, es sind aber nur noch 4 Einerkugeln auf der rechten Seite (Abb. 3). Dieses Problem löst man so: man schiebt eine Zehnerkugel nach links und drei Einerkugeln nach rechts (Abb. 4).
Welches Ergebnis erhalten wir?

- Berechne auf diese Weise:
  4264 + 2319

- Bis zu welchen Zahlen kann man auf diese Weise rechnen?

- Welche Vorteile hat das Verfahren der schriftlichen Addition, das du gelernt hast, gegenüber dem Rechnen mit dem Rechenbrett?

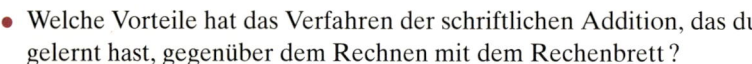

Addieren und Subtrahieren einer Zahl
Schrittweises Addieren und Subtrahieren – Fachausdrücke

Aufgabe

1. In der Klasse wird Kopfrechnen geübt. Wie kann man die Aufgaben sicher und geschickt rechnen?

Lösung

Addiere die Zahl 68 in zwei Schritten

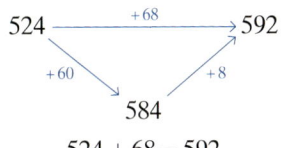

$524 + 68 = 592$

Subtrahiere die Zahl 58 in zwei Schritten

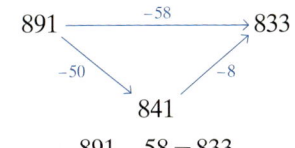

$891 - 58 = 833$

Information

$524 + 68$ nennt man die **Summe** der Zahlen 524 und 68. Das Ergebnis 592 nennt man auch Summe. Die Zahlen 524 und 68 heißen *Summanden*.	$891 - 58$ nennt man die **Differenz** der Zahlen 891 und 58. Das Ergebnis 833 nennt man auch Differenz. Die Zahl 891 heißt *Minuend*, die Zahl 58 heißt *Subtrahend*.
$524 \;+\; 68 \;=\; 592$	$891 \;-\; 58 \;=\; 833$
1. Summand + 2. Summand = Summe	Minuend − Subtrahend = Differenz

Zum Festigen und Weiterarbeiten

2. Rechne im Kopf; notiere die Ergebnisse.
Beachte: Du darfst bei einer Summe die Summanden vertauschen. Bei einer Differenz darfst du die Zahlen *nicht* vertauschen: $7 - 4 \neq 4 - 7$.

    a. $75 + 23$ **b.** $256 + 27$ **c.** $330 + 72$ **d.** $74 - 51$ **e.** $261 - 24$ **f.** $500 - 87$
        $62 + 11$ $328 + 55$ $472 + 65$ $98 - 38$ $573 - 39$ $302 - 66$

3. Rechne im Kopf.
    a. $47\,000 + 16\,000$ **c.** $60\,000 - 38\,000$
    b. 26 Mio. + 19 Mio.   **d.** 57 Mrd. − 12 Mrd.

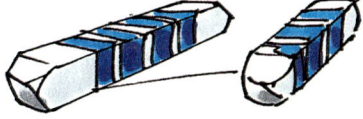

4. a. Notiere mithilfe der Rechenzeichen + oder − ; berechne dann.
    (1) Summe aus 45 und 16   (2) Differenz aus 80 und 34   (3) Summe aus 30, 12 und 9
  b. Notiere in Worten; berechne dann.
    (1) $90 - 33$ (2) $28 + 72$ (3) $100 - 55$ (4) $3 + 10 + 40 + 100$

5. Ist das Gleichheitszeichen richtig? Korrigiere die letzte Zahl, falls das nicht zutrifft.
Beachte: Links und rechts vom Gleichheitszeichen muss nach dem Ausrechnen dieselbe Zahl stehen.

    a. $490 + 230 = 590 + 130$ **c.** $560 - 90 = 650 - 180$ **e.** $710 - 170 = 400 + 50$
    b. $660 + 150 = 1\,000 - 290$ **d.** $870 - 190 = 180 + 500$ **f.** $440 - 160 = 390 - 210$

Übungen

6. Rechne im Kopf; notiere die Ergebnisse.
- **a.** 42 + 37
  69 + 11
- **b.** 342 + 58
  229 + 37
- **c.** 15 + 861
  78 + 411
- **d.** 734 + 80
  533 + 89
- **e.** 30 + 875
  685 + 45
- **f.** 600 + 5370
  550 + 4800

7.
- **a.** 138 − 26
  297 − 62
- **b.** 870 − 40
  350 − 70
- **c.** 280 − 66
  483 − 38
- **d.** 600 − 62
  704 − 65
- **e.** 6500 − 230
  3820 − 550
- **f.** 5100 − 250
  3270 − 400

8. a. 25 000 + 9 000
56 000 + 28 000
b. 9 Mio. + 4 Mio.
48 Mrd. + 32 Mrd.
c. 79 000 − 8 000
64 000 − 42 000
d. 50 Mio. − 12 Mio.
73 Mrd. − 15 Mrd.

9. Rechne in günstiger Reihenfolge im Kopf.
- **a.** 14 + 59 + 16
  47 + 68 + 33
  85 + 97 + 15
- **b.** 144 + 77 + 56
  208 + 59 + 22
  411 + 120 + 9
- **c.** 53 000 + 29 000 + 17 000
  36 000 + 9 000 + 24 000
  4444 + 2345 + 5556

10. Vergleiche. Setze für ■ das richtige Zeichen: =, < bzw. >.
- **a.** 68 + 39 ■ 75 + 32
- **b.** 72 + 58 ■ 100 + 20
- **c.** 185 − 37 ■ 111 + 47
- **d.** 170 − 71 ■ 36 + 65
- **e.** 742 − 88 ■ 752 − 98
- **f.** 511 − 25 ■ 501 − 35

11. a. Ergänze auf den nächsten vollen Hunderter.
(1) 580 (2) 397 (3) 188 (4) 870 (5) 4391 (6) 7099

> 280 + 20 = 300
> 4300 + 700 = 5000

b. Ergänze auf den nächsten vollen Tausender.
(1) 2500 (2) 3650 (3) 8990 (4) 989 (5) 88 880

12. Rechne vorteilhaft, notiere die Ergebnisse.

> 198 + 27
> Addiere zunächst auf volle Hunderter:
> 198 $\xrightarrow{+2}$ 200 $\xrightarrow{+25}$ 225

> 403 − 78
> Subtrahiere zunächst auf volle Hunderter:
> 403 $\xrightarrow{-3}$ 400 $\xrightarrow{-75}$ 325

- **a.** 699 + 17
  498 + 63
  297 + 34
- **b.** 702 − 36
  901 − 73
  303 − 58
- **c.** 3798 + 16
  25 + 2395
  41 + 5697
- **d.** 6204 − 58
  2803 − 61
  9107 − 39
- **e.** 4999 + 64
  2998 + 32
  7001 − 56
- **f.** 12 995 + 27
  17 993 + 88
  14 004 − 72

13. Rechne vorteilhaft, zerlege dazu in zwei günstige Rechenanweisungen (Operatoren):

> 457 + 98
> 457 $\xrightarrow{+100}$ 557 $\xrightarrow{-2}$ 555

- **a.** 623 + 99
  348 + 197
  567 + 298
- **b.** 143 + 98
  438 + 399
  940 + 97
- **c.** 451 − 98
  813 − 199
  623 − 597
- **d.** 783 − 96
  521 − 398
  698 − 595
- **e.** 5064 + 998
  6200 + 995
  2995 + 999
- **f.** 8213 − 999
  6548 − 997
  3999 − 996

14. a. Notiere die Summe von 428 und 67, berechne.
b. Die Summanden sind 310, 45 und 29. Notiere die Summe und berechne.
c. Notiere die Differenz von 861 und 55, berechne.
d. Der Minuend ist 518, der Subtrahend ist 220. Notiere die Differenz und berechne.

15. Wie teuer sind Inline-Scater und Knieschützer zusammen?

16. Jennifer trägt Zeitungen aus um sich ein wenig Taschengeld zu verdienen. Insgesamt liefert sie 112 Exemplare aus. Heute hilft ihr ihre Freundin und übernimmt das Verteilen von 25 Zeitungen. Wie viele Zeitungen muss Jennifer heute austragen?

17. Dennis möchte sich einen tragbaren CD-Player eines bestimmten Typs und einen Ohrhörer dazu kaufen.

Händler	A	B	C	D
CD-Player	95 €	99 €	83 €	113 €
Ohrhörer	38 €	29 €	23 €	19 €

Er vergleicht die Preise verschiedener Händler.

a. Beide Geräte werden beim selben Händler gekauft.
Berechne jeweils die Gesamtpreise.

b. Dennis kauft CD-Player und Ohrhörer bei verschiedenen Händlern.
Welcher Preis ist jeweils der günstigste und welcher der ungünstigste?
Welches ist also der größte Preisunterschied?

18.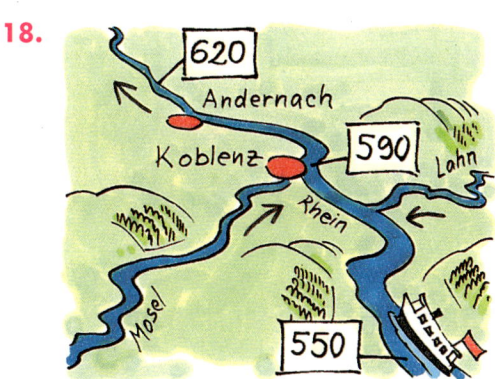

An Landstraßen und an Autobahnen findest du Kilometersteine. Mit deren Hilfe kann man leicht einen Standort angeben.
Entsprechende Markierungen gibt es auch bei größeren Flüssen. Ein Polizeiboot ist auf dem Rhein in Koblenz bei Flusskilometer 590 stationiert. Bei einem Einsatz fährt das Boot zunächst 27 km flussabwärts (zunehmende Kilometerzahl), dann 35 km flussaufwärts und schließlich zu einem Einsatzort bei Flusskilometer 608. Lege zu der Aufgabe eine Skizze an.

a. Bei welchem Flusskilometer kehrt das Boot jeweils die Richtung um?
b. Wie viel km legt das Boot insgesamt zurück?
c. Wie viel km muss das Boot noch fahren um zum Ausgangsort zurückzukehren?

19. *Reise nach Jerusalem* **Spiel**

Je 5 Mitspieler bewegen sich um einen Kreis aus vier Stühlen; die Sitzflächen der Stühle zeigen nach außen. Der Spielleiter stellt allen Gruppen gleichzeitig eine Kopfrechenaufgabe. Wer das Ergebnis weiß, setzt sich schnell auf einen freien Stuhl. Der Mitspieler, der keinen Platz mehr findet, darf einen der Sitzenden nach dem Ergebnis fragen. Ist die Antwort richtig, muss der Fragende ausscheiden.
Ein Stuhl wird entfernt und eine neue Runde beginnt. Der gerade ausgeschiedene Mitspieler stellt die neue Aufgabe.
Es werden Additions- und Subtraktionsaufgaben gestellt, bei denen die erste Zahl kleiner als 1 000, die zweite kleiner als 100 sein muss.

Rückgängigmachen einer Rechenanweisung

Aufgabe

1. Die 1. Volleyballmannschaft des VC Balldorf hat einen neuen Spieler verpflichtet. Am nächsten Spieltag kamen 359 Zuschauer. Das waren 35 mehr als am Spieltag davor. Die Tischtennismannschaft des TV Schlägerdorf bot eine schwache Leistung. Deshalb kamen am folgenden Spieltag nur 219 Zuschauer, 75 weniger als vorher. Wie kann man die früheren Zuschauerzahlen berechnen?

Lösung

Gesucht wird die ursprüngliche Zuschauerzahl. Man erhält sie, wenn man die Veränderung der Zuschauerzahl rückgängig macht, also rückwärts rechnet.

VC Balldorf

$\square + 35 = 359$

$\square \xrightarrow[-35]{+35} 359$

$359 - 35 = 324$

TV Schlägerdorf

$\square - 75 = 219$

$\square \xrightarrow[+75]{-75} 219$

$219 + 75 = 294$

Ergebnis: Die Volleyballmannschaft hatte vorher 324 Zuschauer, die Tischtennismannschaft hatte vorher 294 Zuschauer.

Zum Festigen und Weiterarbeiten

2. Gib jeweils die fehlende Zahl an. Rechne im Kopf.

   a. $\square \xrightarrow[-12]{+12} 64$
      $\square \xrightarrow{+27} 59$
      $43 \xrightarrow{+\square} 73$

   b. $\square \xrightarrow[-35]{+35} 81$
      $\square \xrightarrow{+14} 60$
      $55 \xrightarrow{+\square} 92$

   c. $\square \xrightarrow[+16]{-16} 42$
      $\square \xrightarrow{-50} 32$
      $59 \xrightarrow{-\square} 51$

   d. $\square \xrightarrow[+68]{-68} 24$
      $\square \xrightarrow{-44} 19$
      $60 \xrightarrow{-\square} 13$

3. Berechne die Summen und Differenzen. Kontrolliere dein Ergebnis durch Gegenrechnung.

   a. $137 + 25$ b. $262 - 34$ c. $147 + 29$
      $228 + 46$ $184 - 56$ $343 - 27$

Aufgabe:	Pfeilbild:
$197 - 72 = 125$	$197 \xrightarrow[+72]{-72} 125$
Kontrolle:	
$125 + 72 = 197$	

4. Gib jeweils die fehlende Zahl an. Rechne im Kopf.

   a. $\square + 35 = 95$
      $61 + \square = 87$

   b. $\square + 49 = 71$
      $33 + \square = 62$

   c. $\square - 22 = 48$
      $76 - \square = 31$

   d. $\square - 56 = 18$
      $95 - \square = 59$

5. a. Im Januar wurden insgesamt 120 Bücher verliehen.
Im Februar waren es 24 Bücher mehr.
Wie viele Bücher wurden im Februar entliehen?

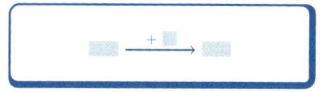

b. Im Januar hat sich die Zahl der Besucher gegenüber dem Dezember um 40 auf 362 erhöht. Wie viele Besucher waren es im Dezember?

c. In der Bücherei stehen 815 Bücher zur Verfügung. Nachdem einige Bücher dazu gekauft wurden, sind es nun 840. Wie viele Bücher wurden gekauft?

Du kannst bei der Lösung der Aufgabe ein Pfeilbild wie rechts verwenden.

6. a. Ein 45 € teurer Badeanzug wird um 11 € billiger.
Was kostet er jetzt?

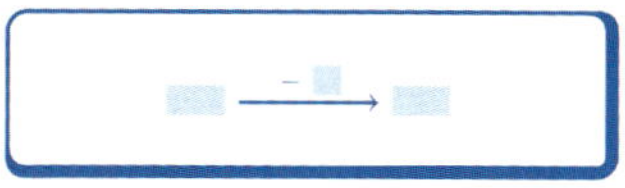

b. Der Preis für eine Tischtennisplatte wurde um 34 € auf 114 € verringert. Wie teuer war die Platte vorher?

c. Der Preis für ein Schlauchboot betrug vorher 395 € und beträgt jetzt 311 €. Um welchen Betrag wurde das Boot billiger?

Du kannst bei der Lösung der Aufgabe ein Pfeilbild wie rechts verwenden.

7. Partner A notiert verdeckt eine dreistellige Zahl. Partner B nennt eine zweistellige Zahl und die Rechenart (+; −). Partner A rechnet im Kopf. Partner B überprüft das Ergebnis durch Rückwärtsrechnen.
Danach werden die Rollen vertauscht.

Teamarbeit

Information

Das Addieren einer Zahl wird durch das Subtrahieren dieser Zahl rückgängig gemacht.
Das Subtrahieren einer Zahl wird durch das Addieren dieser Zahl rückgängig gemacht.

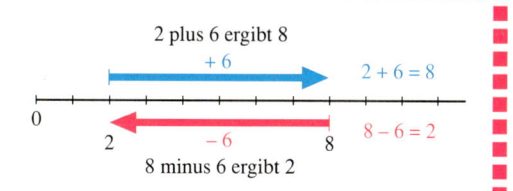

2 plus 6 ergibt 8
$2 + 6 = 8$
$8 - 6 = 2$
8 minus 6 ergibt 2

8. Gib jeweils die fehlende Zahl an. Rechne im Kopf.

Übungen

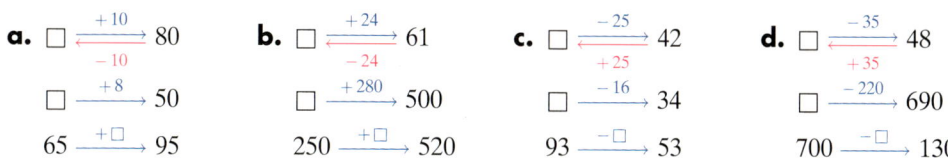

a. □ $\xrightarrow[-10]{+10}$ 80

b. □ $\xrightarrow[-24]{+24}$ 61

c. □ $\xrightarrow[+25]{-25}$ 42

d. □ $\xrightarrow[+35]{-35}$ 48

□ $\xrightarrow{+8}$ 50

□ $\xrightarrow{+280}$ 500

□ $\xrightarrow{-16}$ 34

□ $\xrightarrow{-220}$ 690

65 $\xrightarrow{+□}$ 95

250 $\xrightarrow{+□}$ 520

93 $\xrightarrow{-□}$ 53

700 $\xrightarrow{-□}$ 130

9. a. □ + 37 = 63
18 + □ = 81
□ − 49 = 14
54 − □ = 26

b. □ + 370 = 990
40 + □ = 760
□ − 440 = 440
690 − □ = 30

c. □ + 1 100 = 4 700
7 500 + □ = 8 000
□ − 4 000 = 2 800
2 000 − □ = 200

10. a. ☐ $\xrightarrow{+15}$ 40 $\xrightarrow{-10}$ ☐   b. ☐ $\xrightarrow{+62}$ 100 $\xrightarrow{-62}$ ☐

      ↑−7   ↑+11   ↑+8   ↓−28   ↓−35   ↓+49

     ☐ $\xleftarrow{-3}$ ☐ $\xleftarrow{+7}$ ☐   ☐ $\xleftarrow{-55}$ ☐ $\xrightarrow{+22}$ ☐

11. Überprüfe die Rechnung durch Addieren. Berichtige jedes falsche Ergebnis.

    a. $150 - 25 = 125$ **b.** $100 - 55 = 45$ **c.** $400 - 270 = 230$ **d.** $1540 - 450 = 1090$
       $90 - 33 = 67$ $190 - 88 = 102$ $840 - 84 = 766$ $9990 - 9090 = 900$

12. **a.** Um welche Zahl musst du 24 000 vergrößern um auf 30 000 zu kommen?

     b. Welche Zahl musst du um 8 000 vergrößern, damit du 50 000 erhältst?

     c. Welche Zahl musst du um 7 000 verringern um auf 28 000 zu kommen?

     d. Um wie viel musst du die Zahl 100 000 verringern, damit du 87 000 erhältst?

13. **a.** Die Summe beträgt 440. Der erste Summand ist 66.
Wie heißt der zweite Summand?

     b. Die Differenz hat den Wert 290. Der Subtrahend ist 390. Wie heißt der Minuend?

     c. Die Summe aus drei Summanden hat den Wert 1 000. Der erste Summand ist 120, der dritte Summand ist 750. Wie heißt der zweite Summand?

14. Notiere die fehlenden Zahlen.

    a. $445 \xrightarrow{+38} \square \xrightarrow{-29} \square \xrightarrow{-49} \square \xrightarrow{+78} \square \xrightarrow{-66} \square \xrightarrow{+83} 500$

    b. $\square \xrightarrow{-65} \square \xrightarrow{+47} \square \xrightarrow{-47} \square \xrightarrow{-29} \square \xrightarrow{+29} \square \xrightarrow{+100} 135$

    c. $0 \xrightarrow{\square} \square \xrightarrow{-40} 93 \xrightarrow{\square} 50 \xrightarrow{\square} 105 \xrightarrow{-77} \square \xrightarrow{\square} 0$

15. **a.** Der Jugendabteilung eines Sportvereins gehören 180 Mädchen und 172 Jungen an. Wie viele Jugendliche sind das insgesamt?

     b. Die Mitgliederzahl eines Sportvereins hat sich im Laufe eines Jahres um 240 erhöht und beträgt am Jahresende 970.
Wie viele Mitglieder hatte der Verein zu Beginn des Jahres?

     c. Am Anfang des Jahres zählte ein Sportverein 415 Mitglieder, am Ende des Jahres waren es 495.
Um wie viele Mitglieder hat sich der Verein vergrößert?

16. Der Hüttenwirt Franz notiert die winterlichen Wetterverhältnisse in seinem Schneebericht.

     a. Nach den Schneefällen vom 17.2. lagen insgesamt 54 cm Schnee.
Wie hoch war die Schneedecke vorher?

     b. Nach Tauwetter am 20.2. war die Schneedecke nur noch 25 cm hoch.
Wie hoch lag der Schnee, bevor es taute?

SCHNEEBERICHT
17.2.: 18 cm Neuschnee
20.2.: 17 cm Schnee getaut

Schriftliche Verfahren beim Addieren und Subtrahieren
Schriftliches Addieren

1. Addiere schriftlich: $23\,217 + 32\,956$.
Mache zunächst einen Überschlag. Runde dabei so, dass du im Kopf rechnen kannst.

Wiederholung

Lösung

Überschlag: $23\,000 + 33\,000 = 56\,000$ oder auch $20\,000 + 30\,000 = 50\,000$

Du weißt, wie man schriftlich addiert. Dabei können Überträge vorkommen.

Wir addieren

			ZT	T	H	Z	E	
die Einer:	$6+7=$	**13**		2	3	2	1	7
die Zehner:	$1+5+1=$	**7**	+	3	2	9	5	6
die Hunderter:	$9+2=$	**11**				1		1
die Tausender:	$1+2+3=$	**6**		5	6	1	7	3
die Zehntausender:	$3+2=$	**5**						

```
  23 217
+ 32 956
    1 1
  ------
  56 173
```

2. Addiere schriftlich.

a. 62 783
  + 24 615

b. 67 009
  + 53 098

c.   953
  + 179 082

d. 4 327 060
  + 3 700 985

e. 7 305 087 195
  + 2 870 534 907

Zum Festigen und Weiterarbeiten

Mögliche Ergebnisse: 87 398; 120 107; 180 035; 1 018 226 702; 760 760; 8 028 045; 10 175 622 102

3. Mache einen Überschlag. Runde dabei so, dass du im Kopf rechnen kannst.
Schreibe dann die Summanden stellengerecht untereinander, addiere schriftlich.

a. $2158 + 621$
b. $4365 + 815$
c. $35\,178 + 46\,720$
d. $409\,630 + 224\,017$
e. $14\,385 + 21\,907 + 30\,236$
f. $83\,500 + 7316 + 125\,083$

Mögliche Ergebnisse: 2 779, 5 180, 22 220, 66 528, 81 898, 215 899, 633 647, 666 666

4. a. So steht es im Heft von

Dennis:
1475
46
3128
2 0 5

10045

Markus:
1475
46
312
2056

995

Paul:
1475
46
312
2056

3891

Christina erkennt sofort die falschen Ergebnisse. Welche sind es?
Wie hat sie die falschen Ergebnisse erkannt?

b. Welche Ergebnisse sind falsch? Entscheide ohne schriftlich zu rechnen.

(1)   75 205
  +   4 993
  +   10 417

       ????

(2)   355
  +   3 907
  + 11 098

      ????

(3)   81 703
  +   9 956
  + 304 589

       ?????

Ergebnisse:
14 912; 90 615; 147 589

Ergebnisse:
8 425; 15 360; 30 947

Ergebnisse:
1 450 347; 295 248; 396 248

Übungen

Lass Platz für die Überträge

5. Rechne schriftlich. Mache zunächst einen Überschlag.

a. 24 866 + 83 195
b. 241 752 + 8 360
c. 3 157 824 + 2 406 137
d. 28 565 073 + 31 405 292
e. 788 420 688 + 11 589 312

6.
a. 7 243 + 1 095 + 1 662
b. 8 221 + 759 + 3 070
c. 41 833 + 17 907 + 2 659
d. 2 143 858 + 6 092 333 + 1 416 009
e. 128 359 076 + 43 085 721 + 3 059 170 029

7. Rechne schriftlich. Du erhältst auffallende Ergebnisse.

a. 2 240 + 1 290 + 4 130 + 1 270 + 2 180
b. 2 673 + 3 041 + 1 950 + 6 975 + 9 603
c. 841 535 + 54 628 + 209 809 + 18 377 + 375 651
d. 1 242 + 523 + 7 066 + 18 + 334 + 6 809 + 7 + 2 182
e. 23 411 + 50 072 + 45 + 7 130 + 31 945 + 688 + 29 402 + 91 874
f. 16 542 891 + 37 082 350 + 4 771 006 + 55 813 245 + 287 623 + 9 004 366 + 64 580 739 + 806 661

8.
a. 6 881 + 926 + 77 + 12 116
b. 2 194 + 7 246 + 8 055 + 1 403 + 3 324
c. 47 803 + 92 031 + 25 276 + 60 017 + 74 876
d. 582 + 26 914 + 403 820 + 95 + 25 378

9. Auffallende Ergebnisse.
a. 5 329 + 2 383 + 3 026 + 806 + 1 936 + 99
b. 54 833 206 + 13 940 171 + 8 219 667 + 7 033
c. 521 348 + 7 202 + 8 355 945 + 16 588 + 151 + 730 049 + 368 717
d. 4 243 + 780 006 + 2 399 571 + 655 + 62 007 + 904 432 + 2 392 296

10. Die Zuschauer sollen entscheiden, welcher Film gesendet werden soll. Der Sender startet dazu eine Telefonaktion.
Wie viele Anrufe sind insgesamt ausgewertet worden?

Abenteuerfilm 13 811
Krimi 24 368
Musikfilm 15 034
Zeichentrickfilm 21 506

11. Eine Ferienanlage zählte im Jahre 1995 während der Hauptsaison 125 832 Übernachtungen. In der Vor- und Nachsaison waren es nur 98 174 Übernachtungen.
Wie viele Übernachtungen waren es im ganzen Jahr?
Schätze zunächst durch Runden.

12.
Januar	40 984	Juli	90 431
Februar	43 825	August	89 564
März	63 243	September	72 986
April	96 463	Oktober	85 598
Mai	91 684	November	41 652
Juni	116 665	Dezember	37 278

Das sind die Besucherzahlen für den Zoo Frankfurt 1995.
Wie viele Besucher waren das

a. im ersten Halbjahr;

b. im zweiten Halbjahr;

c. im ganzen Jahr?

13. a. Auf Seite 18 in der Aufgabe 11 sind die Schülerzahlen der einzelnen Bundesländer aufgeführt.
Berechne daraus die Gesamtschülerzahl der Bundesrepublik Deutschland.

b. Auf Seite 27 in der Aufgabe 7 sind die Einwohnerzahlen der einzelnen Bundesländer aufgeführt.
Berechne daraus die Gesamteinwohnerzahl der Bundesrepublik Deutschland.

14. Die Tabelle gibt die Müllmengen (in Tonnen) einer Großstadt an.

a. Berechne für die einzelnen Jahre die Müllmenge aus der ganzen Stadt.

b. Wie viel Tonnen Müll waren es in den vier Jahren in den einzelnen Bezirken?

Bezirk	1993	1994	1995	1996	
A	34 768	33 804	35 617	33 296	
B	29 840	30 916	29 212	28 950	
C	36 175	35 422	36 480	35 377	
Gesamt					

c. Wie viel Tonnen Müll fielen in den vier Jahren in der gesamten Stadt an?

15. *Kreuzzahlrätsel*
Schreibt in jedes Feld eine Ziffer.

a	b	c	d	e	f
g					
h					

Teamarbeit

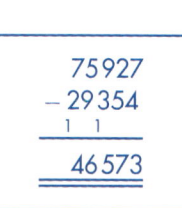

senkrecht
Tragt die Ergebnisse von oben nach unten ein.

a. 145 + 207 + 74
b. 189 + 118 + 496
c. 65 + 65 + 65
d. 29 + 104 + 177
e. 300 + 183 + 99
f. 214 + 214 + 214

waagerecht
Tragt die Ergebnisse von links nach rechts ein.

a. 322 148 + 159 208
g. 155 037 + 54 147
h. 36 311 + 598 711

Schriftliches Subtrahieren

1. Subtrahiere schriftlich: **a.** 75 927 − 29 354   **b.** 936 − 274 − 165 − 243   **Wiederholung**

Lösung

a. *Überschlag:* 76 000 − 29 000 = 47 000   oder auch   80 000 − 30 000 = 50 000
Du weißt, wie man schriftlich durch Ergänzen subtrahiert. Du musst auch hier auf den Stellenwert der Ziffern und auf die Überträge achten.

ZT	T	H	Z	E
7	5	9	2	7
− 2	9	3	5	4
		1	1	
4	6	5	7	3

Wir überlegen:
E: von 4 bis 7 sind es **3**
Z: von 5 bis 12 sind es **7**
H: 1 + 3 = 4
  von 4 bis 9 sind es **5**
T: von 9 bis 15 sind es **6**
ZT: 1 + 2 = 3
  von 3 bis 7 sind es **4**

Wir ergänzen:
4 + **3** = 7
5 + **7** = 12
1 + 3 + **5** = 9
9 + **6** = 15
1 + 2 + **4** = 7

```
    75927
  −29354
      1 1
    46573
```

b. *Überschlag:* $900 - 300 - 200 - 200 = 200$

H	Z	E
9	3	6
−2	7	4
−1	6	5
−2	4	3
	2	1
2	5	4

Wir überlegen:
E: $3 + 5 + 4 = 12$
  von 12 bis 16 sind es **4**
Z: $1 + 4 + 6 + 7 = 18$
  von 18 bis 23 sind es **5**
H: $2 + 2 + 1 + 2 = 7$
  von 7 bis 9 sind es **2**

Wir ergänzen:
$3 + 5 + 4 + \mathbf{4} = 16$

$1 + 4 + 6 + 7 + \mathbf{5} = 23$

$2 + 2 + 1 + 2 + \mathbf{2} = 9$

$$\begin{array}{r} 936 \\ -274 \\ -165 \\ -243 \\ \hline 2\ 1 \\ \hline 254 \end{array}$$

Wenn du eine andere Sprechweise gelernt hast, kannst du diese weiter verwenden.

Zum Festigen und Weiterarbeiten

2. Subtrahiere schriftlich. Mache zunächst einen Überschlag. Runde dabei so, dass du im Kopf rechnen kannst.

a.	b.	c.	d.	e.	f.
587	963	718	5 817	481 796	1 483 614
− 234	− 453	− 356	− 2 364	− 245 028	− 629 321

Mögliche Ergebnisse: 279; 353; 362; 510; 3 453; 236 768; 621 744; 854 293

3. Schreibe stellengerecht untereinander, subtrahiere schriftlich.
a. $61\,493 - 22\,814$ **b.** $19\,000 - 8\,473$ **c.** $7\,463\,092 - 4\,813$ **d.** $9\,188\,670 - 433\,000$

Mögliche Ergebnisse: 10 527; 29 345; 38 679; 7 458 279; 7 481 350; 8 755 670

4.
a.	b.	c.	d.	e.
8 327	743 112	9 200	8 240 240	3 800 765
− 3 145	− 9 378	− 1 843	− 751 083	− 923 417
− 1 719	− 62 583	− 2 095	− 3 069 154	− 655 900
		− 4 707	− 420 003	− 17 345
				− 402 688

5. Schreibe stellengerecht untereinander, subtrahiere schriftlich.
a. $35\,906 - 83 - 1\,746 - 523 - 12\,435$
b. $12\,000\,000 - 4\,853\,911 - 28\,302 - 299\,700$
c. $407\,311 - 2\,117 - 9 - 342 - 147\,008$
d. $77\,000\,133 - 134 - 92\,683 - 22 - 951\,006$

Mögliche Ergebnisse: 21 119; 33 408; 257 835; 6 818 087; 12 304 304; 75 956 288

Übungen

6. Rechne schriftlich. Mache zunächst einen Überschlag.

a.	b.	c.	d.	e.
8 406	82 009	531 278	80 346 115	435 800 000
− 3 198	− 27 140	− 9 165	− 5 107 666	− 133 047 918

7. a. $95\,126 - 83\,042$ **c.** $70\,000 - 49\,287$
$35\,760 - 21\,810$ $62\,444 - 9\,815$

b. $29\,344 - 8\,739$ **d.** $93\,111 - 402$
$255\,136 - 88$ $371\,490 - 371\,489$

8.
a.	b.	c.	d.	e.	f.
849	782	51 896	90 000	605 377	17 462 911
− 213	− 143	− 12 724	− 41 813	− 506 733	− 8 355 734
− 314	− 325	− 18 392	− 36 055	− 22 836	− 6 900 295
				− 75 808	− 2 206 771

Mögliche Ergebnisse: 0; 11; 111; 148; 314; 322; 367; 5 840; 12 132; 20 780; 124 102; 335 779; 567 890; 1 338 600

9. a. $8000 - 916 - 1422 - 622$
b. $77812 - 19321 - 4288 - 3088$
c. $468000 - 2913 - 78305 - 126522$
d. $1000000 - 6389 - 440255 - 29530 - 8 - 79374$

10. Für den Musiksaal einer Schule wird ein neues Klavier angeschafft. Das Klavier soll 5 700 € kosten. Der Händler gewährt einen Rabatt von 285 €. Wie viel Geld muss die Schule aufbringen?

Rabatt ist Preisnachlass

11. Im Jahre 1995 gab es in der Bundesrepublik 47 658 900 Kraftfahrzeuge, davon 40 499 400 Personenkraftwagen. Wie viele übrige Fahrzeuge gab es?

12. Bis Ende des Jahres 1996 hatte ein Werk 829 175 Personenwagen vom Typ „Speedy" hergestellt. Wie viele Wagen müssen Anfang 1997 noch vom Band laufen, bis die Zahl 1 000 000 voll ist?

13. Für ein Fußballspiel gibt es 22 500 Eintrittskarten.
Anzahl der Karten im Vorverkauf:
1. Woche: 3145   2. Woche: 9802   3. Woche: 5377   4. Woche: 1695
Wie viele Karten bleiben nach dem Vorverkauf noch übrig?

14. Längs der Donau sind Flusskilometerzahlen (Entfernungen zur Mündung) angegeben. Wie weit ist es mit dem Schiff von einem dieser Orte zu einem anderen? Fülle dazu die Tabelle aus.

Regensburg 2380, Deggendorf 2285, Passau 2226, Linz 2135, Krems 2002, Wien 1935

	R	D	P	L	K	W
R	—					
D		—				
P			—			
L				—		
K					—	
W						—

15. *Kreuzzahlrätsel*

	a	b	c	d	e
f					
g					

waagerecht:
a. $59235 - 27981$
f. $98538 - 11445$
g. $72785 - 7175$

senkrecht:
a. $3141 - 2755$
b. $4271 - 4096$
c. $8149 - 7943$
d. $5460 - 4869$
e. $10429 - 9999$

Teamarbeit

16. Fülle die Lücken mit den richtigen Ziffern aus.

a. 58☐
  + 294
  ─────
   ☐81

b. 5☐3
  − 2751
  ─────
   2487

c. 423☐5
  + 3☐718
  ──────
   74113

d. 8092
  − ☐4☐5
  ─────
   4597

e. 1☐5☐7
  + ☐8☐1
  ──────
   55103

f. 14☐26
  − 85☐9
  ──────
    6157

g. 7☐8645
  + ☐3☐5☐6
  ───────
   879☐5☐

h. 9☐5☐6
  − ☐4☐71
  ──────
   64515

i. ☐3☐7☐9
  + 1☐8☐3☐
  ────────
   342819

j. 7☐2☐4
  − ☐6☐52
  ──────
   53282

Zum Knobeln

Vermischte Übungen zur Addition und Subtraktion

1. Rechne mit nebeneinander stehenden Zahlen. Schreibe jeweils das Ergebnis in das Feld darunter.

a. Addiere jeweils.

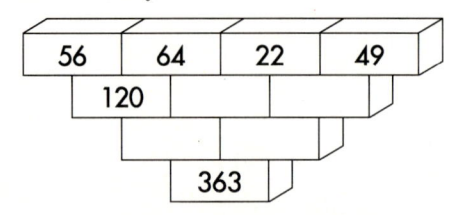

56	64	22	49
120			
	363		

b. Subtrahiere jeweils.

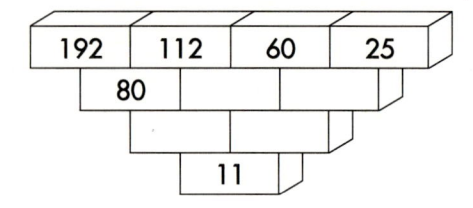

192	112	60	25
80			
	11		

2. a. Addiere.

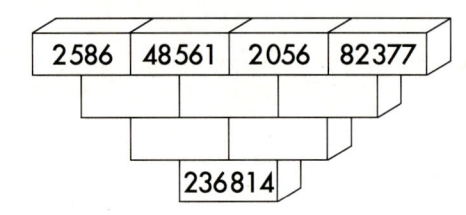

2586	48561	2056	82377
	236814		

b. Subtrahiere.

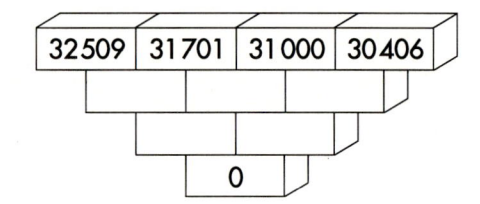

32509	31701	31000	30406
	0		

3. a. 207 185 + 3 695 702 + 48 329 + 524 003 + 7 211 863 + 521 + 17 388 + 501 277
 b. 9 000 000 − 2 655 081 − 843 522 − 5 067 153 − 211 245

Mögliche Ergebnisse: 222 999, 7 480 480, 12 206 268, 26 286 997

4. a. Berechne die Summe der drei Summanden 12 178, 15 039 und 22 783.
 b. Wie groß ist die Differenz der Zahlen 733 521 und 276 732?
 c. Um wie viel ist die Summe der Zahlen 8 512 und 4 321 größer als die Differenz dieser Zahlen?
 d. Der Subtrahend ist 2 813 409. Der Minuend ist um 311 866 größer als der Subtrahend.
 Wie groß ist der Minuend? Wie groß ist die Differenz?

5. Auf einer Wanderkarte sind die Längen einzelner Wege in Metern angegeben.

 a. Tim und seine Mutter möchten vom Parkplatz P über E nach B den kürzesten Weg gehen.
 Wie lang ist dieser Weg?

 b. Eine Schulklasse möchte bei P starten und dorthin zurückkehren. Dabei soll kein Einzelweg ausgelassen und nur einer in beide Richtungen durchwandert werden.
 Gib einen solchen Weg mithilfe der Punkte an.

 c. Wie lang ist die bei Teilaufgabe b. gewählte Wanderstrecke insgesamt?

6. Ein Busunternehmen beförderte im ersten Vierteljahr (von Januar bis März) 13 405 Personen. Im zweiten Vierteljahr nahm die Zahl der Fahrgäste um 748 ab, im dritten Vierteljahr nochmals um 148 ab, im vierten Vierteljahr wieder um 1 248 zu.
Berechne die Anzahl der Fahrgäste

    a. im vierten Vierteljahr;   **b.** im gesamten Jahr.

7. Die Uhren in Hongkong gehen gegenüber den Uhren in Deutschland um 7 Stunden vor. Die Uhren in New York gehen gegenüber den Uhren in Deutschland um 6 Stunden nach.
Notiere die fehlenden Uhrzeiten:

Hongkong	Berlin	New York
	12.00 Uhr	
20.00 Uhr		
		4.00 Uhr
	18.30 Uhr	
11.20 Uhr		

8. *Kreuzzahlrätsel*

waagerecht
  a. 2 555 556 + 1 820 356
  b. 3 499 210 + 19 414

senkrecht
  c. 2 493 670 − 2 480 615
  d. 242 139 − 196 159
  e. 389 369 − 337 744

Teamarbeit

9. Zu jedem Ergebnis gehört ein Buchstabe. Die Buchstaben ergeben einen Text.

8 492 + 12 098	63 417 + 9 850	123 456 + 87 654
16 400 − 7 937	200 000 − 37 951	94 603 − 45 678
54 755 + 1 986	15 348 + 33 983	574 381 + 243 056
100 000 − 56 366	150 000 − 16 401	153 000 − 95 012
4 444 + 6 666	302 391 + 30 242	34 805 + 164 075
85 000 − 15 362	74 309 − 17 473	751 100 − 39 505

817 437	57 988	162 049	56 836	198 880	133 599
A	B	E	E	E	F

48 925	211 110	8 463	73 267	69 638	49 331
H	I	I	L	L	N

711 595	11 110	332 633	56 741	20 590	43 634
N	O	R	R	W	W

Multiplizieren und Dividieren einer Zahl
Schrittweises Multiplizieren und Dividieren – Fachausdrücke

Aufgabe

1. Die Familien Sänger und Nolte nutzten das Angebot. Familie Sänger wohnte 6 Tage in der Pension „Alpenblick" und Familie Nolte 4 Tage im Haus „Heidi".
   a. Wie hoch war die Gesamtrechnung der Familie Sänger?
   b. Was zahlte Familie Nolte pro Tag?
   Wie kann man die Aufgaben a. und b. sicher und geschickt im Kopf rechnen?

Unser Angebot:
★ Pension Alpenblick:
   6 Tage, pro Tag u. Zimmer 27,- €
★ Haus Heidi:
   4 Tage, Zimmer mit Balkon 144,- €

Lösung

a. Berechne 6 · 27 €, zerlege dazu in Zehner und Einer.

$$\left.\begin{array}{l} 6 \cdot 20\ € = 120\ € \\ 6 \cdot\ \ 7\ € =\ \ 42\ € \end{array}\right\} +$$
$$6 \cdot 27\ € = 162\ €$$

Ergebnis: Familie Sänger zahlte insgesamt 162 €.

b. Berechne 144 : 4.
Zerlege geschickt:
144 = 120 + 24

$$\left.\begin{array}{l} 120\ € : 4 = 30\ € \\ \ \ 24\ € : 4 =\ \ 6\ € \end{array}\right\} +$$
$$144\ € : 4 = 36\ €$$

Ergebnis: Das Zimmer der Familie Nolte kostete pro Tag 36 €.

Information

6 · 57 nennt man das **Produkt** der Zahlen 6 und 57. Das Ergebnis 342 nennt man auch Produkt.
Die Zahlen 6 und 57 heißen *Faktoren*.

6	·	57	=	342
1. Faktor		2. Faktor		Produkt

272 : 4 nennt man den **Quotienten** der Zahlen 272 und 4. Das Ergebnis 68 nennt man auch Quotient.
Die Zahl 272 heißt *Dividend*, die Zahl 4 heißt *Divisor*.

272	:	4	=	68
Dividend		Divisor		Quotient

Zum Festigen und Weiterarbeiten

2. a. Im Supermarkt werden Farbfilme angeboten, 13 € die Doppelpackung. Christin und Melanie kaufen je 5 dieser Packungen und bezahlen an verschiedenen Kassen.
   Vergleiche die beiden Kassenzettel und erläutere die beiden Rechnungen.

   b. Ersetze die Summe durch ein Produkt. Gib auch das Ergebnis an.
      (1) 20 + 20 + 20 + 20
      (2) 18 + 18 + 18
      (3) 11 + 11 + 11 + 11 + 11 + 11 + 11
      (4) 1 + 1 + 1 + 1 + 1 + 1 + 1 + 1 + 1   (5) 0 + 0 + 0 + 0 + 0 + 0

   c. Schreibe als Summe. Gib auch das Ergebnis an.
      (1) 4 · 25   (2) 8 · 30   (3) 3 · 1000   (4) 6 · 6   (5) 5 · 1   (6) 3 · 0

```
13.00
13.00
13.00
13.00
13.00
       65.00
```

```
13.00
*    5
65.00
```

Kapitel 2

3. Prüfe deine Rechenfertigkeit. Rechne im Kopf.

a. $5 \cdot 12$	b. $70:5$	c. $6 \cdot 13$	d. $42:3$	e. $5 \cdot 102$	f. $321:3$
$3 \cdot 16$	$60:4$	$4 \cdot 19$	$72:4$	$3 \cdot 207$	$856:8$
$2 \cdot 17$	$90:6$	$6 \cdot 16$	$85:5$	$6 \cdot 304$	$648:6$

4. **a.** Notiere mithilfe von $\cdot$ oder $:$, berechne dann.
   (1) Produkt aus 25 und 3   (2) Quotient aus 80 und 4   (3) Produkt aus 5, 8 und 2
   b. Notiere in Worten, berechne dann.
   (1) $7 \cdot 11$ (2) $100:5$ (3) $2 \cdot 6 \cdot 4$ (4) $96:4$

5. Rechne im Kopf. Zerlege wie in den Beispielen.

   > $17 \cdot 30 \quad 17 \xrightarrow{\cdot 3} 51 \xrightarrow{\cdot 10} 510$

   > $240:80 \quad 240 \xrightarrow{:10} 24 \xrightarrow{:8} 3$

a. $45 \cdot 10$	b. $15 \cdot 20$	c. $7 \cdot 200$	d. $280:10$	e. $480:20$
$45 \cdot 100$	$30 \cdot 400$	$18 \cdot 2000$	$800:100$	$350:50$
$45 \cdot 1000$	$40 \cdot 200$	$20 \cdot 5000$	$15000:1000$	$900:300$

Information

- Man *multipliziert* eine Zahl mit 10, 100, 1 000, …, indem man 1, 2, 3, … *Nullen* als *Endziffer anhängt*.
- Man *dividiert* eine Zahl durch 10, 100, 1 000, …, indem man 1, 2, 3, … *Nullen* als Endziffer *weglässt*.

$\cdot 100$ 2 Nullen dran
$:100$ 2 Nullen weg

Übungen

6. **a.** Ersetze die Summe durch ein Produkt. Gib auch das Ergebnis an.
   (1) $5+5+5+5+5+5+5+5$ (2) $35+35$ (3) $1+1+1+1+1+1$
   b. Ersetze das Produkt durch eine Summe. Gib auch das Ergebnis an.
   (1) $4 \cdot 8$ (2) $3 \cdot 17$ (3) $5 \cdot 20$ (4) $4 \cdot 25$ (5) $8 \cdot 125$ (6) $2 \cdot 3020$

7. | a. $3 \cdot 21$ | b. $5 \cdot 32$ | c. $4 \cdot 112$ | d. $68:2$ | e. $75:3$ | f. $78:3$ | g. $408:4$ |
   |---|---|---|---|---|---|---|
   | $4 \cdot 23$ | $7 \cdot 45$ | $3 \cdot 215$ | $80:5$ | $78:6$ | $84:7$ | $654:6$ |
   | $3 \cdot 33$ | $3 \cdot 64$ | $7 \cdot 122$ | $60:4$ | $96:6$ | $95:5$ | $936:9$ |

8. **a.** Notiere das Produkt aus 23 und 4, berechne.
   b. Notiere den Quotienten aus 96 und 8, berechne.
   c. Die Faktoren sind 4, 3 und 5. Notiere das Produkt und berechne.
   d. Der Dividend ist 196, der Divisor ist 7. Notiere den Quotienten und berechne.

9. Multipliziere jede der Zahlen 28, 74, 90, 370, 805 600, 7 000, 12 000
   a. mit 10;   **b.** mit 100;   **c.** mit 1 000;   **d.** mit 10 000;   **e.** mit 1 000 000.

10. **a.** Dividiere jede der Zahlen durch 10: 120; 540; 700; 1 400; 8 000; 306 000.
    b. Dividiere jede der Zahlen durch 100: 1 300; 6 500; 9 000; 20 000; 300 000; 7 000 000.
    c. Dividiere jede der Zahlen durch 1 000: 9 000; 15 000; 60 000; 820 000; 4 000 000.

11. Rechne schrittweise im Kopf, notiere die Ergebnisse.

	a.	b.	c.	d.	e.	f.
	3 · 40	80 : 20	13 · 30	480 : 40	7 · 400	1 800 : 200
	7 · 50	60 : 30	17 · 20	720 : 60	17 · 500	5 600 : 700
	8 · 40	150 : 50	90 · 40	510 : 30	3 · 9 000	24 000 : 600

12.
- **a.** 1 500 · 300 ; 900 · 1 400 ; 240 · 8 000
- **b.** 60 000 : 15 000 ; 100 000 : 250 ; 960 000 : 12 000
- **c.** 16 000 · 500 ; 35 000 · 2 000 ; 2 500 · 4 000
- **d.** 8 000 000 : 40 000 ; 4 000 000 : 8 000 ; 2 000 000 : 25 000

13.
- **a.** Notiere jeweils das Doppelte von: (1) 30 000; (2) 7 000 000; (3) 20 Millionen.
- **b.** Notiere jeweils die Hälfte von: (1) 80 000; (2) 6 000 000; (3) 12 Millionen.
- **c.** Notiere jeweils das Dreißigfache von: (1) 5 000; (2) 25 000; (3) 4 Millionen.
- **d.** Notiere jeweils den zwanzigsten Teil von: (1) 60 000; (2) 1 000 000; (3) 80 Millionen.

14. Rechne geschickt im Kopf. Bei einem Produkt darfst du die Faktoren vertauschen.
- **a.** 7 · 5 · 2 ; 2 · 37 · 5
- **b.** 9 · 25 · 4 ; 25 · 17 · 4
- **c.** 7 · 25 · 8 ; 12 · 9 · 25
- **d.** 11 · 8 · 125 ; 125 · 41 · 8
- **e.** 4 · 25 · 125 · 8 ; 125 · 12 · 25 · 16

15. Findest du einen günstigen Rechenweg? Beachte die Beispiele.

$$35 \cdot 18 \quad 35 \xrightarrow{\cdot 2} 70 \xrightarrow{\cdot 9} 630$$
$$32 \cdot 25 \quad 32 \xrightarrow{:4} 8 \xrightarrow{\cdot 100} 800$$

$$112 : 14 \quad 112 \xrightarrow{:2} 56 \xrightarrow{:7} 8$$
$$700 : 25 \quad 700 \xrightarrow{:100} 7 \xrightarrow{\cdot 4} 28$$

- **a.** 45 · 6 ; 35 · 22 ; 15 · 180
- **b.** 48 · 25 ; 25 · 36 ; 12 · 250
- **c.** 600 : 24 ; 1 100 : 22 ; 1 400 : 35
- **d.** 900 : 25 ; 2 000 : 25 ; 1 500 : 25
- **e.** 3 000 : 125 ; 72 · 125 ; 125 · 880

16. Im Kopierraum einer Schule werden 60 Pakete angeliefert.
Für wie viele Kopien reicht dieser Vorrat?

17. Eine Klasse hat 30 Schüler. Die Gesamtkosten für eine Wanderfahrt beliefen sich auf 1 200 €. Wie teuer war die Fahrt für jeden Schüler?

18. Ein künstlicher Satellit umkreist die Erde an jedem Tag genau 12-mal.
Wie oft umrundet er die Erde
- **a.** in 30 Tagen;
- **b.** in 150 Tagen;
- **c.** in 500 Tagen?

19. Im Heimwerkermarkt werden Messingschrauben in Packungen zu je 24 Stück angeboten. Jede Packung kostet 2,50 €. Herr Reisig benötigt von diesen Schrauben 120 Stück.
- **a.** Wie viele Packungen muss er kaufen?
- **b.** Wie viel € muss er bezahlen?

Rückgängigmachen einer Rechenanweisung

Aufgabe

1. Wie löst man die Zahlenrätsel zweckmäßig?

Sprechblasen:
- "Wenn ich eine Zahl mit 6 multipliziere, erhalte ich 84." (Jana)
- "Wenn ich eine Zahl durch 7 teile, erhalte ich 9." (Marco)

Lösung

Gesucht ist die Ausgangszahl.
Man erhält sie, indem man die Rechnung rückgängig macht, also rückwärts rechnet.

Zahlenrätsel von Jana

Gleichung: $\square \cdot 6 = 84$

Pfeilbild: $\square \xrightarrow[:6]{\cdot 6} 84$

Rechnung: $84 : 6 = 14$

Ergebnis: Die gedachte Zahl heißt 14.

Zahlenrätsel von Marco

Gleichung: $\square : 7 = 9$

Pfeilbild: $\square \xrightarrow[\cdot 7]{:7} 9$

Rechnung: $9 \cdot 7 = 63$

Ergebnis: Die gedachte Zahl heißt 63.

Information

Das Multiplizieren (Vervielfachen) mit einer Zahl wird durch das Dividieren (Teilen) durch diese Zahl rückgängig gemacht.
Das Dividieren durch eine Zahl wird durch das Multiplizieren mit dieser Zahl rückgängig gemacht.

20 mal 3 ergibt 60 $20 \cdot 3 = 60$

$20 \xrightarrow[:3]{\cdot 3} 60$ Multiplizieren / Dividieren

60 durch 3 ergibt 20 $60 : 3 = 20$

Zum Festigen und Weiterarbeiten

2. Gib jeweils die fehlende Zahl an. Rechne im Kopf.

a. $\square \xrightarrow[:8]{\cdot 8} 40$ b. $\square \xrightarrow[:4]{\cdot 4} 240$ c. $\square \xrightarrow[\cdot 4]{:4} 8$ d. $\square \xrightarrow[\cdot 3]{:3} 12$

$\square \xrightarrow{\cdot 7} 42$ $\square \xrightarrow{\cdot 9} 99$ $\square \xrightarrow{:5} 10$ $\square \xrightarrow{:4} 20$

$12 \xrightarrow{\cdot \square} 120$ $80 \xrightarrow{\cdot \square} 560$ $200 \xrightarrow{:\square} 20$ $150 \xrightarrow{:\square} 10$

3. Berechne die Produkte und Quotienten. Kontrolliere dein Ergebnis durch Gegenrechnung.

a. $45 \cdot 5$ b. $288 : 6$ c. $154 : 7$
$72 \cdot 6$ $477 : 9$ $75 \cdot 7$
$56 \cdot 4$ $744 : 8$ $308 : 4$

Aufgabe: $210 : 6 = 35$

Pfeilbild: $210 \xrightarrow[\cdot 6]{:6} 35$

Kontrolle: $35 \cdot 6 = 210$

4. Gib jeweils die fehlende Zahl an. Rechne im Kopf.

    a. ☐ · 7 = 21   **b.** ☐ · 5 = 80   **c.** ☐ : 100 = 10   **d.** ☐ : 20 = 20
        9 · ☐ = 81   25 · ☐ = 200   70 : ☐ = 7   8 000 : ☐ = 4
        ☐ · 8 = 120   ☐ · 6 = 150   ☐ : 20 = 9   1 000 : ☐ = 50

5. a. Im Musiksaal einer Schule stehen 9 Stuhlreihen. In jeder Reihe sind 18 Stühle.
     Wie viele Sitzplätze sind das insgesamt?

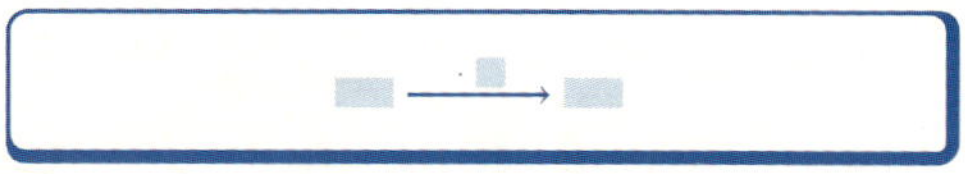

   b. In einem Festsaal sollen Plätze für 600 Personen bereitgestellt werden. Es können nur 20 Stuhlreihen aufgestellt werden. Wie viele Stühle stehen in jeder Reihe?

   c. In einer Pausenhalle sollen 480 Sitzplätze bereitgestellt werden. Es passen jeweils 40 Stühle nebeneinander. Wie viele Stuhlreihen sind nötig?

Du kannst bei der Lösung der Aufgaben ein Pfeilbild wie rechts verwenden.

6. a. Eine Popgruppe mit 5 Musikern erhält bei einem Open-Air-Konzert eine Gage von 25 000 €. Die Gage wird gleichmäßig verteilt.
     Wie viel erhält jeder Einzelne?

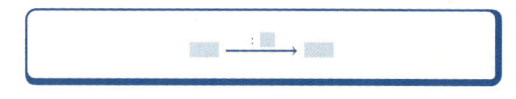

   b. Bei einer anderen Band mit 4 Musikern erhält jeder Einzelne eine Gage von 3 500 €.
     Wie viel muss der Konzertmanager für die gesamte Band ausgeben.

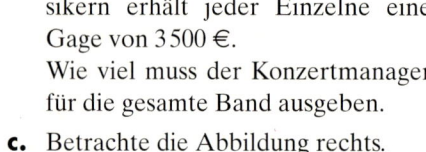

   c. Betrachte die Abbildung rechts.
     Wie viele Mitglieder hat die Band?

Du kannst bei der Lösung der Aufgaben ein Pfeilbild wie rechts verwenden.

Wir haben 18 000 € bekommen, das sind 3 000 € für jeden von uns.

Übungen

7. Gib jeweils die fehlende Zahl an. Rechne im Kopf.

   a. ☐ —·3/:3→ 24   **b.** ☐ —·5/:5→ 90   **c.** ☐ —:4/·4→ 6   **d.** ☐ —:7/·7→ 11

       ☐ —·5→ 45   ☐ —·7→ 84   ☐ —:6→ 9   ☐ —:3→ 50

       7 —·☐→ 63   25 —·☐→ 100   40 —:☐→ 8   60 —:☐→ 12

8. a. ☐ —·4→ 80 —·3→ ☐   **b.** ☐ —·12→ 72 —:3→ ☐
    ↑:5   ↑·8   ↓:2   ↓·8   ↓:6   ↑·5
    ☐ —:10→ ☐ —·12→ ☐   ☐ —:4→ ☐ —·10→ ☐

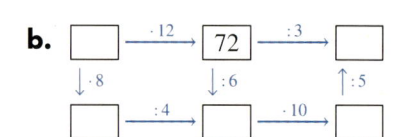

9. Gib jeweils die fehlende Zahl an. Rechne im Kopf.

   a. 9 · 7 = ☐   **b.** 11 · 12 = ☐   **c.** 80 : 4 = ☐   **d.** 140 : 7 = ☐
        ☐ · 8 = 72   ☐ · 14 = 70   ☐ : 8 = 4   ☐ : 12 = 9
        6 · ☐ = 60   15 · ☐ = 90   60 : ☐ = 30   65 : ☐ = 13

10. Überprüfe die Rechnung durch Multiplizieren. Berichtige jedes falsche Ergebnis.

    a. 65 : 13 = 5   **b.** 108 : 12 = 8   **c.** 98 : 7 = 18   **d.** 200 : 25 = 6   **e.** 1 000 : 125 = 8

11. a. Im Geschäftszimmer einer Schule werden 50 Schachteln mit Tafelkreide angeliefert. Jede Schachtel enthält 144 Stück. Wie viele Kreidestücke sind das insgesamt?
  b. Für den Werkunterricht werden 320 Blätter Zeichenkarton benötigt. Dazu müssen 16 Packungen bestellt werden. Wie viele Einzelblätter enthält jede Packung?
  c. Herr Döring benötigt 90 große Nägel. Jede Packung enthält 15 Stück. Wie viele Packungen muss er kaufen?

12. a. In die Jahrgangsstufe 5 einer Schule sollen 150 Schüler aufgenommen und auf 6 Klassen gleichmäßig verteilt werden. Wie groß wird jede Klasse?
  b. Bei einem Sportfest werden die Teilnehmer in 20 Gruppen zu je 15 Schüler eingeteilt.
  Wie viele Schüler nehmen am Sportfest teil?
  c. Die 240 Teilnehmer an einem Sportfest werden in Gruppen zu je 16 Schülern eingeteilt.
  Wie viele Gruppen werden aufgestellt?

13. a. Von welcher Zahl ist 240 die Hälfte [der dritte Teil; der fünfte Teil]?
  b. Von welcher Zahl ist 600 das Doppelte [das Dreifache; das Zwölffache]?
  c. Wie heißt die Zahl, die man mit 7 multiplizieren muss um 350 [um 28 000] zu erhalten?
  d. Wie heißt die Zahl, die man durch 9 dividieren muss um 180 [um 9000] zu erhalten?
  e. Durch welche Zahl muss man 108 [480] dividieren um 12 zu erhalten?

14. a. Ein Produkt heißt 24 000, der erste Faktor ist 600. Wie heißt der zweite Faktor?
  b. Der Divisor ist 25. Der Quotient ist 28. Wie heißt der Dividend?
  c. Der Dividend ist 200 000, der Quotient ist 5000. Wie heißt der Divisor?

Rechnen mit der Null und der Eins

1. Das Rechnen mit der 0 und mit der 1 macht manchmal Probleme. **Aufgabe**
  a. Was ergibt (1) $4 \cdot 0$; (2) $0 : 7$; (3) $5 : 0$?
  b. Was ergibt (1) $4 \cdot 1$; (2) $1 : 7$; (3) $5 : 1$?

Lösung
  a. *Rechnen mit der 0:*
  (1) $4 \cdot 0 = 0$, denn $0 + 0 + 0 + 0 = 0$
  (2) Das Pfeilbild zeigt: $0 : 7 = 0$, denn $0 \cdot 7 = 0$
  (3) Sieh dir das zweite Pfeilbild an.
  $5 : 0$ bedeutet:
  Suche eine Zahl, die mit 0 multipliziert 5 ergibt.
  Es gibt keine solche Zahl, denn wenn man eine Zahl mit 0 multipliziert, so erhält man stets 0 (und nicht 5).
  Durch 0 kann man nicht dividieren.

b. *Rechnen mit der 1:*
  (1) $4 \cdot 1 = 4$, denn $1 + 1 + 1 + 1 = 4$
  (2) $5 : 1 = 5$, denn $5 \cdot 1 = 5$
  (3) $1 : 7$ bedeutet: Suche eine Zahl, die mit 7 multipliziert 1 ergibt. Es gibt keine natürliche Zahl, die mit 7 multipliziert 1 ergibt. Man sagt: $1 : 7$ ist mit natürlichen Zahlen nicht ausführbar.

Rechnen mit der Null

(1) *Multiplizieren einer Zahl a mit 0:*
$a \cdot 0 = 0$; $0 \cdot a = 0$

(2) *Dividieren der Zahl 0 durch eine Zahl a:*
$0 : a = 0$, falls $a \neq 0$

(3) *Dividieren einer Zahl a durch 0:*
Durch 0 kann man nicht dividieren.

Rechnen mit der Eins

(1) *Multiplizieren einer Zahl a mit 1:*
$a \cdot 1 = a$; $1 \cdot a = a$

(2) *Dividieren der Zahl 1 durch eine Zahl a:*
$1 : a$ nur für $a = 1$ ausführbar.

(3) *Dividieren einer Zahl a durch 1:*
$a : 1 = a$

Zum Festigen und Weiterarbeiten

2.
	a.	b.	c.	d.	e.	f.
	$6 \cdot 6$	$6 : 6$	$6 + 6$	$6 - 6$	$1 \cdot 6$	$0 + 0$
	$6 \cdot 1$	$6 : 1$	$6 + 1$	$6 - 1$	$1 + 6$	$0 - 0$
	$6 \cdot 0$	$0 : 6$	$6 + 0$	$6 - 0$	$0 \cdot 6$	$0 \cdot 0$

3. Fülle – soweit möglich – die Lücken aus.

a. $\square \cdot 17 = 17$
$\square \cdot 17 = 0$
$\square \cdot 17 = 1$

b. $1 \cdot \square = 12$
$0 \cdot \square = 12$
$12 \cdot \square = 12$

c. $\square : 20 = 1$
$\square : 20 = 0$
$\square : 20 = 20$

d. $8 : \square = 1$
$8 : \square = 0$
$8 : \square = 8$

e. $0 : \square = 1$
$0 : \square = 0$
$1 : \square = 1$

Übungen

4.
	a.	b.	c.	d.	e.	f.
	$1 \cdot 9$	$10 : 1$	$0 + 100$	$20 - 20$	$1 : 1$	$0 \cdot 275$
	$0 \cdot 9$	$0 : 10$	$1 + 100$	$20 - 0$	$1 - 0$	$1 \cdot 275$
	$9 \cdot 9$	$10 : 10$	$100 + 100$	$20 - 1$	$0 : 1$	$275 : 1$

5. Rechne im Kopf; notiere die Ergebnisse.

	a.	b.	c.	d.	e.
	$4 \cdot 5 \cdot 7$	$7 \cdot 10 \cdot 8$	$14 \cdot 1 \cdot 6$	$75 \cdot 4 \cdot 0$	$30 \cdot 20 \cdot 10 \cdot 0$
	$9 \cdot 2 \cdot 6$	$10 \cdot 12 \cdot 9$	$1 \cdot 22 \cdot 5$	$138 \cdot 0 \cdot 17$	$1000 \cdot 100 \cdot 10 \cdot 1$
	$0 \cdot 11 \cdot 5$	$100 \cdot 0 \cdot 30$	$300 \cdot 16 \cdot 1$	$1 \cdot 5000 \cdot 0$	$505 \cdot 50 \cdot 5 \cdot 0$

6. Fülle – soweit möglich – die Lücken aus.

a. $\square \cdot 12 = 12$
$80 \cdot \square = 0$
$\square \cdot 12 = 0$
$0 \cdot \square = 24$

b. $\square : 1 = 19$
$25 : \square = 1$
$\square : 8 = 0$
$15 : \square = 0$

c. $60 + \square = 60$
$\square + 33 = 33$
$1 + \square = 100$
$\square + 50 = 0$

d. $\square - 48 = 0$
$72 - \square = 72$
$\square - 25 = 1$
$\square - 30 = 30$

7. a. Kann die Zahl 0 als Ergebnis beim Addieren [Subtrahieren] auftreten? Wenn ja, in welchen Fällen?

b. Kann die Zahl 1 als Ergebnis beim Multiplizieren [Dividieren] auftreten? Wenn ja, in welchen Fällen?

Potenzieren

Aufgabe

1. Falte einen Papierbogen mehrmals nacheinander.
  a. Falte 5-mal. Wie viele Felder kannst du nach dem Auseinanderfalten erkennen?
  b. Wie viele Felder müssten nach dem zehnten Falten erkennbar sein?

Lösung

a. Bei jedem Falten verdoppelt sich die Anzahl der Felder.

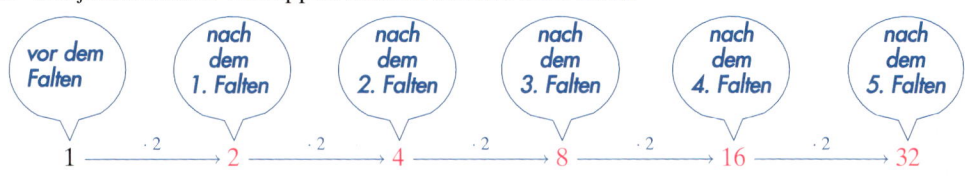

vor dem Falten → nach dem 1. Falten → nach dem 2. Falten → nach dem 3. Falten → nach dem 4. Falten → nach dem 5. Falten

$1 \xrightarrow{\cdot 2} 2 \xrightarrow{\cdot 2} 4 \xrightarrow{\cdot 2} 8 \xrightarrow{\cdot 2} 16 \xrightarrow{\cdot 2} 32$

Die Anzahl der Felder beträgt

nach dem 1. Falten: 2, das schreiben wir auch: 2^1
nach dem 2. Falten: $2 \cdot 2$, das schreiben wir auch: 2^2
nach dem 3. Falten: $2 \cdot 2 \cdot 2$, das schreiben wir auch: 2^3
nach dem 4. Falten: $2 \cdot 2 \cdot 2 \cdot 2$, das schreiben wir auch: 2^4
nach dem 5. Falten: $2 \cdot 2 \cdot 2 \cdot 2 \cdot 2$, das schreiben wir auch: 2^5

b. Beim weiteren Falten kommst du bald in Schwierigkeiten.
Anzahl der Felder nach dem 10. Falten: $2 \cdot 2 \cdot 2 \cdot 2 \cdot 2 \cdot 2 \cdot 2 \cdot 2 \cdot 2 \cdot 2 = 2^{10} = 1\,024$.
Es müssten 1 024 Felder erkennbar sein.

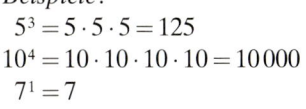

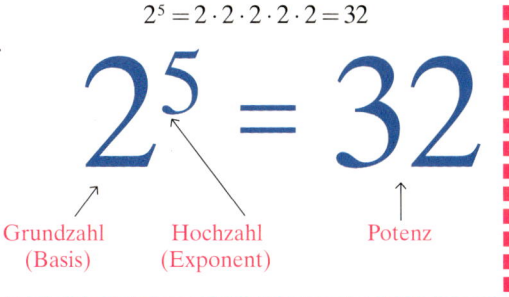

Information

Anstelle des Produktes $2 \cdot 2 \cdot 2 \cdot 2 \cdot 2$ schreibt man auch 2^5 (gelesen: *2 hoch 5*).
Man nennt 2^5 eine **Potenz** von 2 (die fünfte Potenz von 2).

Beispiele:
$5^3 = 5 \cdot 5 \cdot 5 = 125$
$10^4 = 10 \cdot 10 \cdot 10 \cdot 10 = 10\,000$
$7^1 = 7$

$2^5 = 2 \cdot 2 \cdot 2 \cdot 2 \cdot 2 = 32$

$$2^5 = 32$$

Grundzahl (Basis) — Hochzahl (Exponent) — Potenz

Zum Festigen und Weiterarbeiten

2. Schreibe als Potenz und berechne.
  a. $10 \cdot 10 \cdot 10$ **b.** $5 \cdot 5 \cdot 5 \cdot 5$ **c.** $2 \cdot 2 \cdot 2 \cdot 2 \cdot 2 \cdot 2 \cdot 2$ **d.** $9 \cdot 9$ **e.** $11 \cdot 11$ **f.** 13

3. Berechne die Potenz, schreibe diese vorher als Produkt.
  a. 4^3 **b.** 7^2 **c.** 2^8 **d.** 10^6 **e.** 1^4 **f.** 0^3

  $7^4 = 7 \cdot 7 \cdot 7 \cdot 7 = 2\,401$

4. Vergleiche die Ergebnisse.
  a. $4+3$; $4 \cdot 3$; 4^3 **b.** $6+2$; $6 \cdot 2$; 6^2 **c.** 5^2; 2^5 **d.** 4^2; 2^4

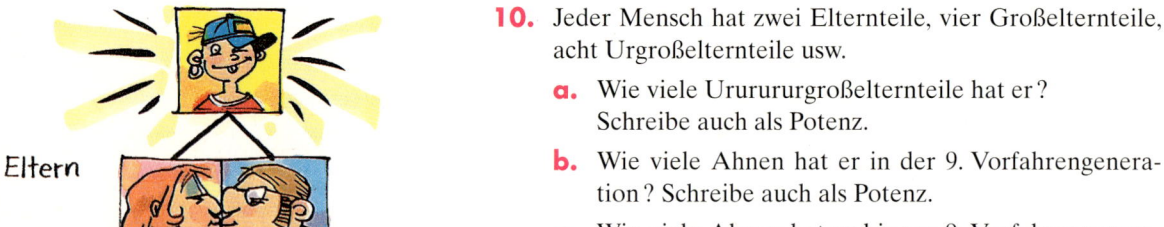

Übungen

5. Schreibe als Potenz und berechne.
- **a.** $10 \cdot 10 \cdot 10 \cdot 10$
- **b.** $6 \cdot 6 \cdot 6$
- **c.** $4 \cdot 4 \cdot 4 \cdot 4$
- **d.** $8 \cdot 8$
- **e.** $2 \cdot 2 \cdot 2 \cdot 2 \cdot 2 \cdot 2$
- **f.** 15
- **g.** $1 \cdot 1 \cdot 1 \cdot 1 \cdot 1 \cdot 1 \cdot 1 \cdot 1 \cdot 1 \cdot 1$
- **h.** $0 \cdot 0 \cdot 0 \cdot 0 \cdot 0$

6. Schreibe als Produkt und berechne.
- **a.** 12^2
- **b.** 5^3
- **c.** 2^{10}
- **d.** 10^2
- **e.** 8^3
- **f.** 11^3
- **g.** 1^5
- **h.** 0^4
- **i.** 20^3
- **j.** 100^2
- **k.** 100^3
- **l.** 50^3
- **m.** 80^3
- **n.** 30^4

7. Notiere die Ergebnisse und lerne sie auswendig.
- **a.** $10^1; 10^2; 10^3; \ldots; 10^9$ (*Zehnerpotenzen*)
- **b.** $2^1; 2^2; 2^3; \ldots; 2^{10}$ (*Zweierpotenzen*)
- **c.** $1^2; 2^2; 3^2; \ldots; 10^2$ (*Quadratzahlen*)
- **d.** $11^2; 12^2; 13^2; \ldots; 20^2$ (*Quadratzahlen*)

8. Berechne und vergleiche.

a.	b.	c.	d.	e.
5^2	3^3	6^1	2^2	10^5
$5 \cdot 2$	$3 \cdot 3$	1^6	$2 \cdot 2$	$10 \cdot 5$
$5 + 2$	$3 + 3$	$6 \cdot 1$	$2 + 2$	$10 : 5$
2^5	$3 : 3$	$1 + 6$	$2 - 2$	$10 - 5$

9. Setze anstelle von ■ das richtige Zeichen =, < bzw. >.
- **a.** 3^2 ■ 6
- **b.** 2^4 ■ 4^2
- **c.** 4^3 ■ 81
- **d.** 111^1 ■ 111
- **e.** 1^5 ■ 5^1
- **f.** 50^2 ■ 250

10. Jeder Mensch hat zwei Elternteile, vier Großelternteile, acht Urgroßelternteile usw.
- **a.** Wie viele Urururgroßelternteile hat er? Schreibe auch als Potenz.
- **b.** Wie viele Ahnen hat er in der 9. Vorfahrengeneration? Schreibe auch als Potenz.
- **c.** Wie viele Ahnen hat er bis zur 9. Vorfahrengeneration? Vergleiche mit dem Ergebnis von b.

11. Bei einem Quiz erhält ein Kandidat zunächst einen Punkt als Einsatz. Für jede richtig beantwortete Frage verdreifacht sich die Punktzahl.
- **a.** Wie viele Punkte hat ein Kandidat nach 4 richtigen Antworten?
- **b.** Wie viele richtige Antworten muss er geben um auf 729 Punkte zu kommen?
- **c.** Wie viele richtige Antworten muss er mindestens geben um 2000 Punkte zu überschreiten?

Spiel (3 Spieler)

12. *Quadrat-Salat:* Ihr benötigt insgesamt 42 Spielkarten. Auf 21 Karten schreibt ihr die Quadratzahlen als Potenzen ($0^2; 1^2; 2^2; 3^2; 4^2; \ldots; 17^2; 18^2; 19^2; 20^2$). Das sind die Aufgabenkarten.
Auf die übrigen 21 Karten schreibt ihr die Ergebnisse der Aufgaben (0; 1; 4; 9; ...; 400). Die Ergebniskarten werden gemischt und gleichmäßig an die Mitspieler verteilt. Sie werden offen ausgelegt. Die Aufgabenkarten werden gemischt und als Stapel verdeckt auf den Tisch gelegt. Reihum wird die oberste Karte vom Stapel aufgedeckt. Wer zu der Aufgabenkarte die passende Ergebniskarte hat, darf beide zur Seite legen.
Sieger ist, wer zuerst alle seine Ergebniskarten ablegen konnte.

Schriftliche Verfahren beim Multiplizieren

1. Multipliziere schriftlich: **a.** $1394 \cdot 7$ **b.** $3528 \cdot 400$ **c.** $417 \cdot 238$ **Wiederholung**
Mache zunächst einen Überschlag. Runde dabei so, dass du im Kopf rechnen kannst.

Lösung

a. *Überschlag:*
$1400 \cdot 7 = 9800$

$$1394 \cdot 7$$
$$9758$$

E: $7 \cdot 4 = 2\mathbf{8}$
Z: $7 \cdot 9 + 2 = 6\mathbf{5}$
H: $7 \cdot 3 \;\;\; + 6 = 2\mathbf{7}$
T: $7 \cdot 1 \;\;\;\;\;\;\; + 2 = \mathbf{9}$

b. *Überschlag:*
$3500 \cdot 400 = 1400000$

$$3528 \cdot 400$$
$$1411200$$

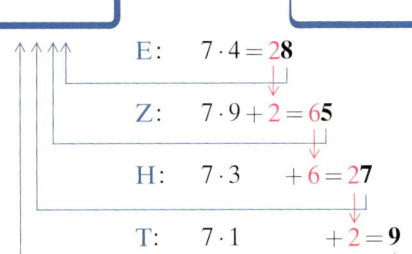

c. *Überschlag:*
$400 \cdot 250 = 100000$

$$417 \cdot 238$$
$$834$$
$$1251$$
$$3336$$
$$\underline{1}$$
$$99246$$

2. Multipliziere schriftlich. Mache zunächst einen Überschlag.   **Zum Festigen und Weiterarbeiten**

   a. $213 \cdot 3$ **b.** $43126 \cdot 4$ **c.** $212 \cdot 40$ **d.** $34 \cdot 23$ **e.** $91843 \cdot 742$
      $2547 \cdot 3$ $132418 \cdot 6$ $1242 \cdot 300$ $297 \cdot 35$ $3806 \cdot 1057$
      $5810 \cdot 4$ $193070 \cdot 5$ $17388 \cdot 400$ $196 \cdot 807$ $3971 \cdot 3971$

Mögliche Ergebnisse: 639; 782; 7641; 8480; 10395; 23240; 158172; 172504; 372600; 794508; 965350; 4022942; 6955200; 15768841; 68147506

3. a. Ben ist ein Pechvogel. Er hat die Aufgabe $728 \cdot 13$ dreimal gerechnet und jedes Mal ein anderes Ergebnis erhalten: 90464; 1964; 9464.
Welche Ergebnisse sind auf jeden Fall falsch? Wie kann man das sofort erkennen?

   b. Welche der Ergebnisse sind falsch? Entscheide ohne schriftlich zu rechnen.

     (1) $451 \cdot 6$ (2) $1423 \cdot 19$ (3) $10955 \cdot 25$
       Ergebnisse: *Ergebnisse:*   *Ergebnisse:*
       24306; 276; 2706   2737; 277037; 27037   27875; 2703875; 273875

4. Multipliziere in der angegebenen Reihenfolge.

   a. $88 \cdot 93$ **b.** $17 \cdot 4395$ **c.** $2222 \cdot 534$ **d.** $4001 \cdot 239$ **e.** $87000 \cdot 639$
      $93 \cdot 88$ $4395 \cdot 17$ $534 \cdot 2222$ $239 \cdot 4001$ $639 \cdot 87000$

Welche Rechnung war jeweils günstiger? Woran liegt das?

Information

Beim schriftlichen Multiplizieren ist es vorteilhaft, eine Zahl als zweiten Faktor zu schreiben,
(1) wenn sie weniger Stellen als die andere hat;
(2) wenn bei ihr gleiche Ziffern vorkommen;
(3) wenn Nullen als Ziffern auftreten.

Kapitel 2

Übungen

5. Multipliziere schriftlich. Mache zunächst einen Überschlag.

a. 423 · 2	**b.** 1 627 · 5	**c.** 28 143 · 7	**d.** 75 380 · 5	**e.** 814 325 · 8
512 · 6	3 416 · 8	59 628 · 6	49 610 · 9	270 532 · 9
146 · 7	7 093 · 6	30 509 · 8	99 990 · 3	340 825 · 4

6.
a. 132 · 30	**b.** 2 513 · 400	**c.** 5 920 · 70	**d.** 483 · 7 000	**e.** 21 416 · 300
476 · 50	6 907 · 900	4 860 · 80	655 · 8 000	45 087 · 700
702 · 60	3 518 · 600	1 930 · 40	702 · 4 000	66 339 · 500

7. Multipliziere schriftlich. Mache zunächst einen Überschlag.

a. 32 · 14	**b.** 122 · 32	**c.** 823 · 471	**d.** 2 751 · 143	**e.** 25 816 · 319	**f.** 42 345 · 1 232
79 · 26	760 · 62	407 · 128	8 609 · 357	53 682 · 908	59 076 · 3 448
45 · 34	445 · 87	583 · 709	9 245 · 609	16 016 · 748	82 224 · 7 025
81 · 27	605 · 48	809 · 233	4 006 · 573	37 492 · 555	27 507 · 8 833

Mögliche Ergebnisse a. bis c. 448; 1 530; 1 715; 2 054; 2 187; 2 560; 3 904; 29 040; 38 715; 47 120; 52 096; 188 497; 387 633; 413 347; 508 922
Mögliche Ergebnisse d. bis f. 393 393; 604 585; 2 295 438; 3 073 413; 5 630 205; 8 235 304; 11 979 968; 20 808 060; 24 716 804; 48 743 256; 52 169 040; 87 035 211; 203 694 048; 242 969 331; 577 623 600

8. Wähle beim Multiplizieren die günstige Reihenfolge.

a. 4 000 · 39	**c.** 777 · 538	**e.** 30 007 · 9 245	**g.** 873 · 602 000
b. 5 436 · 79	**d.** 18 000 · 2 746	**f.** 658 · 4 444	**h.** 99 111 · 5 238

9.
a. 11 · 12 · 5	**b.** 72 · 38 · 9	**c.** 7 · 12 · 15 · 30	**d.** 704 · 15 · 60
19 · 15 · 3	77 · 35 · 48	9 · 11 · 14 · 70	360 · 75 · 400
8 · 13 · 7	608 · 27 · 31	8 · 16 · 13 · 6	905 · 250 · 60

10. Berechne das Dreifache, das Fünffache, das Neunfache und das Vierzigfache von

a. 111 111   **b.** 777 777   **c.** 230 023   **d.** 350 206   **e.** 371 000   **f.** 123 456

11. Der 12. Teil [der 25. Teil; der 36. Teil] einer Zahl ist

a. 800;   **b.** 725;   **c.** 901;   **d.** 1 237.

Wie heißt diese Zahl?

12. Berechne die Produkte.
Hinweis zur Überprüfung: Jedes Ergebnis kommt mindestens zweimal vor.

a. 299 · 1 435	**c.** 116 · 915	**e.** 437 · 341	**g.** 731 · 1 073	**i.** 805 · 533
b. 629 · 1 247	**d.** 455 · 943	**f.** 145 · 732	**h.** 253 · 589	**j.** 244 · 435

13. Berechne das Produkt. Mache zunächst einen Überschlag. Die Faktoren heißen:

a. 812; 595; 9   **b.** 411 000; 89; 11   **c.** 41; 998; 25

14. Familie König bezahlt den neuen Fernsehapparat in 9 Monatsraten zu je 118 €.
Wie viel € wird sie insgesamt dafür bezahlen?

15. An einem Verkaufsstand wird ein neues Reinigungsmittel für Teppiche angeboten, die Flasche zu 13 €. Der Verkäufer verkauft an einem Tag

a. 120 Flaschen;   **b.** 203 Flaschen;   **c.** 347 Flaschen.

Wie viel Geld hat er eingenommen?

16. Die Insel Helgoland ist ein beliebtes Reiseziel. Im Sommer fahren täglich Schiffe zur Insel.
  a. Ein Schiff kann 975 Fahrgäste aufnehmen. Es fährt im Sommer 115-mal nach Helgoland.
  Wie viele Personen kann es in der Sommersaison insgesamt befördern?
  b. Der Fahrpreis von Büsum nach Helgoland und zurück beträgt für eine Einzelperson 33 €. Eine Familienkarte kostet 49 €. Für eine Helgolandfahrt werden 168 Einzelfahrkarten und 137 Familienkarten verkauft. Berechne die Einnahmen.

17. Das Herz eines 14-Jährigen schlägt durchschnittlich 85-mal in der Minute.
Berechne die Anzahl der Herzschläge in 1 Stunde, an 1 Tag, in einer Woche.

18. Der Mond umkreist die Erde und legt dabei in jeder Stunde 3 680 km zurück.
  a. Wie lang ist der Weg des Mondes an einem Tag?
  b. Für einen vollen Umlauf benötigt der Mond 27 Tage und 8 Stunden. Welchen Weg legt er in dieser Zeit zurück?

19. Berechnet und tragt ein. Ersetzt die Ziffern in dem umrahmten Teil durch Buchstaben. **Teamarbeit**

0 = A	2 = E	4 = P	6 = S
8 = W	1 = D	3 = I	5 = R
	7 = T	9 = Z	

322 · 308 =
477 · 128 =
199 · 199 =
613 · 145 =
618 · 149 =
297 · 214 =

539 · 120 =
345 · 207 =
256 · 388 =
370 · 210 =
473 · 169 =
281 · 218 =

20. Tragt die Produkte in die freien Felder ein. Stellt dann alle Buchstaben zusammen, die unter der Ziffer 0 stehen. Stellt weiterhin alle Buchstaben zusammen, die unter der Ziffer 1 stehen. Fahrt so fort mit den Ziffern 2, 3 bis 9.
Ihr findet jedes Mal einen Tiernamen.

389 641 · 89 =
849 573 · 93 =
87 652 · 753 =
85 629 · 799 =

Z S A R K F P F
O R I S S K O O
D L C H P S M E
R B I E B A B C

5 625 · 8 738 =
7 230 · 4 914 =
8 245 · 6 165 =
3 461 · 9 807 =

N C H U T R L O
E W U O R K O T
R T A B E N D F
R A H E I R L E

21. Fülle die Lücken mit den richtigen Ziffern aus. **Zum Knobeln**

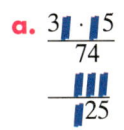

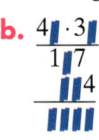

  a. 3❚ · ❚5
  ‾7 4‾
  ❚❚❚
  ‾❚25‾

  b. 4❚ · 3❚
  ‾1❚7‾
  ❚❚4
  ‾❚❚❚❚‾

  c. 64 · ❚❚
  ‾3❚0‾
  ❚4
  ‾3❚6❚‾

  d. ❚❚ · 23
  ‾❚4❚‾
  ❚❚❚
  ‾1❚56‾

Schriftliche Verfahren beim Dividieren
Schriftliches Dividieren durch eine einstellige Zahl

Wiederholung

1. Eine Lottogemeinschaft von 6 Personen hat einen Gewinn von 7 458 € gemacht. Wie viel € erhält jeder der 6 Gewinner?
Mache zunächst einen Überschlag, dividiere dann schriftlich.

Lösung

Überschlag: Wir runden die Zahl so, dass sie sich leicht durch 6 dividieren lässt.
7 200 € : 6 = 1 200 €

Ergebnis: Jeder erhält ungefähr 1 200 €.

Schriftliche Rechnung: Du kennst das schriftliche Rechenverfahren zur Division. Dabei ist auch der Stellenwert der Ziffern zu beachten.

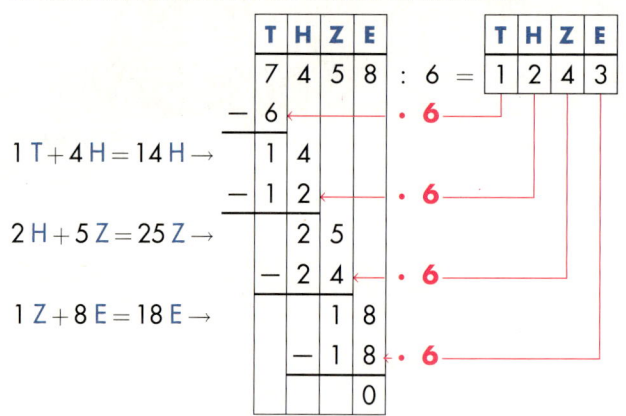

vereinfachte Schreibweise:

```
7458 : 6 = 1243
 −6
 14
−12
  25
 −24
  18
 −18
   0

Kontrolle:  1243 · 6
                7458
```

Ergebnis: Jeder Gewinner erhält 1 243 €.

Zum Festigen und Weiterarbeiten

2. Berechne die Quotienten.
Gehe dabei in folgenden Schritten vor:
(1) *Überschlag:* Runde zuvor so, dass du die gerundete Zahl leicht im Kopf dividieren kannst.
(2) *Schriftliche Rechnung:* Führe die schriftliche Rechnung durch.
(3) *Kontrollrechnung:* Multipliziere dein Ergebnis mit dem Divisor. Wenn du richtig gerechnet hast, erhältst du den Dividenden.

Aufgabe: 27 916 : 7
Überschlag: 28 000 : 7 = ☐

Schriftliche Rechnung: 27 916 : 7 = ☐

Kontrolle durch Multiplizieren:
☐ · 7 $\stackrel{?}{=}$ 27 916

a. 952 : 2
   635 : 5
   888 : 6

b. 5 892 : 4
   1 430 : 5
   2 849 : 7

c. 74 835 : 9
   91 872 : 6
   35 024 : 8

d. 56 136 : 8
   70 100 : 4
   99 900 : 5

e. 237 000 : 8
   420 980 : 7
   780 018 : 3

3. Dividiere schriftlich. Überlege, ab wann du das Verfahren abkürzen kannst.

a. 739 500 : 5   b. 498 000 : 6   c. 168 000 : 7   d. 517 000 : 4   e. 910 000 : 8

4. Bei einem Schulfest wird ein Theaterstück vorgeführt. Dazu werden in der Aula 256 Stühle in 8 Reihen aufgestellt. Wie viele Stühle stehen in einer Reihe?

5. Dividiere schriftlich. Mache zunächst einen Überschlag. Runde so, dass du im Kopf rechnen kannst.

Übungen

    a. 864 : 2   **b.** 305 : 5   **c.** 7 952 : 7   **d.** 2 421 : 3   **e.** 9 280 : 4   **f.** 18 450 : 9
       488 : 4   976 : 8   9 268 : 4   3 105 : 9   3 950 : 5   34 000 : 8
       396 : 3   805 : 7   2 528 : 8   8 370 : 5   8 100 : 6   77 700 : 3

6. a. 94 028 : 4   **b.** 864 192 : 7   **c.** 28 408 : 8   **d.** 4 663 818 : 6   **e.** 2 961 000 : 9
      30 978 : 9   2 909 504 : 8   70 420 : 7   3 160 148 : 4   1 792 000 : 7
      25 842 : 6   5 906 844 : 9   18 888 : 3   9 090 090 : 5   1 873 000 : 8

7. Ein Supermarkt bestellt bei einer Kellerei 1 176 Flaschen Wein. Diese werden in Kartons zu je 6 Flaschen geliefert.
Wie viele Kartons sind das? Schätze zunächst die Anzahl.

8. Der 1. FC Kaiserslautern möchte für vier Jahre zwei neue Weltklasse-Spieler verpflichten. Dies wird den Verein 6 300 000 € für den gesamten Zeitraum kosten. Es haben sich 3 zahlungskräftige Förderer des Vereins (Sponsoren) bereit erklärt, diesen Betrag zu zahlen.
    a. Wie viel muss jeder der Sponsoren zahlen?
    b. Wie viel müsste jeder zahlen, wenn 4, 5, ... , 9 Sponsoren gefunden werden?

9. Bei einer Tippgemeinschaft haben alle 7 Mitglieder den gleichen Einsatz geleistet. Der Gewinn von
    a. 280 €,   **b.** 630 €,   **c.** 8 400 €,   **d.** 3 626 €,   **e.** 5 656 €
soll gerecht verteilt werden. Wie viel € erhält jeder?

10. Frau Kunze ist mit ihrem Auto im Laufe von 8 Monaten 7 736 km gefahren.
    a. Wie viel km ergibt das durchschnittlich pro Monat?
    b. Wie viel km wird sie voraussichtlich innerhalb eines Jahres fahren?
Mache jeweils zunächst einen Überschlag.

11. Ein Verein kauft für seine 72 Mitglieder T-Shirts mit Vereinszeichen zu einem Gesamtpreis von 1 368 €. Durch den Zugang von 9 weiteren Mitgliedern wird eine Nachbestellung erforderlich.
Welcher Betrag muss zusätzlich aufgewandt werden?
Beachte: Überlege zunächst, der wievielte Teil die 9 von der 72 ist.

Dividieren durch eine mehrstellige Zahl

Aufgabe

1. Bei einem Preisausschreiben wird der Betrag von 95 760 € an alle Gewinner gleichmäßig verteilt. Es sind

   a. 40 Gewinner; **b.** 63 Gewinner.

   Wie viel € erhält jeder?

Lösung

a. *Überschlag:* 96 000 : 40 = 2 400

Beim schriftlichen Dividieren gehen wir schrittweise vor.

	T	H	Z	E
Verteile 95 *Tausender* an 40:	9	5	7	6	0	: 40 =
	−8	0				· 40
Jeder erhält 2 T.		1	5	7
Dann sind 80 T verteilt,		−1	2	0		· 40
15 T (also 150 H) bleiben übrig.			3	7	6
Verteile 157 *Hunderter* an 40:			−3	6	0	· 40
				1	6	0
				−1	6	0	· 40
						0

Quotient: 2 3 9 4

Jeder erhält 3 H.
Dann sind 120 H verteilt, 37 H (370 Z) bleiben übrig.
Verteile 376 *Zehner* an 40:   Jeder erhält 9 Z.
Dann sind 360 Z verteilt, 16 Z (160 E) bleiben übrig.
Verteile 160 *Einer* an 40:   Jeder erhält 4 E.
Dann sind 160 E verteilt.
Es bleibt kein Rest übrig.

Ergebnis: Jeder erhält 2 394 €.

```
95 760 : 40 = 2 394
−80
 157
−120
  376
 −360
   160
  −160
     0

Kontrolle:  2 394 · 40
            95 760
```

b. *Überschlag:* 96 000 : 60 = 1 600

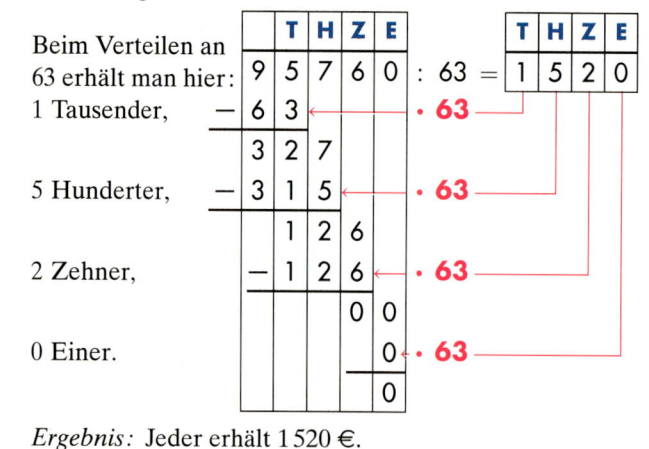

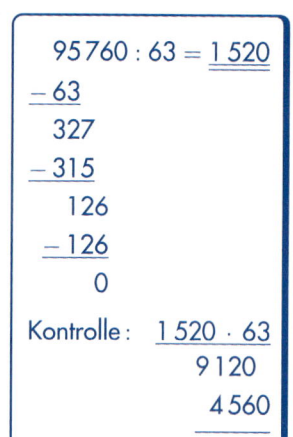

	T	H	Z	E
Beim Verteilen an 63 erhält man hier:	9	5	7	6	0	: 63 =
1 Tausender,	−6	3				· 63
		3	2	7
5 Hunderter,		−3	1	5		· 63
			1	2	6
2 Zehner,			−1	2	6	· 63
				0	0
0 Einer.					0	· 63
					0

Quotient: 1 5 2 0

```
95 760 : 63 = 1 520
−63
 327
−315
  126
 −126
    0

Kontrolle:  1 520 · 63
            9 120
            4 560
           95 760
```

Ergebnis: Jeder erhält 1 520 €.

Zum Festigen und Weiterarbeiten

2. Wie oft passt
   a. 13 in 40,
   b. 19 in 100,
   c. 47 in 250,
   d. 83 in 760?

> Wie oft passt 38 in 297?
> Antwort: 7-mal,
> denn   38 · 7 = 266   und   38 · 8 = 304

3. Dividiere schriftlich. Kontrolliere auch durch Gegenrechnung.
   a. 1 550 : 50
      2 480 : 40
   b. 82 560 : 30
      56 910 : 70
   c. 937 200 : 80
      250 470 : 90
   d. 100 020 : 60
      944 440 : 70

Mögliche Ergebnisse: 31, 62, 153, 813, 1 667, 2 752, 2 783, 11 715, 13 492

4. Mache zunächst einen Überschlag. Dividiere dann schriftlich. Kontrolliere deine Rechnung.
   a. 3 816 : 12
   b. 11 732 : 28
   c. 700 016 : 67
   d. 543 132 : 54
   e. 65 640 : 120
   f. 62 250 : 750
   g. 79 101 : 423
   h. 340 288 : 832

Mögliche Ergebnisse: 83, 88, 187, 318, 409, 419, 547, 10 058, 10 208, 10 448

5. Dividiere vereinfacht.
   a. 83 700 : 900
   b. 600 000 : 800
   c. 912 000 : 24 000
   d. 1 176 000 : 28 000

> 83 400 : 600.
> Rechne in Hundertern: 834 H : 6 H,
> also
> 834 : 6 = 139

Übungen

6. Wie oft passt
   a. 6 in 25,
   b. 12 in 100,
   c. 70 in 500,
   d. 91 in 830,
   e. 410 in 1 414?

7. Mache zunächst einen Überschlag. Dividiere dann schriftlich. Kontrolliere auch durch Gegenrechnung.
   a. 3 180 : 20
      5 550 : 30
   b. 8 470 : 70
      3 960 : 90
   c. 18 840 : 60
      39 200 : 80
   d. 69 300 : 90
      26 000 : 40
   e. 985 740 : 60
      365 130 : 90
   f. 800 170 : 70
      700 000 : 80

8. Dividiere schriftlich. Mache bei **a.** und bei **b.** zunächst einen Überschlag.
   a. 5 685 : 15
      8 228 : 44
      8 170 : 38
      1 500 : 25
      2 232 : 31
      6 696 : 62
   b. 34 846 : 19
      90 963 : 81
      43 638 : 42
      22 120 : 56
      20 148 : 23
      95 353 : 79
   c. 80 104 : 34
      52 304 : 56
      22 968 : 87
      671 741 : 49
      954 044 : 52
      577 065 : 85
   d. 560 052 : 36
      385 616 : 77
      552 552 : 24
      202 202 : 91
      800 075 : 25
      949 782 : 59
   e. 279 725 : 67
      109 989 : 99
      911 174 : 83
      3 058 959 : 79
      3 365 964 : 37
      5 205 265 : 65

Mögliche Ergebnisse:
a. 60; 72; 108; 134; 187; 215; 379;
b. 395; 876; 1 039; 1 207; 1 834; 1 123;
c. 264; 934; 1 416; 2 356; 6 789; 13 709; 18 347;
d. 2 222; 5 008; 15 557; 16 098; 19 408; 23 023; 32 003;
e. 1 091; 1 111; 4 175; 10 978; 38 721; 80 081; 90 972

9. Dividiere schriftlich (mit Kontrolle). Mache zuvor einen Überschlag. Du erhältst auffallende Ergebnisse.
   a. 5 720 : 130
      6 600 : 150
   b. 8 000 : 250
      24 000 : 750
   c. 95 940 : 780
      67 410 : 210
   d. 239 760 : 720
      128 760 : 290
   e. 14 030 : 305
      36 892 : 802
   f. 816 816 : 408
      820 232 : 151
   g. 4 378 540 : 365
      7 555 548 : 187
   h. 6 009 432 : 143
      7 077 777 : 707

10. Dividiere vereinfacht.
   a. 2 376 600 : 600
   b. 6 732 900 : 900
   c. 3 481 000 : 5 900
   d. 28 090 820 : 790
   e. 20 900 000 : 38 000
   f. 39 690 000 : 63 000

11. Multipliziert man eine Zahl mit 75, so erhält man
   a. 3 750   b. 74 925   c. 92 550   d. 225 525.   Wie heißt diese Zahl?

12. Notiere die fehlende Zahl.
   a. ☐ · 27 = 13 122   b. 63 · ☐ = 25 767   c. 304 · ☐ = 69 008   d. ☐ · 562 = 451 286

13. Für einen Zoobesuch mit Busfahrt sollen die Gesamtkosten von 520 € gleichmäßig auf die 40 Teilnehmer umgelegt werden. Wie viel muss jeder bezahlen?

14. Der Triebkopf eines ICE legt im Monat April 42 630 km zurück.
Wie viel km fährt er durchschnittlich an einem Tag?

15. In einem Ferienort dauert die Hauptsaison 13 Wochen. In dieser Zeit wurden 22 477 Übernachtungen gezählt.
   a. Wie viele Übernachtungen waren das durchschnittlich pro Woche?
   b. Wie viele Übernachtungen kamen in dieser Zeit durchschnittlich auf einen Tag?

16. Eine Raumsonde ist 16 632 Stunden unterwegs.
Wie viele Tage [wie viele Wochen] sind das?

17. Der Planet Venus benötigt 225 Tage um einmal die Sonne zu umkreisen. Er legt dabei 680 400 000 km zurück.
Wie viel km legt der Planet
   a. an einem Tag zurück;
   b. in einer Sekunde zurück?

Dividieren mit Rest

Aufgabe

1. In einer Jugendherberge sollen 170 Brötchen auf 12 Tische gleichmäßig verteilt werden.
Wie viele Brötchen kommen auf jeden Tisch?
Welcher Rest müsste noch verteilt werden?

Lösung

```
 170 : 12 = 14 R 2
- 12
  ‾‾
  50
- 48
  ‾‾
   2
```

Ergebnis: Auf jeden Tisch kommen 14 Brötchen. Der Rest von 2 Brötchen müsste noch auf die 12 Tische verteilt werden.

```
170 : 12 = 14 R 2    Kontrolle:  14 · 12
- 12                             14
  ‾‾                             28
  50                            168
- 48                          +   2
  ‾‾                          ‾‾‾‾‾
   2                           170
```

2. Dividiere mit Rest, kontrolliere durch Gegenrechnung.

a. 438 : 3	**b.** 856 : 12	**c.** 825 : 14	**d.** 8 136 : 35	**e.** 3 400 : 122
570 : 4	637 : 15	909 : 32	2 000 : 39	9 000 : 738
295 : 7	869 : 50	718 : 85	1 296 : 72	31 284 : 316

Zum Festigen und Weiterarbeiten

3. Dividiere mit Rest, kontrolliere durch Gegenrechnung.

a. 487 : 4	**c.** 973 : 30	**e.** 874 : 15	**g.** 5 866 : 56	**i.** 59 804 : 753
368 : 6	501 : 60	735 : 18	8 650 : 32	12 323 : 111
500 : 8	758 : 80	855 : 22	1 104 : 48	70 000 : 699
425 : 7	904 : 90	1 072 : 37	8 300 : 67	822 822 : 907
b. 347 : 20	**d.** 150 : 12	**f.** 418 : 65	**h.** 6 695 : 79	**j.** 50 000 000 : 7 980
685 : 30	200 : 15	605 : 73	6 695 : 84	50 000 000 : 79 800
402 : 50	378 : 18	301 : 43	6 695 : 78	50 000 000 : 798 000
400 : 90	198 : 21	1 045 : 87	6 695 : 72	50 000 000 : 7 980 000

Übungen

Den jeweiligen Rest findest du unter den Zahlen:
a. 1; 2; 3; 4; 5   c. 4; 8; 13; 21; 38 e. 4; 9; 15; 19; 36 g. 0; 10; 12; 42; 59   i. 0; 2; 100; 173; 317
b. 2; 7; 15; 25; 40 d. 0; 2; 5; 6; 9   f. 0; 1; 18; 21; 28 h. 55; 59; 59; 65; 71 j. 510; 5 300; 45 200; 524 000; 2 120 000

4. 1000 Eier sollen für den Transport verpackt werden. In jede Packung passen 6 Eier.
Wie viele Packungen werden gefüllt?
Wie viele Eier bleiben übrig?

5. Janas Vater fährt mit dem Auto zur Arbeit. Das sind hin und zurück 35 km.
Die Tankfüllung seines Autos reicht 500 km.
a. Wie oft kann er damit zur Arbeit fahren?
b. Wie viele km kann er dann mit dem restlichen Benzin noch fahren?

6. Ein Autorennen wird auf einer Rundstrecke durchgeführt, die 37 km lang ist. Das Rennen soll über 1 000 km [1 250 km] gehen.
Wie viele volle Runden müssen gefahren werden?
Wie viele Straßenkilometer ist die Ziellinie von der Startlinie entfernt?

Hinweis: Bestimme mithilfe des Restes, wie viel km über die letzte volle Runde hinaus noch gefahren werden müssen.

7. Familie Höfer hat eine Rundreise durch die USA gemacht. Ihre Fotoausbeute: 11 Diafilme mit je 36 Bildern. Die gerahmten Dias bewahrt Familie Höfer in Diakästen auf, die je 2 Magazine für je 50 Dias enthalten.
Auf wie vielen Diakästen steht: USA-Rundreise?
Wie viele Plätze bleiben im letzten Magazin noch frei?

Vermischte Übungen

1. Berechne jeweils die fehlende Zahl.

a. $5 \cdot 6 \cdot \blacksquare = 3\,000$
$7 \cdot \blacksquare \cdot 8 = 1\,120$
$\blacksquare \cdot 4 \cdot 9 = 1\,080$

b. $6 \cdot 13 \cdot \blacksquare = 7\,722$
$3 \cdot \blacksquare \cdot 27 = 5\,427$
$\blacksquare \cdot 7 \cdot 14 = 3\,822$

c. $75 \cdot 12 \cdot \blacksquare = 83\,700$
$15 \cdot \blacksquare \cdot 16 = 31\,200$
$\blacksquare \cdot 35 \cdot 18 = 49\,770$

2. Schreibe die angegebene Zahl auf fünf verschiedene Weisen
 (1) als Summe, (2) als Differenz ohne dabei die Ziffern 2 und 5 zu verwenden.

a. 40   b. 120   c. 600

3. a. Multipliziere die Zahl 12 345 679 mit jeder der Zahlen 18, 27, 63, 81.

b. Mit welcher Zahl muss man 12 345 679 multiplizieren um das Produkt 111 111 111 zu erhalten?

c. Mit welcher Zahl muss man 12 345 679 multiplizieren um das Produkt 666 666 666 zu erhalten?

4. *Rechenschlange*

33 264 :7 → ☐ ↓·12 ☐ :9 → ☐ ↓·11 ☐ :8 → 8 712

5.

4 375	+	☐	=	7 272
643	·	138	=	☐
☐	:	254	=	177
52 800	−	☐	=	47 520
31 039	+	64 931	=	☐
☐	·	209	=	92 796
93 726	:	☐	=	123
20 825	−	15 068	=	☐
☐	+	☐	=	☐

Fülle die leeren Felder aus. Addiere dann die Zahlen in den untereinander stehenden, blau umrandeten Feldern. Trage die Summe jeweils in das rot umrandete Feld ein.

6. Als Kaufpreis für einen Fotoapparat verlangt ein Händler 7 Monatsraten zu je 28 €. Bei einem anderen Händler sieht er das Angebot links.
Welches Angebot ist günstiger?

8 Raten zu 24,– €

7. Julias Vater möchte einen Obstgarten anlegen. Er vergleicht die Preisangebote:
Eine Baumschule verlangt 264 € für 12 Apfelbäumchen.
Eine Gärtnerei bietet 15 Bäumchen der gleichen Sorte für 345 €.
Berechne für jedes Angebot den Preis für das einzelne Bäumchen und vergleiche.

8. Frau Koch ergänzt ihr Geschirr. Sie kauft ein:

6 Tassen zu je 3,70 €   3 Suppenteller zu je 4,40 €
4 Untertassen zu je 1,10 €   1 Teekanne zu 9,30 €
5 Frühstücksteller zu je 2,50 €

Sie bezahlt mit einem Hunderteuroschein. Wie viel Geld erhält sie zurück?

9.

Sperling	Kolibri	Marienkäfer	Biene	Hummel	Stechmücke
13	48	82	190	240	290

Die Tabelle gibt für verschiedene Tiere die Anzahl der Flügelschläge je Sekunde an.
a. Berechne jeweils die Anzahl der Flügelschläge innerhalb einer Minute.
b. Wie viele volle Sekunden müssen vergehen, bis mindestens 3500 Flügelschläge erfolgt sind?

10. *Aus einer Schulstatistik*

Anzahl der Schüler in einer Klasse	24	25	26	27	28	29	30	31	32
Anzahl solcher Klassen	2	3	5	4	3	5	–	1	–

a. Wie viele Klassen und wie viele Schüler hat die Schule?
b. Wie viele Schüler sind durchschnittlich in einer Klasse?

11.

Taube 18 m   Schwalbe 54 m   Mauersegler 72 m

Das Bild gibt an, wie viele Meter ein Vogel in jeder Sekunde im Flug zurücklegt.
a. Wie viele Sekunden benötigt der jeweilige Vogel um eine Strecke von 12960 m Länge zurückzulegen?
b. Gib diese Zeitdauer auch in Minuten an.
c. Wie weit fliegt   (1) eine Schwalbe,   (2) ein Mauersegler
in der Zeit, in der die Brieftaube 500 m weit fliegt?

12. *Kreuzzahlrätsel*

senkrecht: *waagerecht:*
a. 35 · 9300 **f.** 4653 : 9   **a.** 4116 : 12 **f.** 75 · 7540
b. 720 · 625 **g.** 4767 : 7   **d.** 3810 : 15 **i.** 225 · 840
c. 36 · 9639 **h.** 2980 : 5   **e.** 5577 : 11 **j.** 12 · 59667

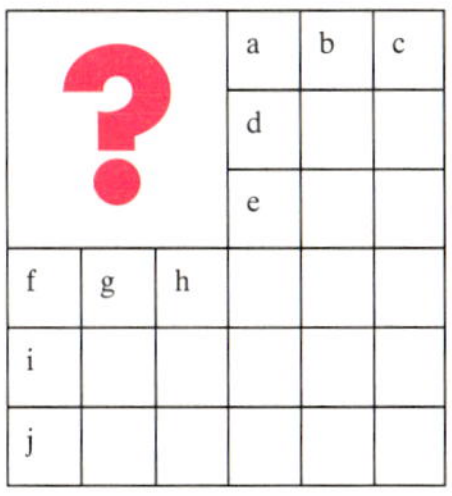

Teamarbeit

Bist du fit?

Addition und Subtraktion

1. Mache zuerst einen Überschlag. Rechne dann schriftlich. Du erhältst auffallende Ergebnisse.

- **a.** $4120 + 4108$
- **b.** $6480 - 5246$
- **c.** $3178 + 2948$
- **d.** $8245 - 4912$
- **e.** $5314 + 4685$
- **f.** $8816 - 7099$
- **g.** $5252 + 1537$
- **h.** $88629 - 975$

2. Rechne schriftlich. Schätze zuvor das Ergebnis durch sinnvolles Runden.

- **a.** $14073 + 12106$
- **b.** $28195 - 11083$
- **c.** $52311 + 6904$
- **d.** $40000 - 24888$
- **e.** $200533 + 7813$
- **f.** $4000000 - 1809315$
- **g.** $712 + 34806 + 5132$
- **h.** $6440300 + 221045 + 1070288$
- **i.** $456789 + 234567 + 555222$

3.
- **a.** Notiere die Summe von 508 und 84, berechne.
- **b.** Die Summanden sind 230, 54 und 18. Notiere die Summe und berechne.
- **c.** Notiere die Differenz von 752 und 38, berechne.

4. Bestimme die fehlende Zahl. Rechne im Kopf.
- **a.** $\square + 29 = 571$
- **b.** $\square - 68 = 727$
- **c.** $\square + 45 = 438$
- **d.** $\square + 878 = 954$
- **e.** $573 - \square = 505$
- **f.** $428 + \square = 563$

5. Wie viel € kosten Bildschirm, Drucker, Tastatur und Maus zusammen?

6. Lianas Mutter kauft einen Neuwagen, der zum Preis von 13 375 € angeboten wird. Der Händler nimmt ihr altes Auto für 2 300 € in Zahlung.
Wie viel € muss Lianas Mutter noch bezahlen?

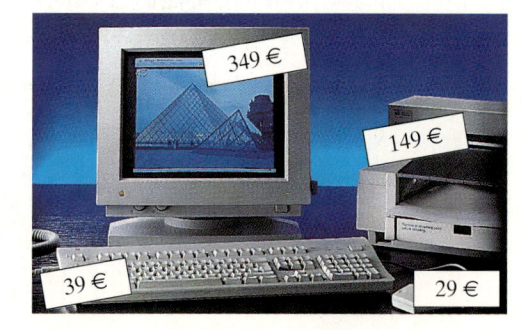

7. Eine Stadt mit 61 348 Einwohnern hat zwei Nachbarorte mit 19 170 und 17 835 Einwohnern. Diese Nachbarorte werden mit der Stadt zusammengelegt (eingemeindet).
- **a.** Um welche Anzahl wächst die Einwohnerzahl der Stadt?
- **b.** Wie groß ist die neue Einwohnerzahl?
- **c.** Wie viele Einwohner fehlen der Stadt dann noch, damit sie eine Großstadt mit (mindestens) 100 000 Einwohnern wird?

Zu allen vier Rechenarten

8. **a.** 1 377 + 5 029 **b.** 65 907 − 23 085 **c.** 843 · 759 **d.** 35 033 : 53
   24 708 + 86 403   80 008 − 2 231   2 058 · 8 502   53 835 : 97

9. **a.** 126 000 + 38 000 **b.** 493 078 + 701 533 **c.** 82 119 + 4 600 929 **d.** 987 654 + 456 789
   52 000 − 4 300   804 000 − 488 488   932 062 − 931 987   987 654 − 456 789
   1 720 · 90   12 345 · 240   512 · 4 875   2 228 · 3 978
   900 : 12   432 432 : 78   62 000 : 63   132 999 : 133

10. Auffallende Ergebnisse.
   a. 6 079 − 5 454   **b.** 2 796 − 1 068   **c.** 25 · 2 401   **d.** 81 · 24 · 54
   5^4 12^3 245^2 18^4
   33 750 : 54   20 736 : 12   2 701 125 : 45   7 473 411 : 11

11. Berechne jeweils. Ordne die Ergebnisse nach der Größe.
   a. 36 + 36; 36 − 36; 36 · 36; 36 : 36
   b. 4 + 4; 4 · 4; 4^4; 4 − 4; 4 : 4
   c. 1 000 + 100 + 10 + 1 + 0; 1 000 − 100 − 10 − 1 − 0; 1 000 · 100 · 10 · 1 · 0

12. Berechne die Summe, die Differenz, das Produkt und den Quotienten der Zahlen.
   a. 6 000 und 120   **b.** 1 000 und 25   **c.** 6 751 und 43   **d.** 27 889 und 167

13. Berechne das Produkt. Dividiere dann das Ergebnis durch 24.
   a. 109 · 17   **b.** 31 · 144   **c.** 179 · 9   **d.** 23 · 71   **e.** 25 · 52   **f.** 26 · 73

14. Rechne im Kopf.
   a. 45 · 80   **b.** 960 : 80   **c.** 207 · 4   **d.** 624 : 12
   38 · 70   780 : 30   520 · 3   143 : 13
   6 · 340   910 : 70   16 · 25   800 : 25

15. Rechne schriftlich. Du erhältst auffallende Ergebnisse.
   a. 38 885 : 7   **b.** 3 737 · 12   **c.** 176 042 : 23   **d.** 7 992 · 125   **e.** 217 560 : 280
   74 070 : 6   1 372 · 48   302 192 : 34   999 · 370   271 950 : 490
   99 999 : 9   2 963 · 33   196 251 : 57   3 389 · 102   220 800 : 640

16. Ein Kreuzfahrtschiff kann 1 892 Passagiere an Bord nehmen. Jedes Rettungsboot hat Platz für 86 Passagiere.
Wie viele Rettungsboote muss das Schiff für seine Passagiere mitführen?

17. An einer Landstraße sollen 712 Bäume gepflanzt werden. Jeder Baum kostet 65 €.
   a. Wie teuer wird dieses Vorhaben?
   b. Es stehen 50 000 € zur Verfügung. Reicht dieser Betrag? Berechne die Differenz.

18. In einem Zuschauerraum gibt es 23 Sitzreihen zu je 54 Plätzen. Bei einer überfüllten Veranstaltung mussten 95 Zuschauer stehen.
   a. Wie viele Sitzplätze sind vorhanden?
   b. Wie viele Zuschauer hatte die überfüllte Veranstaltung?

Terme, Rechengesetze, Gleichungen

Vor 200 Jahren stellte ein Lehrer seinen Schülern die Aufgabe, alle Zahlen von 1 bis 100 zu addieren:

$1 + 2 + 3 + 4 + 5 + 6 + 7 + 8 + 9 + 10 + 11 + \ldots\ldots\ldots + 95 + 96 + 97 + 98 + 99 + 100$

Er wollte seine Schüler für eine Weile beschäftigen, damit er in Ruhe die Zeitung lesen konnte. Der Lehrer kam aber nicht zu seiner Ruhe. Bereits nach einigen Minuten meldete sich der neunjährige Carl Friedrich mit dem richtigen Ergebnis. Der Lehrer schaute ihn verblüfft an.

Wie kann man in so kurzer Zeit so viele Zahlen addieren? Gibt es einen Rechentrick?

Wir schauen uns als Beispiel die Summe der Zahlen von 1 bis 10 an:

$1 + 2 + 3 + 4 + 5 + 6 + 7 + 8 + 9 + 10$

Was passiert, wenn wir die erste Zahl mit der letzten zusammenzählen $(1 + 10)$? Und dann die zweite Zahl mit der vorletzten $(2 + 9)$ usw. (Abb. 1)? Wir erhalten jedesmal 11!

Es ist daher vorteilhaft, die Zahlen in eine andere Reihenfolge zu bringen:

Abb. 1

$1 + 10 + 2 + 9 + 3 + 8 + 4 + 7 + 5 + 6 = 11 + 11 + 11 + 11 + 11 = 5 \cdot 11 = 55$

- Versuche mit diesem Rechentrick die Zahlen von 1 bis 20 zu addieren.
- Kannst du auf diese Weise auch die Summe der Zahlen von 1 bis 100 berechnen?
- Kann man den Rechentrick auch bei anderen Summen anwenden?

Der Junge aus unserer Geschichte hieß Carl Friedrich Gauß (1777–1855). Er wurde später einer der größten Mathematiker aller Zeiten.

Rechenwege „auf einen Blick" – Klammern

Terme mit Klammern

Aufgabe

1. In Lauras Schule nahmen 476 Jungen und Mädchen an den Bundesjugendspielen teil. 287 Teilnehmer erhielten eine Siegerurkunde. 63 Kinder erhielten sogar eine Ehrenurkunde.
Wie viele Schüler haben es nicht geschafft eine Urkunde zu bekommen?

a. Man kann auf zwei Arten rechnen. Gib beide Rechenwege an.

b. Man kann jeden Rechenweg mit einem einzigen Rechenausdruck schreiben. Mit Klammern zeigt man an, wenn nicht von links nach rechts gerechnet werden soll, sondern in einer anderen Reihenfolge. Versuche es.

c. Kann man den Rechenausdrücken „ansehen", welcher Rechenweg einfacher ist?

Lösung

a. *Tims Weg:* $476 - 287 = 189$ *Julias Weg:* $287 + 63 = 350$
$\qquad\quad\;\; 189 - 63 = 126$ $\qquad\qquad\qquad\quad\; 476 - 350 = 126$

b. *Tims Weg:* $476 - 287 - 63$ *Julias Weg:* $476 - (287 + 63)$

c. Bei Julias Weg kann man sehen, dass man in der Klammer eine runde Zahl (350) erhält. Damit kann man leichter weiterrechnen.

Information

Man kann jeden Rechenweg mit einem einzigen Rechenausdruck, *Term* genannt, schreiben. So kann man den Rechenweg „auf einen Blick" überschauen und Rechenvorteile leichter erkennen. Wenn nicht von links nach rechts gerechnet werden soll, muss man angeben, welche Rechnung zuerst ausgeführt werden soll. Dies erfolgt mit *Klammern*.
Einen Term kann man auch durch einen *Rechenbaum* veranschaulichen.

Tims Weg:

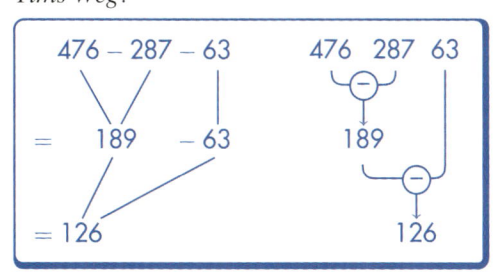

$476 - 287 - 63$
$= 189 - 63$
$= 126$

Julias Weg:

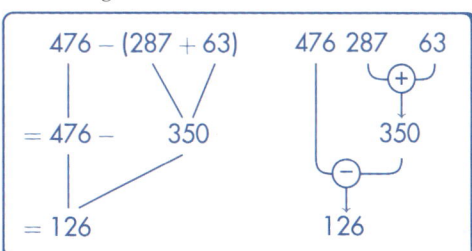

$476 - (287 + 63)$
$= 476 - 350$
$= 126$

Man kann einen Rechenweg durch einen **Term** angeben.
Man benutzt **Klammern**, wenn man die Reihenfolge der Rechnung kennzeichnen will.
Was in einer Klammer steht, soll zunächst gerechnet werden.

(1) $\quad 200 - (50 - 30)$
$\;\;\;\, = 200 - \;\; 20$
$\;\;\;\, = 180$

(2) $\quad 96 : (12 \cdot 4)$
$\;\;\;\, = 96 : \;\; 48$
$\;\;\;\, = 2$

(3) $\quad 196 - (78 + 62)$
$\;\;\;\, = 196 - \;\; 140$
$\;\;\;\, = 56$

Klammer für sich

Zum Festigen und Weiterarbeiten

2. Die Aufgaben kann man auf zwei Arten rechnen. Schreibe jeden der beiden Rechenwege mithilfe eines einzigen Terms. Rechne vorteilhaft.

a. Thomas: „In meiner Schule haben 376 Schüler an den Bundesjugendspielen teilgenommen. 26 Schüler haben eine Ehrenurkunde und 250 Schüler haben eine Siegerurkunde erhalten."
Wie viele Schüler haben keine Urkunde bekommen?

b. Am Sonntag ist Taschengeldtag. Frau Groß hat noch 125 € in ihrer Geldbörse. Irina bekommt 16 €, Tanja 14 € und Sascha 7 €.
Wie viel € hat Frau Groß anschließend noch in ihrer Geldbörse?

c. Carolin betrachtet eine Verkaufspackung Kaubonbons.
Sie liest: „Inhalt 12 Stangen."
Jede Stange enthält 6 Päckchen und jedes Päckchen enthält 5 Kaubonbons.
Wie viele Kaubonbons sind in der Verkaufspackung?

3. Berechne den Term. Beschreibe den Termaufbau wie in den Beispielen.

a. $183 - (62 + 58)$
$183 - 62 + 58$
$183 - (62 - 58)$

b. $172 + (98 - 56)$
$172 + 98 + 56$
$172 + (98 + 56)$

c. $128 \cdot (8 : 4)$
$128 \cdot 8 : 4$
$128 : (8 \cdot 4)$

d. $300 : (5 \cdot 3)$
$300 : 5 \cdot 3$
$300 : 5 : 3$

Beispiele:

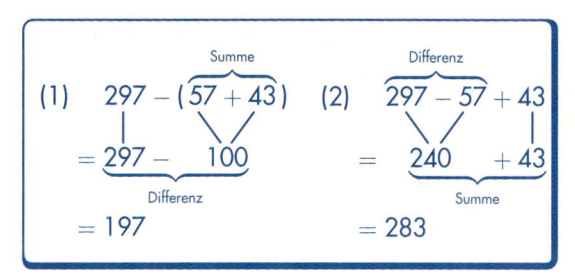

(1) $297 - \underbrace{(57 + 43)}_{\text{Summe}}$
$= 297 - 100$ (Differenz)
$= 197$

(2) $\underbrace{297 - 57}_{\text{Differenz}} + 43$
$= 240 + 43$ (Summe)
$= 283$

4. Schreibe den Term und berechne ihn.

a. Subtrahiere von der Zahl 183 die Differenz der Zahlen 69 und 27.

b. Subtrahiere von der Differenz der Zahlen 275 und 125 die Summe der Zahlen 37 und 43.

c. Addiere zur Summe der Zahlen 65 und 13 die Differenz aus 93 und 49.

Übungen

5. a. $324 - (92 - 74)$
$324 - (92 + 74)$
$324 - 92 - 74$

b. $437 - (248 - 173)$
$437 - 248 - 173$
$437 - (248 + 173)$

c. $96 : (24 : 2)$
$96 : 24 : 2$
$96 : (24 \cdot 2)$

d. $250 : (25 : 5)$
$250 : 25 \cdot 5$
$250 : (25 \cdot 5)$

6. Berechne die Terme. Vergleiche.

a. $800 - (64 + 36)$ und $800 - 64 + 36$
b. $90 : (5 \cdot 2)$ und $90 : 5 \cdot 2$
c. $600 - (87 - 56)$ und $600 - 87 - 56$
d. $96 : (4 \cdot 2)$ und $96 : 4 \cdot 2$

7. a. Berechne.

(1) $273 - 96 - 45$
$196 - (37 + 44)$
$(358 + 39) - 63$
$159 - (89 - 42)$

(2) $(671 - 24) - 35$
$464 - 51 + 38$
$418 + (69 - 48)$
$(767 - 29) + 47$

(3) $144 : 24 : 6$
$120 : (5 \cdot 8)$
$(12 \cdot 8) : 24$
$60 : (100 : 5)$

(4) $(256 : 8) : 4$
$600 : 15 : 9$
$17 \cdot (108 : 12)$
$(432 : 36) \cdot 6$

b. Beschreibe den Termaufbau wie in den Beispielen zu Aufgabe 3.

8. a. $87 + (67 - 23) - 19$
$(72 - 19) - (56 - 49)$
$156 - 29 + (81 - 14)$
$436 + (82 - 37 + 19)$

b. $42 + 39 - (98 - 53)$
$287 - (29 + 63 - 46)$
$(36 + 45) - (97 - 69)$
$96 - (24 + 37) + 61$

c. $(65 - 37) + 66 - (88 - 59)$
$(51 + 38) - (79 - 12) + 52$
$184 - (53 + 18) + (93 - 47)$
$574 + 18 - (48 - 39 + 54)$

9. a. Berechne.

(1) $(8+9)\cdot(16-7)$ (2) $(48+42):(6+9)$ (3) $(137+27)\cdot 248 - 169$
$(114-18):(6+18)$ $(46-8)\cdot(4+11)$ $(272+448):(56+88)$

b. Beschreibe den Termaufbau wie im Beispiel zu Aufgabe 3.

10. a. $836-(83+67)$ **g.** $735-(126-83)+37$ **m.** $(63:7)\cdot(72-56)$
b. $(83+27)\cdot 5$ **h.** $825-(137+215)-88$ **n.** $(74+56):(256-243)$
c. $(837-87):25$ **i.** $8\cdot(527-464)-146$ **o.** $(48-35)\cdot(45:9)$
d. $997-(53+45)$ **j.** $654-(298-165)+118$ **p.** $(67+53):(143-113)$
e. $6\cdot(32+118)$ **k.** $935-127-(215+338)$ **q.** $(144+112):(144:9)$
f. $(799-79):12$ **l.** $325+417-(417-325)$ **r.** $96:12\cdot(137-86)$

Mögliche Ergebnisse: 639, 440, 900, 550, 408, 735, 686, 16, 60, 65, 650, 899, 30, 255, 729, 144, 358, 10, 4, 385

11. Schreibe zu dem Rechenbaum einen Term mit Klammern. Berechne ihn dann.

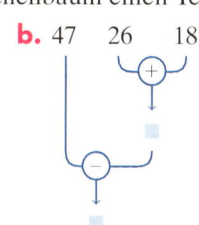

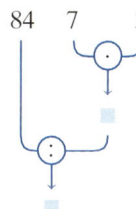

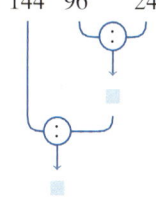

a. 68 37 14 **b.** 47 26 18 **c.** 84 7 3 **d.** 144 96 24

12. Es gibt auch Terme mit Doppelklammern. Man berechnet die innere Klammer zuerst. Berechne den Term.

a. $350-[65-(19-7)]$ **c.** $[48:(12-4)]\cdot 5$
$350-[65-(19+7)]$ $60:[(20-15)\cdot 3]$
$350-[(65-19)-7]$ $[4\cdot(26-17)]:2$

b. $20\cdot[(15-9):3]$ **d.** $200-[37-(16-4)]$
$20\cdot[15-(9:3)]$ $8+[(20-7)\cdot 8]$
$[20\cdot(15-9)]:3$ $[800-(135-48)]\cdot 2$

Innere Klammer zuerst

$500-[(100-22)+35]$
$=500-[78+35]$
$=500-113$
$=387$

13. Die Aufgaben kann man auf zwei Wegen rechnen. Schreibe jeden der beiden Rechenwege mithilfe eines Terms. Rechne mit dem Term, der dir vorteilhafter erscheint.

a. Maren und Katja tragen Werbeprospekte aus. Insgesamt müssen sie 800 Faltblätter verteilen. Am ersten Nachmittag schaffen sie 265 Stück, am zweiten 230 Stück und am dritten Nachmittag 220. Wie viele Prospekte sind noch nicht verteilt?

b. Peter hat 237 € auf seinem Sparkonto. Er hebt erst 75 € und später 55 € ab. Welcher Betrag bleibt auf dem Konto?

c. Carlos sammelt Fußballbilder; er hat schon 13 verschiedene. Sein Taschengeld setzt er gleich in 45 neue Bilder um. Zu seiner Enttäuschung hat er danach 17 Bilder doppelt. Wie viele verschiedene Bilder hat er?

d. Anna hat 110 € gespart. Sie kauft ihrer Freundin Rebekka drei Computerspiele zu je 12 € und ein Lernprogramm für 7 € ab. Wie viel € hat sie übrig?

14. Schreibe einen Term und berechne ihn.

    a. Subtrahiere von 212 die Summe der Zahlen 56 und 83.

    b. Multipliziere die Differenz der Zahlen 97 und 68 mit 9.

    c. Dividiere die Zahl 108 durch die Differenz der Zahlen 63 und 27.

    d. Subtrahiere von der Differenz der Zahlen 2567 und 1429 die Summe der Zahlen 267 und 388.

    e. Multipliziere die Summe der Zahlen 85 und 67 mit der Differenz der Zahlen 137 und 69.

    f. Subtrahiere vom Produkt der Zahlen 89 und 67 den Quotienten der Zahlen 3654 und 63.

Mögliche Ergebnisse: 3, 10 336, 483, 261, 2 401, 73, 5 905

Zum Knobeln

15. Hier fehlen manchmal Klammern. Schreibe die Aufgabe in dein Heft (wenn nötig mit Klammern). Kontrolliere durch Rechnung.

    a. $38 - 14 + 12 = 12$ **d.** $48 : 16 : 4 = 12$ **g.** $5945 - 1428 + 1275 = 3242$

    b. $78 - 36 + 17 = 59$ **e.** $72 : 8 \cdot 3 = 27$ **h.** $7456 - 3214 - 1312 = 2930$

    c. $45 - 28 - 14 = 31$ **f.** $63 : 7 \cdot 3 = 3$ **i.** $243165 : 65 \cdot 87 = 43$

Punktrechnung vor Strichrechnung

Aufgabe

1. Lies dir die Zeitungsnotiz durch. Schreibe dann den Rechenweg mithilfe eines einzigen Terms; kennzeichne mit Klammern, was zuerst gerechnet werden soll.

Marc liest in einer Zeitung:

> **Zirkus Mondial ein Zuschauermagnet**
> Schon 12 500 Zuschauer haben das tolle Programm gesehen. Es ist zu erwarten, dass die restlichen 8 Vorstellungen ausverkauft sein werden.

Pro Vorstellung fasst das Zirkuszelt 850 Besucher.
Mit wie vielen Besuchern kann der Zirkus insgesamt rechnen?

Lösung

Term:

$12\,500 + 8 \cdot 850$

$= 12\,500 + 6\,800$

$= 19\,300$

Rechenbaum:

12 500   8   850

               6 800

               19 300

Rechenschritte:

(1) $8 \cdot 850 = 6\,800$ (2) $12\,500 + 6\,800 = 19\,300$

Ergebnis: Der Zirkus kann mit 19 300 Besuchern rechnen.

Kapitel 3

Wir vereinbaren:
Punktrechnung (·, :) geht vor Strichrechnung (+, −).
Dadurch kann man Klammern sparen.
Wenn noch Klammern vorkommen, rechnen wir zuerst die Klammern aus.

(1) $190 - 7 \cdot 16$ (2) $100 + 48 : 6$ (3) $7 \cdot 8 + 48 : 6$ (4) $35 - 2 \cdot (8 + 7)$
$= 190 - 112$ $= 100 + 8$ $= 56 + 8$ $= 35 - 2 \cdot 15$
$= 78$ $= 108$ $= 64$ $= 35 - 30$
                                                                                                         $= 5$

Punkt vor Strich

Information

Zum Festigen und Weiterarbeiten

2.
a. $28 + 42 : 7$
b. $67 - 12 \cdot 4$
c. $56 : 7 + 74$
d. $12 \cdot 9 - 84$
e. $6 \cdot 7 + 9 \cdot 8$
f. $48 : 6 + 6 \cdot 9$
g. $48 + 9 \cdot 8 - 4$
h. $63 - 96 : 12 + 35$

3. Anna hat 90 € gespart. Sie braucht 8 Ersatzrollen für ihre Inline-Skates. Eine Rolle kostet 7 €.
Wie viel € bleiben übrig?

4. Berechne und vergleiche. Beschreibe den Termaufbau (vgl. Aufgabe 3, Seite 68).
a. $200 - 60 \cdot 3$ und $(200 - 60) \cdot 3$
b. $400 + 64 : 8$ und $(400 + 64) : 8$
c. $12 \cdot 5 + 25 \cdot 4$ und $12 \cdot (5 + 25) \cdot 4$
d. $96 : (2 \cdot 8) - 6$ und $96 : 2 \cdot (8 - 6)$

5. Berechne den Term.
a. $(6 + 33) \cdot 7$
   $(15 + 33) \cdot 7$
b. $850 - 600 : 12$
   $850 - 600 : 30$
c. $(58 + 15) \cdot (175 : 5)$
   $(85 + 6) \cdot (175 : 5)$
d. $900 - (6 \cdot 60 + 32)$
   $900 - (32 + 6 \cdot 12)$

6. Schreibe den Term und berechne ihn.
a. Subtrahiere von der Zahl 256 das Produkt der Zahlen 12 und 9.
b. Addiere zur Zahl 288 den Quotienten der Zahlen 126 und 9.
c. Subtrahiere vom Produkt der Zahlen 15 und 13 den Quotienten der Zahlen 78 und 13.
d. Addiere zur Zahl 256 das Produkt aus 23 und 12 und subtrahiere von dieser Summe 139.

Information

Vorrangregeln für das Berechnen von Termen
(1) Klammern werden zunächst berechnet.
(2) Punktrechnung geht vor Strichrechnung.
(3) In allen anderen Fällen wird von links nach rechts gerechnet.

Klammern zunächst, dann Punkt vor Strich

Kapitel 3

Spiel (3 oder 4 Spieler)

7. Fertigt die nebenstehenden Karten an.
Erster Spieler:
Er stellt aus den vorhandenen Karten eine lösbare Aufgabe auf. Es sollen mindestens drei Zahlenkarten verwendet werden.
Mitspieler:
Sie lösen die Aufgabe und vergleichen die Ergebnisse.
Richtige Lösung: 1 Punkt.

Anschließend stellt der nächste Spieler eine Aufgabe auf.
Wer eine *nicht lösbare* Aufgabe aufstellt, erhält einen Minuspunkt.
Wer nach 3 Runden die meisten Punkte hat, gewinnt das Spiel.

Übungen

8. a. $73 - 24 : 6$
$80 + 15 \cdot 3$
$8 \cdot 7 + 64$

b. $98 - 35 : 7$
$67 + 7 \cdot 4$
$12 \cdot 8 - 36$

c. $970 - 80 \cdot 7$
$490 + 320 : 8$
$810 : 9 + 450$

d. $420 : 7 + 56$
$840 - 560 : 8$
$130 + 70 \cdot 7$

9. a. $8 \cdot (6 + 9)$
$8 \cdot 6 + 9$
$8 + 6 \cdot 9$
$(8 + 6) \cdot 9$

b. $20 \cdot (7 - 2)$
$20 \cdot 7 - 2$
$20 - 7 \cdot 2$
$(20 - 7) \cdot 2$

c. $36 : (12 + 6)$
$36 : 12 + 6$
$36 + 12 : 6$
$(36 + 12) : 6$

d. $72 : (9 + 3)$
$72 : 9 + 3$
$72 + 9 : 3$
$(72 + 9) : 3$

10. a. $(12 + 24) \cdot 5$
$12 + 24 \cdot 5$
$12 \cdot 24 + 5$
$12 \cdot (24 + 5)$

b. $640 - 32 : 16$
$(640 - 32) : 16$
$640 : 32 - 16$
$640 : (32 - 16)$

c. $(148 - 35) \cdot 3$
$148 - 35 \cdot 3$
$148 \cdot 35 - 3$
$148 \cdot (35 - 3)$

d. $(72 + 24) : 12$
$72 : 12 + 24 : 12$
$72 : 24 + 12$
$72 : (24 + 12)$

11. a. $56 + 4 \cdot 7$
$83 - 7 \cdot 9$
$27 + 8 \cdot 12$
$9 \cdot 8 + 64$
$7 \cdot 9 - 58$

b. $37 + 54 : 9$
$96 - 48 : 3$
$83 - 7 \cdot 8$
$54 : 9 + 28$
$125 - 72 : 8$

c. $84 : 12 + 73$
$67 - 3 \cdot 8$
$7 \cdot 8 - 37$
$98 - 56 : 7$
$265 - 23 \cdot 9$

d. $6 \cdot 6 + 8 \cdot 9$
$5 \cdot 12 + 8 \cdot 6$
$63 : 7 + 7 \cdot 8$
$14 \cdot 6 - 48 : 12$
$72 : 8 + 96 : 12$

e. $56 : 7 + 65 : 5$
$84 \cdot 7 - 108 : 9$
$48 \cdot 12 + 7 \cdot 13$
$28 - 7 + 3 \cdot 8$
$27 + 63 : 9 - 18$

f. $46 - 27 + 68 \cdot 8$
$97 - 23 \cdot 3 + 78$
$86 + 84 : 7 - 53$
$17 \cdot 9 \cdot 3 + 83$
$48 : 8 + 72 : 9$

12. a. $7 \cdot (8 + 4) \cdot 3$
$7 \cdot 8 + 4 \cdot 3$

b. $96 : 8 - 4 \cdot 3$
$96 : (8 - 4) \cdot 3$

c. $96 - 72 : 8 + 35$
$(96 - 72) : 8 + 35$

d. $72 : (6 \cdot 4) + 57$
$72 : 6 \cdot 4 + 57$

13.
a. $163 + 67 \cdot 14$
b. $248 - 248 : 8$
c. $15 \cdot (12 + 43 \cdot 6)$
d. $23 \cdot (48 + 96 : 12)$
e. $300 - (23 \cdot 6 + 65)$
f. $720 : (142 - 134 + 108 : 9)$
g. $745 - (56 \cdot 8 + 237)$
h. $600 : (74 - 136 : 4)$
i. $(427 + 63 \cdot 8) - 615$
j. $(288 - 720 : 12) \cdot 4$
k. $(435 + 635 : 5) \cdot 63$
l. $8427 - (7428 - 69 \cdot 96)$

Mögliche Ergebnisse: 1 288, 1 101, 36, 912, 316, 438, 35 406, 4 050, 15, 217, 60, 97, 7 623, 111 006.

14.
a. $(19 \cdot 4 - 22) : 18 + 45 - (55 - 66 : 2)$
b. $(17 \cdot 3 - 13 + 36 : 3) : (4 + 6 \cdot 4 - 3)$
c. $250 - 40 - 3 \cdot 15 + 35 - 121 : 11 - 39 - 2 \cdot 25$
d. $(41 + 78 : 6) : 9 + (14 \cdot 7 + 13 - 12 \cdot 8) : 3$
e. $(14 + 18 \cdot 2 - 44) \cdot (17 \cdot 5 - 21 - 42 : 3)$
f. $190 - 4 \cdot (6 \cdot 3 + 4 \cdot 7) + (30 - 7 \cdot 3 + 7) \cdot 8$
g. $8 + 3 \cdot (29 - 4 \cdot 5 + 12 : 6) + (6 + 6 \cdot 6) : (7 - 7 : 7)$
h. $(60 - 7 \cdot 8) \cdot (3 + 3 \cdot 5 + 84 : 12) - 144 : 12$

15. Schreibe einen Term und berechne ihn.
a. Anne hat 110 €. Sie kauft 6 CDs zu je 17 €.
Wie viel € hat sie übrig?
b. Annes Vater hat in einer Woche 39 Stunden gearbeitet. Er erhält einen Stundenlohn von 13 €. Von seinem Wochenlohn werden 105 € für Steuern und 98 € für Versicherungen abgezogen.
Wie viel € bekommt Annes Vater ausgezahlt?

16. Laura und ihre beste Freundin Leila haben immer die gleichen Wünsche. Von den Geldgeschenken, die sie zum Geburtstag und zu Weihnachten bekommen haben, will sich jede einen CD-Player und einige Wunsch-CDs kaufen.
a. Laura hat 240 €. Sie kauft einen CD-Player zum Preis von 150 €. Der Händler gewährt einen Preisnachlass von 25 €. Außerdem kauft Laura 4 Einzel-CDs zu je 13 € und drei Doppel-CDs zu je 19 €.
Wie viel € hat sie übrig?
Schreibe den Rechenweg mit *einem* Term.
b. Leila kauft einen CD-Player für 139 €, 3 Einzel-CDs zu je 12 € und drei Doppel-CDs zu je 19 €. Der Händler gibt ihr einen Preisnachlass von 15 €.
„Jetzt habe ich noch 13 € übrig."
Wie viel € hat Leila geschenkt bekommen?
Schreibe den Rechenweg mit *einem* Term.

17. Berechne den Term. Schreibe die schriftlichen Nebenrechnungen in dein Heft.
a. $21\,267 + 345 \cdot 79$
b. $237 \cdot (2\,966 + 53 \cdot 49)$
c. $83 \cdot 297 - 4891 : 73$
d. $58 \cdot 85 - 47 \cdot 74$
e. $3473 - (237 \cdot 39 - 159 \cdot 41)$
f. $357 \cdot (425 + 6786 : 87)$

Mögliche Ergebnisse: 1 318 431, 179 571, 937, 48 522, 2 316, 749, 451, 1 452, 24 584.

18. Matthias und sein Bruder Thorben wünschen sich sehnlichst eine Streethockeyausrüstung. Sie haben gemeinsam 200 € zur Verfügung. Aus einem Katalog entnehmen sie die Preise. Ihre Wunschausrüstung besteht aus 2 Toren, 1 Puck, 2 Schlägern und 4 T-Shirts.
Wie viel € behalten sie noch übrig?
Notiere den Lösungsweg mit *einem* Term.

Streethockey
- Tor .... 29,90 €
- Puck .... 15,80 €
- Schläger ... 18,90 €
- T-shirt mit Brustprint ... 19,90 €

19. Schreibe einen Term und berechne ihn.
  a. Addiere zur Zahl 200 das Produkt der Zahlen 12 und 8.
  b. Subtrahiere von der Zahl 57 den Quotienten der Zahlen 35 und 7.
  c. Addiere das Produkt der Zahlen 12 und 8 und den Quotienten der Zahlen 36 und 9.
  d. Multipliziere die Summe der Zahlen 12 und 8 mit der Differenz der Zahlen 36 und 9.
  e. Subtrahiere vom Produkt der Zahlen 48 und 9 den Quotienten der Zahlen 132 und 6.
  f. Bilde die Summe der Zahlen 78 und 35, addiere dazu das Produkt der Zahlen 12 und 9.
  g. Bilde die Summe aus 15 und 7 und multipliziere sie dann mit der Summe aus 36 und 23.
  h. Multipliziere das Produkt der Zahlen 87 und 46 mit dem Quotienten der Zahlen 96 und 12.
  i. Bilde die Differenz der Zahlen 137 und 78 und multipliziere sie mit dem Quotienten der Zahlen 1081 und 47.

▲ **20.**
  a. $480 : [5 \cdot (30 - 18)]$
  $320 : [8 \cdot (32 - 27)]$
  b. $[74 - (27 - 18)] \cdot 4$
  $96 : [(2 \cdot 8 - 4) : 2]$
  c. $[438 - (6 \cdot 23 - 17)] \cdot 6$
  $[438 - 6 \cdot (23 - 17)] \cdot 6$

▲ **21.**
  a. $10 \cdot 30 + 18 : 3$
  $(10 \cdot 30 + 18) : 3$
  $10 \cdot (30 + 18 : 3)$
  $10 \cdot [(30 + 18) : 3]$
  b. $600 : 12 - 2 \cdot 3$
  $(600 : 12 - 2) \cdot 3$
  $600 : (12 - 2 \cdot 3)$
  $600 : [(12 - 2) \cdot 3]$
  c. $320 : 8 + 2 \cdot 16$
  $320 : [(8 + 2) \cdot 16]$
  $(320 : 8 + 2) \cdot 16$
  $320 : (8 + 2 \cdot 16)$
  d. $24 \cdot 16 - 12 : 4$
  $(24 \cdot 16 - 12) : 4$
  $24 \cdot (16 - 12 : 4)$
  $24 \cdot [(16 - 12) : 4]$
  e. $[23 + (65 - 13)] \cdot 12$
  $23 + (65 - 13) \cdot 12$
  $98 - [63 - (46 - 37)]$
  $98 - 63 - (46 - 37)$
  f. $[446 - (58 - 37)] \cdot 17$
  $446 - (58 - 37) \cdot 17$
  $243 - (16 + 7 \cdot 8)$
  $243 - (16 + 7) \cdot 8$

Zum Knobeln

22. Kontrolliere die Rechnung. Hier fehlen manchmal Klammern. Schreibe die Aufgaben – wenn nötig – mit Klammern in dein Heft.
  a. $12 + 13 \cdot 8 = 200$
  b. $95 - 48 : 6 = 87$
  c. $11 \cdot 8 + 7 - 15 = 150$
  d. $13 \cdot 5 - 96 : 12 = 57$
  e. $100 + 432 - 18 \cdot 9 = 370$
  f. $600 : 60 + 60 - 65 : 13 = 0$
  g. $237 \cdot 73 + 84 - 27413 = 9796$
  h. $532980 : 36 \cdot 47 - 5 \cdot 63 = 0$

23. Setze alle fehlenden Klammern richtig ein.
  a. $65 - 28 + 27 \cdot 15 = 150$
  b. $78 : 25 - 12 \cdot 2 = 3$
  c. $536 - 8 \cdot 61 - 36 : 6 = 54$
  d. $425 + 175 : 40 + 72 : 12 = 21$

Vorteilhaft rechnen – Rechengesetze

Geschicktes Verbinden von Zahlen – Verbindungsgesetze

Aufgabe

1. Anne kann gut und schnell rechnen. Tanja kommt da meistens nicht mit. Dafür hat sie oft pfiffige Ideen, wie man geschickt und schnell rechnen kann.

   (1) $76 + 57 + 63 =$
   $7 \cdot 25 \cdot 4 =$
   (2) $98 - 47 - 17 =$
   $162 : 18 : 9 =$

   a. Bei den Kopfrechenaufgaben (1) rechnet Tanja pfiffiger als Anne. Wie hat Tanja gerechnet?

   b. Bei den Aufgaben (2) wendet Tanja den gleichen Trick an und erlebt einen bösen Reinfall. Warum?

Lösung

Wir kennzeichnen die Rechenwege mit Klammern und berechnen den Term.

a. *Annes Weg:*

$(76 + 57) + 63$
$= 133 + 63$
$= 196$

Tanjas Weg:

$76 + (57 + 63)$
$= 76 + 120$
$= 196$

$(7 \cdot 25) \cdot 4$
$= 175 \cdot 4$
$= 700$

$7 \cdot (25 \cdot 4)$
$= 7 \cdot 100$
$= 700$

Ergebnis: Tanja hat zwei Zahlen so geschickt „verbunden", dass sich eine „glatte" Zahl ergibt.
Bei der Addition und der Multiplikation darf man Klammern beliebig setzen.

b. *Annes Weg:*

$(98 - 47) - 17$
$= 51 - 17$
$= 34$

Tanjas Weg:

~~$98 - (47 - 17)$~~
~~$= 98 - 30$~~
~~$= 68$~~

$(162 : 18) : 9$
$= 9 : 9$
$= 1$

~~$162 : (18 : 9)$~~
~~$= 162 : 2$~~
~~$= 81$~~

Ergebnis: Tanjas Ergebnisse sind falsch.
Bei der Subtraktion und der Division darf man Klammern nicht beliebig setzen.

Information

Nicht beim Subtrahieren und Dividieren

Verbindungsgesetze (*Assoziativgesetze*)
(1) In einer Summe aus drei (oder mehr) Zahlen darf man Klammern beliebig setzen oder weglassen. Dabei ändert sich der Wert der Summe nicht.
(2) In einem Produkt aus drei (oder mehr) Zahlen darf man Klammern beliebig setzen oder weglassen. Dabei ändert sich der Wert des Produktes nicht.

(1) *Addition:*
$(16 + 5) + 9 = 16 + (5 + 9) = 16 + 5 + 9$
$(a + b) + c = a + (b + c) = a + b + c$

(2) *Multiplikation:*
$(8 \cdot 9) \cdot 7 = 8 \cdot (9 \cdot 7) = 8 \cdot 9 \cdot 7$
$(a \cdot b) \cdot c = a \cdot (b \cdot c) = a \cdot b \cdot c$

Zum Festigen und Weiterarbeiten

2. Berechne und vergleiche. Du kannst auch zwei Rechenbäume zeichnen.

   a. $(26 + 19) + 5$ und $26 + (19 + 5)$
   b. $(37 - 16) - 9$ und $37 - (16 - 9)$
   c. $(9 \cdot 8) \cdot 3$ und $9 \cdot (8 \cdot 3)$
   d. $(48 : 8) : 2$ und $48 : (8 : 2)$

3. Rechne auf zwei Arten. Notiere einen Term.
  a. Ein Pkw kostete Anfang des Jahres 10 500 €. Im Frühjahr erhöhte sich der Preis um 350 €, im Herbst um weitere 180 €.
  Wie teuer ist der Wagen am Jahresende?
  b. Julias Mutter bekommt einen Stundenlohn von 9 €. Sie hat in einer Woche an 5 Tagen gearbeitet, und zwar täglich 8 Stunden.
  Berechne den Wochenlohn.

4. Die Verbindungsgesetze kann man zum vorteilhaften Rechnen benutzen (siehe Beispiel).
Setze geeignet Klammern.

> $69 + (57 + 43)$
> $= 69 + 100$
> $= 169$

  a. $76 + 67 + 33$ **d.** $17 \cdot 5 \cdot 2$ **g.** $27 \cdot 125 \cdot 8$
  b. $123 + 77 + 244$ **e.** $25 \cdot 4 \cdot 29$ **h.** $20 \cdot 5 \cdot 45$
  c. $447 + 137 + 163$ **f.** $39 \cdot 5 \cdot 20$ **i.** $25 \cdot 8 \cdot 20 \cdot 5$

5. Zerlege einen Faktor geeignet. Rechne vorteilhaft.

> $12 \cdot 25$
> $= 3 \cdot (4 \cdot 25)$
> $= 3 \cdot 100 = 300$

  a. $36 \cdot 50$ **d.** $125 \cdot 32$ **g.** $5 \cdot 12 \cdot 7$
  b. $25 \cdot 24$ **e.** $48 \cdot 250$ **h.** $37 \cdot 8 \cdot 25$
  c. $20 \cdot 35$ **f.** $200 \cdot 45$ **i.** $32 \cdot 25 \cdot 125$

Übungen

6. Berechne und vergleiche.
  a. $(34 + 16) + 11$ und $34 + (16 + 11)$ **c.** $(9 \cdot 5) \cdot 8$ und $9 \cdot (5 \cdot 8)$
  b. $(42 - 18) - 13$ und $42 - (18 - 13)$ **d.** $(54 : 6) : 3$ und $54 : (6 : 3)$

7. Rechne vorteilhaft. Setze vorher Klammern.
  a. $72 + 28 + 53$ **b.** $183 + 117 + 133$ **c.** $811 + 456 + 244$ **d.** $4692 + 2308 + 3566$
  $46 + 19 + 31$ $222 + 555 + 145$ $735 + 178 + 522$ $7132 + 1368 + 1507$
  $88 + 56 + 14$ $407 + 393 + 217$ $619 + 281 + 374$ $3444 + 4937 + 2063$

Mögliche Ergebnisse: 158, 10 007, 433, 153, 2 345, 96, 10 444, 10 566, 1 274, 578, 1 511, 1 435, 922, 1 017.

8. Berechne den Term. Beachte Rechenvorteile.
  a. $14 \cdot 25 \cdot 4$ **b.** $34 \cdot 4 \cdot 250$ **c.** $22 \cdot 50$ **d.** $7 \cdot 42 \cdot 5$
  $2 \cdot 5 \cdot 63$ $50 \cdot 2 \cdot 53$ $25 \cdot 60$ $33 \cdot 24 \cdot 125$
  $26 \cdot 8 \cdot 125$ $80 \cdot 125 \cdot 39$ $48 \cdot 125$ $500 \cdot 24 \cdot 8 \cdot 125$
  $314 \cdot 5 \cdot 2$ $31 \cdot 50 \cdot 20$ $88 \cdot 5$ $85 \cdot 8 \cdot 25 \cdot 5$

Mögliche Ergebnisse zu c. und d.: 440, 1 470, 12 000 000, 600, 1 100, 85 000, 1 500, 1 250, 99 000, 6 000.

9. Entscheide, ob die Aussage wahr (w) oder falsch (f) ist. Rechne möglichst wenig.
  a. $178 - 146 - 21 > 178 - (146 - 21)$ **d.** $58 + (67 + 45) = (58 + 67) + 45$
  b. $480 : (24 : 4) > 480 : 24 : 4$ **e.** $960 : 48 : 4 < 960 : (48 : 4)$
  c. $(68 \cdot 85) \cdot 73 < 68 \cdot (85 \cdot 73)$ **f.** $(257 - 128) - 63 < 257 - 128 - 63$
  Kontrolle: 3-mal f; 3-mal w

Zum Knobeln

10. Hier fehlen die Klammern. Setze die Klammern richtig.
  a. $48 : 16 : 4 = 12$ **b.** $192 : 24 : 8 : 2 = 2$ **c.** $256 - 178 - 56 - 18 = 116$

Geschicktes Vertauschen von Zahlen – Vertauschungsgesetze

Aufgabe

1. a. Tanja hat die Aufgaben (1) bis (4) ganz schnell im Kopf gerechnet. Welchen Trick hat sie angewandt?

(1) $173 + 284 + 27$
(2) $36 + 173 + 164$
(3) $25 \cdot 87 \cdot 4$
(4) $9 \cdot 125 \cdot 7 \cdot 8$
(5) $93 - 69 - 23$
(6) $120 : 5 : 12$

b. Tanja hat sich auch bei den Aufgaben (5) und (6) durch „geschicktes" Vertauschen einen Rechenvorteil verschafft.
Notiere den entsprechenden Term und überprüfe die Rechnung.

c. Anne hat die Zahlen in (5) und (6) so vertauscht:
$69 - (93 - 23)$
$5 : (120 : 12)$

Was sagst du dazu?

Lösung

a. Tanja hat die Zahlen so geschickt vertauscht, dass sich ein Rechenvorteil ergibt.

(1)
$173 + 283 + 27$
$= (173 + 27) + 284$
$= 200 + 284$
$= 484$

(2)
$36 + 173 + 164$
$= 173 + (36 + 164)$
$= 173 + 200$
$= 373$

(3)
$25 \cdot 87 \cdot 4$
$= (25 \cdot 4) \cdot 87$
$= 100 \cdot 87$
$= 8\,700$

(4)
$9 \cdot 125 \cdot 7 \cdot 8$
$= (9 \cdot 7) \cdot (125 \cdot 8)$
$= 63 \cdot 1\,000$
$= 63\,000$

Ergebnis: Beim Addieren darf man die Summanden vertauschen, beim Multiplizieren die Faktoren.

b. Tanjas Weg führt zu richtigen Ergebnissen:
(5) $93 - 23 - 69 = 1$
(6) $120 : 12 : 5 = 2$

c. Annes Weg führt zu nicht lösbaren Aufgaben:
$69 - (93 - 23) = 69 - 70 = ?$
$5 : (120 : 12) = 5 : 10 = ?$

Ergebnis: Beim Subtrahieren und Dividieren darf man die erste Zahl (den Minuend bzw. den Dividend) nicht mit einer anderen Zahl vertauschen.

Information

Nicht bei Differenz und Quotient

Vertauschungsgesetze (*Kommutativgesetze*)
(1) In einer Summe darf man zwei Summanden miteinander vertauschen.
(2) In einem Produkt darf man zwei Faktoren miteinander vertauschen.

(1) *Addition:* $3 + 4 = 4 + 3$
$a + b = b + a$

(2) *Multiplikation:* $5 \cdot 6 = 6 \cdot 5$
$a \cdot b = b \cdot a$

Zum Festigen und Weiterarbeiten

2. a. Melanie schwimmt 50 Bahnen in einem 25-m-Becken. Julia schwimmt 25 Bahnen in einem 50-m-Becken. Wer schwimmt die längere Strecke?

b. Tim hat 5 Zwanzigeuroscheine, Miriam hat 50 Zweieurostücke. Wer hat mehr Geld?

c. Auf einer Wanderung geht Eva am 1. Tag 21 km und am 2. Tag 27 km. Julia geht am 1. Tag 27 km und am 2. Tag 21 km. Wer ist weiter gewandert?

3. Rechne vorteilhaft durch geschicktes Vertauschen der Zahlen.

- **a.** $63 + 169 + 37$
  $48 + 223 + 52$
  $43 + 731 + 157$
- **b.** $27 + 59 + 13$
  $68 + 97 + 112$
  $173 + 54 + 227$
- **c.** $2 \cdot 19 \cdot 5$
  $4 \cdot 67 \cdot 25$
  $20 \cdot 13 \cdot 50$
- **d.** $8 \cdot 7 \cdot 125$
  $25 \cdot 73 \cdot 40$
  $12 \cdot 9 \cdot 25$

Übungen

4. a. $37 + 74 + 63 + 26$
$75 + 43 + 25 + 17$
b. $89 + 23 + 11 + 37$
$62 + 55 + 65 + 38$
c. $167 + 48 + 233 + 352$
$478 + 124 + 576 + 222$
d. $284 + 463 + 307 + 116$
$522 + 195 + 278 + 425$
e. $384 + 567 + 216 + 333$
$437 + 382 + 418 + 563$
f. $517 + 234 + 766 + 483$
$489 + 741 + 711 + 859$

5. a. $4 \cdot 12 \cdot 25 \cdot 5$
$6 \cdot 125 \cdot 5 \cdot 8$
b. $2 \cdot 12 \cdot 5 \cdot 7$
$25 \cdot 9 \cdot 8 \cdot 4$
c. $50 \cdot 12 \cdot 9 \cdot 2$
$15 \cdot 25 \cdot 7 \cdot 4$
d. $15 \cdot 8 \cdot 125 \cdot 60$
$80 \cdot 20 \cdot 125 \cdot 50$

6. Berechne die Terme, beachte Rechenvorteile.

a. $5 \cdot 9 \cdot 6$
$8 \cdot 7 \cdot 5$
b. $40 \cdot 78 \cdot 5$
$75 \cdot 23 \cdot 4$
c. $8 \cdot 17 \cdot 250$
$125 \cdot 11 \cdot 40$
d. $8 \cdot 34 \cdot 5$
$5 \cdot 57 \cdot 6$
e. $12 \cdot 43 \cdot 5$
$5 \cdot 7 \cdot 24$
f. $2 \cdot 13 \cdot 500 \cdot 9$
$11 \cdot 1250 \cdot 3 \cdot 8$
g. $7 \cdot 40 \cdot 7 \cdot 50$
$800 \cdot 19 \cdot 4 \cdot 25$
h. $25 \cdot 1250 \cdot 40 \cdot 8$
$120 \cdot 15 \cdot 5 \cdot 60$

7. Berechne den Term; nutze Rechenvorteile aus.

a. $275 + 478 + 225 + 222$
b. $673 + 184 + 216 + 693 + 327$
c. $483 + 488 + 127 + 217 + 673$
d. $125 \cdot 9 \cdot 4 \cdot 8 \cdot 5$
e. $25 \cdot 12 \cdot 8 \cdot 5$
f. $12 \cdot 25 \cdot 50 \cdot 8 \cdot 5$
g. $23 + 19 + 39 + 11 + 37 + 11$
h. $125 \cdot 7 \cdot 4 \cdot 25 \cdot 9 \cdot 5 \cdot 6 \cdot 8$
i. $37 + 258 + 63 + 147 + 342 + 153$
j. $1 + 2 + \cdots + 38 + 39$

Mögliche Ergebnisse: 2 093, 150 000, 780, 12 000, 180 000, 140, 189 000 000, 1 200, 4 639, 1 988, 600 000, 1 000.

8. Entscheide „auf einen Blick", ob die Aussage wahr oder falsch ist.

a. $74 + 87 + 93 = 87 + 74 + 93$
b. $48 \cdot 12 \cdot 9 = 48 \cdot 9 \cdot 12$
c. $200 - 66 - 9 = 66 - 200 - 9$
d. $48 : 4 : 2 = 4 : 48 : 2$
e. $37 + 28 + 247 = 247 + 38 + 28$
f. $45 \cdot 27 \cdot 13 = 43 \cdot 27 \cdot 15$

Mehrfaches Subtrahieren – mehrfaches Dividieren

Aufgabe

1. a. Alexander hat zum Geburtstag Inline Skates geschenkt bekommen und außerdem Geldgeschenke von insgesamt 95 €. Davon kauft er Knie- und Ellenbogenschützer für 47 € und einen Helm für 33 €.
Wie viel € hat er übrig?

b. Ersatzrollen für Inline Skates sind in Kartons verpackt. Jeder Karton enthält 75 Viererpacks. Die Firma Sport-Meyer verkauft einen Karton für 2100 €.
Wie hoch ist der Preis für eine Ersatzrolle?

Man kann die Aufgabe auf zwei Arten rechnen. Schreibe jeden Rechenweg mithilfe eines Terms.

Lösung

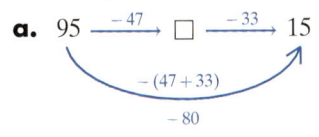

a. $95 \xrightarrow{-47} \square \xrightarrow{-33} 15$
$-(47+33)$
-80

1. Term: $95 - 47 - 33 = 15$
2. Term: $95 - (47 + 33) = 15$

Ergebnis: Alexander behält 15 € übrig.

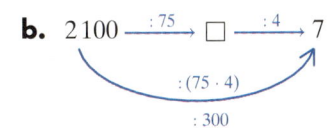

b. $2100 \xrightarrow{:75} \square \xrightarrow{:4} 7$
$:(75 \cdot 4)$
$:300$

1. Term: $2100 : 75 : 4 = 7$
2. Term: $2100 : (75 \cdot 4) = 7$

Ergebnis: Der Preis für eine Ersatzrolle beträgt 7 €.

Zum Festigen und Weiterarbeiten

2. a. Rechne und vergleiche. Welcher Weg ist vorteilhafter?

(1) $85 - 35 - 18$ und $85 - (35 + 18)$ (3) $800 : 25 : 4$ und $800 : (25 \cdot 4)$
(2) $184 - 47 - 23$ und $184 - (47 + 23)$ (4) $720 : 6 : 4$ und $720 : (6 \cdot 4)$

b. Rechne vorteilhaft. Du kannst den Term vor dem Rechnen geschickt verändern.

(1) $97 - 37 - 42$ (2) $268 - 73 - 27$ (3) $240 : 8 : 3$ (4) $540 : 12 : 5$
    $95 - 43 - 27$ $278 - 178 - 53$ $540 : 9 : 6$ $840 : 7 : 8$

3. Du kannst auf zwei Arten rechnen. Wähle aus.

a. Ein Theater hat 950 Plätze. Im Vorverkauf sind 583 Karten verkauft worden. Weitere 267 Karten werden an der Abendkasse verkauft. Wie viele Plätze bleiben leer?

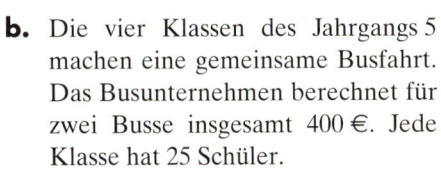

b. Die vier Klassen des Jahrgangs 5 machen eine gemeinsame Busfahrt. Das Busunternehmen berechnet für zwei Busse insgesamt 400 €. Jede Klasse hat 25 Schüler.
Wie viel € muss jeder Schüler bezahlen?

c. Michael hat 350 €. Er bestellt bei einem Sportversand ein Skateboard für 88 €, ein Fan-T-Shirt für 47 € und seinen Traumtrainingsanzug für 106 €.
Wie viel € hat er noch übrig?

4. Julia rechnet im Kopf wie im Beispiel. Rechne ebenso.

a. 96 : 4
   124 : 4

b. 580 : 20
   352 : 8

c. 600 : 24
   900 : 36

d. 840 : 28
   630 : 42

$$72 : 4 \quad 72 \xrightarrow{:2} 36 \xrightarrow{:2} 18$$
$$480 : 20 \quad 480 \xrightarrow{:10} 48 \xrightarrow{:2} 24$$
$$720 : 24 \quad 720 \xrightarrow{:6} 120 \xrightarrow{:4} 30$$

Information

(1) Mehrfaches Subtrahieren

$$60 - 24 - 16 \qquad 60 - (24 + 16)$$
$$= 36 - 16 \qquad = 60 - 40$$
$$= 20 \qquad = 20$$

Statt mehrere Zahlen einzeln zu subtrahieren, kann man auch die Summe dieser Zahlen subtrahieren (und umgekehrt).

$a - b - c = a - (b + c)$

(2) Mehrfaches Dividieren

$$60 : 5 : 6 \qquad 60 : (5 \cdot 6)$$
$$= 12 : 6 \qquad = 60 : 30$$
$$= 2 \qquad = 2$$

Statt durch mehrere Zahlen einzeln zu dividieren, kann man auch durch das Produkt dieser Zahlen dividieren (und umgekehrt).

$a : b : c = a : (b \cdot c)$

Übungen

5. Rechne. Prüfe, ob sich durch geschicktes Verändern des Terms ein Rechenvorteil ergibt.

a. 75 − 25 − 18
   80 − (30 + 12)
   80 − 10 − 35
   75 − (25 + 18)

b. 300 − (100 + 122)
   450 − 250 − 98
   450 − (250 + 89)
   450 − (250 + 98)

c. 720 : 9 : 8
   900 : 25 : 4
   1 200 : (12 · 25)
   630 : (7 · 9)

d. 800 : 32
   1 200 : 24
   2 700 : 36
   2 100 : 28

6. a. 201 − 37 − 13 + 199
b. 95 + 46 − 45 + 14
c. 68 − 23 + 32 − 25 − 12
d. 333 − 57 − 43 − 33
e. 35 − 24 + 65 − 11 − 25
f. 75 − 23 − 37 + 12 + 13

7. Thomas spielt leidenschaftlich gern Basketball. Er hat 195 € gespart. Ein komplettes Basketball-Set, das an der Hauswand befestigt werden kann, kostet 93 €. Ein neuer Basketball kostet 37 €. Wie viel € behält Thomas übrig?

8. Frau Bauer vererbt ihren drei Söhnen insgesamt 72 000 €. Ihr Sohn Thomas verteilt seinen Anteil sofort gleichmäßig an seine 4 Kinder.
Wie viel € bekommt jedes Enkelkind?

9. Michaels älterer Bruder hat in seinen Ferien gejobbt. An 9 Arbeitstagen hat er insgesamt 720 € verdient. Täglich hat er 8 Stunden gearbeitet.
Wie hoch war sein Stundenlohn?

Geschicktes Multiplizieren einer Summe – Verteilungsgesetze

1. a. Betrachte die Rechenaufgabe rechts. Tina und Kai können auf verschiedene Arten rechnen. Schreibe die Rechenwege mithilfe von Termen. Beschreibe den Unterschied. Kannst du eine Regel angeben?

b. Schreibe die Terme
(1) $7 \cdot (200 + 8)$ (2) $9 \cdot 17 + 9 \cdot 13$
so um, dass du vorteilhaft rechnen kannst. Verwende die Regel aus a. Berechne den Term.

c. Zerlege im Term $8 \cdot 512$ die Zahl 512 so, dass du leicht im Kopf multiplizieren kannst.

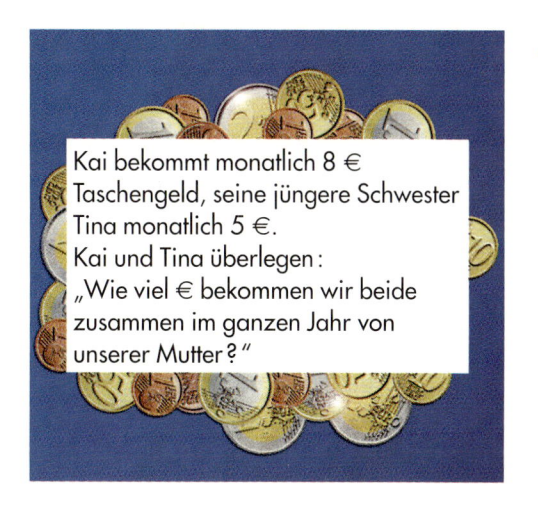

Aufgabe

Kai bekommt monatlich 8 € Taschengeld, seine jüngere Schwester Tina monatlich 5 €.
Kai und Tina überlegen:
„Wie viel € bekommen wir beide zusammen im ganzen Jahr von unserer Mutter?"

Lösung

a. *Tinas Weg:*

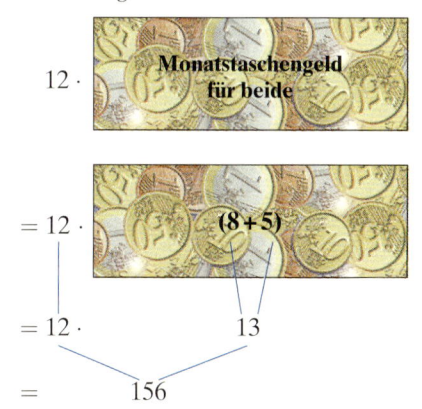

$12 \cdot$ Monatstaschengeld für beide

$= 12 \cdot (8 + 5)$

$= 12 \cdot 13$

$= 156$

Kais Weg:

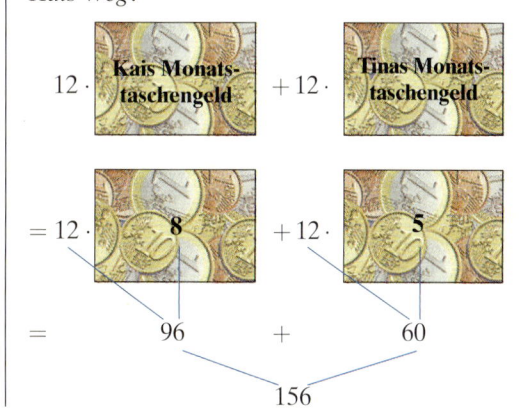

$12 \cdot$ Kais Monatstaschengeld $+ 12 \cdot$ Tinas Monatstaschengeld

$= 12 \cdot 8 + 12 \cdot 5$

$= 96 + 60$

$= 156$

Wir machen uns klar:
Tina berechnet erst die Taschengeld-Summe für einen Monat und multipliziert dann mit 12.

Kai multipliziert erst jedes Monatstaschengeld einzeln mit 12 und bildet danach die Summe.

Beide erhalten das gleiche Ergebnis. Es gilt also:

$$\mathbf{12 \cdot (8 + 5) = 12 \cdot 8 + 12 \cdot 5}$$

b. (1) $7 \cdot (200 + 8) = 7 \cdot 200 + 7 \cdot 8$
$\qquad\qquad\qquad = 1400 + 56$
$\qquad\qquad\qquad = 1456$

(2) $9 \cdot 17 + 9 \cdot 13 = 9 \cdot (17 + 13)$
$\qquad\qquad\qquad\quad = 9 \cdot 30$
$\qquad\qquad\qquad\quad = 270$

c. $8 \cdot 512 = 8 \cdot (500 + 12)$
$\qquad\quad = 8 \cdot 500 + 8 \cdot 12$
$\qquad\quad = 4000 + 96$
$\qquad\quad = 4096$

Kapitel 3

Zum Festigen und Weiterarbeiten

2. Ein Platz, auf dem 4 Baumreihen stehen, wird durch eine Straße geteilt. Wie viele Bäume stehen insgesamt auf dem Platz?
Rechne auf zwei Arten und schreibe zu jedem Rechenweg einen Term.

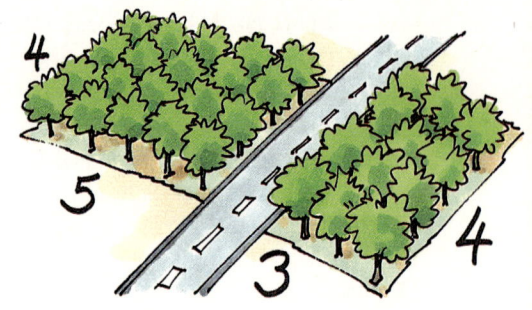

3. Bei welchem Term ist die Rechnung vorteilhafter?
    a. $4 \cdot 19 + 4 \cdot 6$ oder $4 \cdot (19 + 6)$ **b.** $9 \cdot 100 + 9 \cdot 12$ oder $9 \cdot (100 + 12)$

4. Beim Kopfrechnen hast du schon immer ein Verteilungsgesetz benutzt. Rechne wie im Beispiel:
    a. $7 \cdot 36$ **b.** $84 : 6$
          $9 \cdot 107$ $96 : 8$
          $8 \cdot 10008$ $581 : 7$

$$\begin{aligned} 6 \cdot 27 &= 6 \cdot (20 + 7) \\ &= 6 \cdot 20 + 6 \cdot 7 \\ &= 120 + 42 \\ &= 162 \end{aligned}$$

$$\begin{aligned} 91 : 7 &= (70 + 21) : 7 \\ &= 70 : 7 + 21 : 7 \\ &= 10 + 3 \\ &= 13 \end{aligned}$$

5. Berechne und vergleiche.
Beschreibe den Termaufbau (vgl. Aufgabe 3, Seite 68).
    a. $8 \cdot (12 - 7)$ und $8 \cdot 12 - 8 \cdot 7$ **c.** $(15 - 8) \cdot 9$ und $9 \cdot 15 - 9 \cdot 8$
    b. $(320 + 120) : 20$ und $320 : 20 + 120 : 20$ **d.** $(96 - 72) : 12$ und $96 : 12 - 72 : 12$

6. a. Kai und Tina rechnen auf verschiedene Arten im Kopf:
    (1) $28 \cdot 9 = 20 \cdot 9 + 8 \cdot 9 = 252$ (2) $28 \cdot 9 = 28 \cdot 10 - 28 \cdot 1 = 252$
    Welcher Weg ist vorteilhafter?
 b. Rechne vorteilhaft: $37 \cdot 9$; $46 \cdot 9$; $6 \cdot 99$; $8 \cdot 89$

Information

Verteilungsgesetze (Distributivgesetze)

(1) *für Multiplikation und Addition:*
    $5 \cdot (10 + 3) = 5 \cdot 10 + 5 \cdot 3 = 65$
    $a \cdot (b + c) = a \cdot b + a \cdot c$

(2) *für Multiplikation und Subtraktion:*
    $7 \cdot (30 - 1) = 7 \cdot 30 - 7 \cdot 1 = 203$
    $a \cdot (b - c) = a \cdot b - a \cdot c$

Übungen

7. Berechne und vergleiche.
    a. $9 \cdot (10 + 7)$ **c.** $6 \cdot (40 - 2)$ **e.** $12 \cdot (12 + 5)$ **g.** $(65 - 12) \cdot 5$
        $9 \cdot 10 + 9 \cdot 7$ $6 \cdot 40 - 6 \cdot 2$ $12 \cdot 12 + 12 \cdot 5$ $65 \cdot 5 - 12 \cdot 5$
    b. $(20 + 3) \cdot 8$ **d.** $(50 - 3) \cdot 4$ **f.** $(25 + 13) \cdot 8$ **h.** $(78 - 49) \cdot 37$
        $20 \cdot 8 + 3 \cdot 8$ $50 \cdot 4 - 3 \cdot 4$ $25 \cdot 8 + 13 \cdot 8$ $78 \cdot 37 - 49 \cdot 37$

8. Ergänze die fehlenden Zahlen.
    a. $13 \cdot 8 + 7 \cdot 8 = \square \cdot 8$ **c.** $27 \cdot 6 + 13 \cdot 6 = (\square + \square) \cdot 6$
         $26 \cdot 7 - 16 \cdot 7 = \square \cdot 7$ $46 \cdot 9 - 26 \cdot 9 = (\square - \square) \cdot 9$
    b. $7 \cdot 23 + 7 \cdot 17 = 7 \cdot \square$ **d.** $43 \cdot 7 + 57 \cdot 7 = (\square + 13) \cdot \square$
         $9 \cdot 14 + 9 \cdot 36 = 9 \cdot \square$ $67 \cdot 6 - 37 \cdot 7 = (67 - \square) \cdot \square$

9. Wie kann man schnell ausrechnen, wie viele Bälle im Regal sind?
Es gibt zwei Möglichkeiten.
Schreibe beide Terme auf.

10. Berechne möglichst einfach.

- **a.** 4 · 27 + 4 · 33
  7 · 48 + 7 · 52
  6 · 63 + 6 · 27
- **b.** 53 · 7 + 17 · 7
  64 · 9 + 36 · 9
  67 · 8 + 23 · 8
- **c.** 293 · 4 + 7 · 4
  186 · 7 + 14 · 7
  389 · 9 + 11 · 9
- **d.** 256 · 7 − 56 · 7
  417 · 9 − 217 · 9
  331 · 8 − 131 · 8

11. Rechne. Verwende ein Verteilungsgesetz.

- **a.** 7 · 81
  22 · 13
  16 · 102
- **b.** 6 · 49
  58 · 7
  14 · 99
- **c.** 7 · 69
  8 · 93
  8 · 34
- **d.** 14 · 81
  9 · 508
  9 · 420
- **e.** 4 · 248
  8 · 253
  7 · 3 012

12. Notiere den Rechenweg auf zwei Arten mithilfe eines Terms.
Rechne nur auf eine Art.

- **a.** Die Klassen 5 a (24 Schüler) und 5 b (26 Schüler) machen einen gemeinsamen Ausflug mit dem Bus. Jeder Schüler muss 5 € bezahlen.
  Wie teuer ist die Busfahrt insgesamt?
- **b.** Die Familien Müller und Meier bestellen gemeinsam Heizöl. Herr Müller tankt 6 300 l, Frau Meier 5 450 l. Ein Liter Heizöl kostet 36 Cent.
  Wie hoch ist die Heizölrechnung insgesamt?
- **c.** Für das Faschingsfest der Klasse 5 a werden 26 Würstchen zu 0,90 €, 26 Brötchen zu 0,20 € und 26 Flaschen Limonade zu 0,40 € aus der Klassenkasse bezahlt.
  Wie viel € werden aus der Klassenkasse entnommen?

13. Berechne die Terme, beachte Rechenvorteile.

- **a.** 14 · (100 + 7)
  7 · (1 000 + 12)
- **b.** 15 · 17 + 15 · 13
  8 · 29 + 8 · 41
- **c.** 63 · 77 + 63 · 23
  57 · 37 + 43 · 37
- **d.** 37 · 23 + 37 · 50 + 37 · 27
  25 · 53 + 55 · 53 + 20 · 53
- **e.** 271 · 35 + 65 · 271
  89 · 304 + 304 · 11
- **f.** 473 · 87 − 473 · 77
  829 · 56 − 46 · 829

14. Berechne die Terme, beachte Rechenvorteile.

    a. $(350 + 35) : 5$ **b.** $(800 - 16) : 4$ **c.** $426 : 6$ **d.** $345 : 15$
       $(700 + 21) : 7$ $(1\,100 - 33) : 11$ $576 : 8$ $336 : 12$
       $(470 + 26) : 8$ $(290 - 5) : 15$ $686 : 7$ $1\,287 : 13$

Mögliche Ergebnisse: 98, 23, 169, 71, 62, 19, 28, 77, 89, 196, 72, 99, 103, 97.

15. a. $317 \cdot 9 - 117 \cdot 9$ **b.** $25 \cdot 13 + 25 \cdot 18 + 25 \cdot 9$ **c.** $67 \cdot 43 + 12 \cdot 67 + 67 \cdot 45$
       $525 : 25 + 475 : 25$ $47 \cdot 139 + 88 \cdot 139 - 35 \cdot 139$ $216 : 72 + 144 : 72 + 360 : 72$
       $319 : 11 - 308 : 11$ $1\,001 : 7 - 686 : 7 - 315 : 7$ $656 : 8 - 344 : 8 - 312 : 8$

16. In den Ferien machen 6 Freundinnen eine Auslandsreise. Jede schickt aus den Niederlanden 3 und aus Belgien 5 Ansichtskarten nach Hause.
Wie viele Karten sind insgesamt verschickt worden?
Rechne auf verschiedene Weise.

17. Johannes hat sich einen Game-Boy zum Preis von 109 € gekauft. Außerdem hat er noch 3 Game-Boy-Spiele zu je 36 € und 3 Spiele zu je 29 € gekauft.
Wie viel € hat er schon für sein Game-Boy-Hobby ausgegeben?
Es gibt zwei Rechenwege, beschreibe jeden Weg mithilfe eines Terms.

18. Ein Verein verlangt 15 € Monatsbeitrag. Er hat 80 Mitglieder. 9 Mitglieder sind von der Beitragszahlung befreit.
Die Jahreseinnahmen des Vereins kann man auf zwei Arten berechnen.

    a. Schreibe beide Terme auf und führe die Rechnung durch.

    b. Bei welchem Rechenweg kannst du erkennen, wie viel Beitragseinnahme der Verein jährlich durch die Beitragsbefreiung verliert?

19. 380 Flaschen Apfelsaft und 120 Flaschen Traubensaft sollen in Kästen zu je 20 Flaschen versandt werden.
Wie viele Kästen sind nötig?

20. In einer Lagerhalle sind 156 Fässer gelagert, in einer weiteren Halle 120 Fässer. Alle Fässer sollen mit einem Lastwagen abtransportiert werden. Der Wagen kann jeweils 12 Fässer befördern.
Berechne auf zweierlei Weise, wie oft der Wagen fahren muss.

21. Frau Scholz bekommt einen Stundenlohn von 12 €. Im Monat Mai verdiente Frau Scholz in der ersten Woche 456 €, in der zweiten Woche 468 €, in der dritten Woche 420 € und in der vierten Woche 444 €.
Wie viele Stunden hat Frau Scholz im Monat Mai gearbeitet?

22. Sebastians Mutter bestellt für ihren Sohn und dessen Freunde bei einem Sportversand: 2 Paar Inline-Skater zu je 129 €, 2 Paar zu je 99 € und 2 Paar zu je 79 €. Außerdem bestellt sie 6 T-Shirts mit Brustprint zu je 25,90 € und 6 Schutzausrüstungen zu je 19,90 €.
Wie hoch ist die Rechnung für diese Sammelbestellung?

Gleichungen und Ungleichungen

Wahre und falsche Aussagen – Platzhalter – Grundmenge

Aufgabe

1. Tanja und Lars würfeln abwechselnd mit einem Spielwürfel. Die Lehrerin hat folgende Spielregel festgelegt:
Verdreifache die gewürfelte Augenzahl und addiere dann 4.
Ist das Ergebnis größer als 18, so hat man gewonnen, sonst verloren.

a. Bei welchen Augenzahlen gewinnt man, bei welchen verliert man?
Lege eine Tabelle an.

b. Gib die Spielregel kurz mithilfe eines Terms und dem Größer-Zeichen an.

Lösung

a.

Augenzahl	Dreifache Augenzahl	dazu 4 addiert	Ergebnis	Größer-Aussage	Aussage ist
1	3·1	3·1+4	7	7 > 18	falsch (f)
2	3·2	3·2+4	10	10 > 18	falsch (f)
3	3·3	3·3+4	13	13 > 18	falsch (f)
4	3·4	3·4+4	16	16 > 18	falsch (f)
5	3·5	3·5+4	19	19 > 18	wahr (w)
6	3·6	3·6+4	22	22 > 18	wahr (w)

Ergebnis: Bei den Augenzahlen 5 und 6 gewinnt man, bei den Augenzahlen 1, 2, 3 und 4 verliert man.

b. 3 · $\boxed{\text{Augenzahl}}$ + 4 > 18

Setzt man für $\boxed{\text{Augenzahl}}$ die Zahl 5 oder 6 ein, so entsteht eine *wahre Aussage.* Man hat gewonnen.

Setzt man für $\boxed{\text{Augenzahl}}$ dagegen die Zahl 1 oder 2 oder 3 oder 4 ein, so entsteht eine *falsche Aussage.* Man hat verloren.

Information

(1) Platzhalter
Die Spielregel lautet kurz: 3 · $\boxed{\text{Augenzahl}}$ + 4 > 18
Anstelle von $\boxed{\text{Augenzahl}}$ verwendet man in der Mathematik auch Zeichen wie □, ○ oder Buchstaben wie x, y, a. Dann schreibt man: 3 · □ + 4 > 18 bzw. 3 · x + 4 > 18
Ein solches Zeichen heißt **Platzhalter.**

(2) Grundmenge
Der Platzhalter □ bzw. x hält den Platz frei für alle möglichen Augenzahlen; dies sind die Zahlen 1, 2, 3, 4, 5, 6. Die *Gesamtheit* dieser Zahlen nennt man die **Grundmenge** G. Um die Zusammenfassung deutlich zu machen, schreibt man die Zahlen in geschweifte Klammern:
{1, 2, 3, 4, 5, 6}
Bei der Aufzählung (Auflistung) der Zahlen kommt es auf die Reihenfolge nicht an.

Zum Festigen und Weiterarbeiten

2. Tanja hat sich für das Spiel in der Aufgabe 1 folgende Gewinnbedingung ausgedacht:
    a. $3 \cdot \square + 4$ ist eine ungerade Zahl.   **c.** $4 \cdot x - 3$ ist eine einstellige Zahl.
    b. $3 \cdot \bigcirc + 4$ ist eine Zahl zwischen 11 und 20.   **d.** $4 \cdot y - 3$ ist durch 2 teilbar.

3. Tanja und Lars würfeln mit zwei Spielwürfeln statt mit einem.
    a. *Spielregel:* Das Dreifache der Augensumme um 4 vergrößert ist durch 5 teilbar.
        Bei welchen Augensummen gewinnt man?
        Gib auch die Grundmenge an.
    b. Wenn man das Fünffache der Augensumme um 3 vergrößert, erhält man eine ungerade Zahl.
        Welche Augensummen sind Gewinnzahlen?

Information

(1) **Aussagen** sind entweder wahr oder falsch.
     Beispiele: $19 > 18$ ist eine *wahre* Aussage,
                  $13 > 18$ ist eine *falsche* Aussage.

(2) Zeichen wie $\square$, $\bigcirc$, $\triangle$, $\boxed{}$ halten den Platz frei für Zahlen oder andere Dinge. Diese Zeichen heißen **Platzhalter.**
     In der Mathematik verwendet man auch Buchstaben wie x, y, a, b als Platzhalter.
     Beispiele: (1) $3 \cdot \square + 4 > 18$
                  (2) $4 \cdot y - 4$ ist durch 2 teilbar

(3) Die Gesamtheit aller Dinge (z. B. Zahlen), die anstelle des Platzhalters gesetzt werden sollen, nennt man **Grundmenge** G.
     Die Dinge, die zur Grundmenge gehören, heißen auch **Elemente.**
     Beispiel: $G = \{0, 1, 2, 3, 4, 5, 6, 7, 8, 9\}$
              4 ist ein Element dieser Grundmenge G; 12 ist nicht Element von G.

Übungen

4. Tanja und Lars vereinbaren folgende Gewinnbedingung:
    (1) $5 \cdot \square - 4$ ist durch 3 teilbar   (3) $20 < 5 \cdot \square - 4 < 50$
    (2) $5 \cdot \square - 4$ ist größer als 40   (4) $60 - 3 \cdot \triangle$ ist durch 5 teilbar
    a. Welche Augenzahlen (beim Wurf mit einem Würfel) sind Gewinnzahlen?
    b. Welche Augensummen sind beim Wurf mit zwei Würfeln Gewinnzahlen?
    c. Wie kann Tanja einem Mitspieler die Gewinnbedingungen in Worten erklären?

5. Auf einem Glücksrad sind die Zahlen von 1 bis 20 notiert. Die Gewinnbedingung lautet:
    (1) $3 \cdot \square$ ist kleiner als 19   (3) $7 \cdot \square - 5$ ist größer als 79
    (2) $2 \cdot \triangledown$ ist durch 3 teilbar   (4) $7 \cdot \square - 5$ ist kleiner als 79
    a. Gib die Grundmenge an.
    b. Bestimme jeweils die Gewinnzahlen.

6. Grundmenge sind die einstelligen Zahlen 0, 1, 2, ..., 9 (also $G = \{0, 1, 2, ..., 9\}$).
     Gib zwei wahre und zwei falsche Aussagen an.
    a. $5 \cdot \triangle + 1$ ist durch 3 teilbar   **c.** $6 \cdot \triangle + 3$ ist eine Zahl zwischen 20 und 40
    b. $5 \cdot \triangle + 1$ endet auf die Ziffer 6   **d.** $6 \cdot \triangle + 3$ ist kleiner als 50

Lösungen bei Gleichungen und Ungleichungen – Lösungsmenge

Aufgabe

1. a. $y \cdot 6 = 42$ ist eine *Gleichung*.
Setze natürliche Zahlen für den Platzhalter y ein.
Bei welchen Zahlen entsteht eine wahre Aussage?

b. $2 \cdot x < 11$ ist eine *Ungleichung*.
Setze natürliche Zahlen für den Platzhalter x ein.
Bei welchen Zahlen entsteht eine wahre Aussage?

Lösung

a. Setzt man 7 für den Platzhalter y ein, so erhält man die wahre Aussage $7 \cdot 6 = 42$.
Setzt man dagegen 8 ein, so erhält man die falsche Aussage $8 \cdot 6 = 42$.
Falsche Aussagen erhält man auch, wenn man 9 oder eine andere natürliche Zahl einsetzt.

b. Setzt man 0 für den Platzhalter x ein, so erhält man die wahre Aussage $2 \cdot 0 < 11$.
Ebenso erhält man wahre Aussagen, wenn man 1, 2, 3, 4 oder 5 für x einsetzt.
Setzt man 6 für den Platzhalter x ein, so erhält man die falsche Aussage $2 \cdot 6 < 11$.
Ebenso erhält man falsche Aussagen, wenn man 7, 8, 9 usw. einsetzt.

Information

(1) Die Menge der natürlichen Zahlen als Grundmenge
In der obigen Aufgabe haben wir als Einsetzungen für y bzw. x *alle* natürlichen Zahlen zugelassen. Die Grundmenge war also die Menge *aller* natürlichen Zahlen, einschließlich 0.
Man schreibt für diese Menge kurz: $\mathbb{N}_0$
Sie enthält unendlich viele Zahlen.
Für die Menge der natürlichen Zahlen *ohne* 0 schreibt man: $\mathbb{N}$

$\mathbb{N}_0 = \{0, 1, 2, 3, \ldots\}$
$\mathbb{N} = \{1, 2, 3, \ldots\}$

(2) Lösung einer Gleichung oder Ungleichung
Setzt man 7 für den Platzhalter y in die Gleichung $y \cdot 6 = 42$ ein, so erhält man eine *wahre Aussage*. Man nennt 7 eine *Lösung* der Gleichung.
Die Zahl 8 ist *nicht Lösung* der Gleichung $y \cdot 6 = 42$, denn man erhält bei Einsetzung von 8 eine *falsche Aussage*.
Die Zahl 0 ist eine Lösung der Ungleichung $2 \cdot x < 11$, die Zahl 6 nicht.

(3) Lösungsmenge
Die Ungleichung $2 \cdot x < 11$ besitzt als Lösungen nur die Zahlen 0, 1, 2, 3, 4, 5. Auch solche Zahlen fasst man zu einer Menge zusammen und nennt sie *Lösungsmenge* L. Mit geschweiften Klammern schreibt man dann L = {0, 1, 2, 3, 4, 5}.
Die Gleichung $y \cdot 6 = 42$ besitzt nur eine Lösung, nämlich 7. Auch in diesem Falle schreibt man: L = {7}.
Eine Menge in der Mathematik kann auch nur eine Zahl enthalten.

Zum Festigen und Weiterarbeiten

2. Ist (1) die Zahl 11, (2) die Zahl 7 eine Lösung der Gleichung bzw. Ungleichung?
a. $3 \cdot x < 45$ **b.** $4 \cdot y > 35$ **c.** $5 \cdot z = 55$ **d.** $6 \cdot x = 65$ **e.** $7 \cdot x = 75$ **f.** $8 \cdot y < 95$

3. Die Grundmenge sei $\{0, 1, 2, \ldots, 9\}$. Gib die Lösungsmenge an.
a. $5 \cdot y < 24$ **c.** $8 \cdot z > 24$ **e.** $z + 7 = 12$ **g.** $x : 2 = 4$ **i.** $7 \cdot x + 3 = 24$
b. $3 \cdot x = 24$ **d.** $6 \cdot x = 24$ **f.** $x + 7 < 12$ **h.** $56 : y = 8$ **j.** $4 \cdot z + 5 > 24$

Kapitel 3

> Eine Zahl, die beim Einsetzen in eine Gleichung oder Ungleichung eine wahre Aussage ergibt, nennt man eine **Lösung** der Gleichung bzw. Ungleichung.
>
> Alle Lösungen einer Gleichung oder Ungleichung zusammen bilden die **Lösungsmenge**.
>
> Eine Lösungsmenge kann auch nur ein Element oder kein Element enthalten.
> Die Menge, die kein Element enthält, heißt leer. Man spricht dann auch von der **leeren Menge** und schreibt { }.

Übungen

4. Welche der Zahlen 4, 5, 6, …, 10, 11 sind eine Lösung der Gleichung bzw. Ungleichung?

- **a.** $3 \cdot x = 30$
- **b.** $4 \cdot z < 30$
- **c.** $5 \cdot x = 30$
- **d.** $6 \cdot y = 30$
- **e.** $z + 24 < 30$
- **f.** $z + 24 > 30$
- **g.** $66 : x = 6$
- **h.** $6 + y = 14$
- **i.** $7 \cdot x > 30$
- **j.** $z : 5 = 2$

5. Welche der Zahlen 2, 3, …, 8, 9 gehören zur Lösungsmenge?

- **a.** $3 \cdot x + 2 = 20$
- **b.** $4 \cdot z + 3 > 20$
- **c.** $5 \cdot x + 4 < 20$
- **d.** $6 \cdot y + 5 \neq 20$

6. Bestimme die Lösungsmenge zur Grundmenge {0, 1, 2, …, 8, 9}.

- **a.** $3 \cdot x + 9 = 6 \cdot x$
- **b.** $2 \cdot x + 8 > 5 \cdot x$
- **c.** $6 \cdot x + 9 < 8 \cdot x$
- **d.** $9 \cdot x + 6 > 7 \cdot x$

Anmerkung: Hier tritt *derselbe* Platzhalter *mehrfach* auf. In solchen Fällen musst du an *jeder* Stelle *dieselbe* Einsetzung vornehmen.

7. Bestimme jeweils die Lösungsmenge zur angegebenen Grundmenge.

- **a.** {1; 3; 5; 7; 9}   (1) $8 \cdot x = 56$ (2) $6 \cdot z = 63$ (3) $x + 13 = 18$
- **b.** {0; 2; 4; 6; 8}   (1) $7 \cdot x < 40$ (2) $9 \cdot x < 30$ (3) $x + 23 < 31$
- **c.** {0; 1; 2; 3; 4}   (1) $9 \cdot y > 20$ (2) $8 \cdot z > 10$ (3) $18 + y > 20$
- **d.** {5; 6; 7; 8; 9}   (1) $6 \cdot x > 40$ (2) $7 \cdot x > 50$ (3) $5 + z \neq 12$

8. Die Grundmenge sei $\mathbb{N}$. Bestimme die Lösungsmenge.

- **a.** $6 \cdot x = 54$
- **b.** $y : 3 = 5$
- **c.** $54 : z = 6$
- **d.** $z + 7 = 18$
- **e.** $x - 6 = 7$
- **f.** $15 - y = 8$
- **g.** $34 + z = 33$
- **h.** $y \cdot 4 = 60$

9. Die Grundmenge sei $\mathbb{N}_0$. Bestimme die Lösungsmenge.

- **a.** $x < 9$
- **b.** $y > 12$
- **c.** $x + 45 < 61$
- **d.** $z + 17 > 25$
- **e.** $4 \cdot x < 30$
- **f.** $7 \cdot y > 30$
- **g.** $x \cdot 3 < 8$
- **h.** $20 \cdot a < 10$
- **i.** $x - 7 < 15$
- **j.** $z - 8 > 12$
- **k.** $24 - y < 18$
- **l.** $15 - a > 7$

10. Zur Grundmenge gehören:

(1) alle einstelligen natürlichen Zahlen (einschließlich 0)
(2) alle einstelligen ungeraden Zahlen
(3) alle natürlichen Zahlen
(4) alle geraden Zahlen

Bestimme die Lösungsmenge:

- **a.** $x + 97 = 101$
- **b.** $3 \cdot z < 20$
- **c.** $7 \cdot x + 1 > 40$
- **d.** $5 \cdot y + 4 > 40$

Vergleiche. Was fällt dir auf?

Bestimmen der Lösungsmenge mithilfe eines Pfeilbildes (Operatorpfeiles)

1. In manchen Fällen kann man die Lösung einer Gleichung auch berechnen. **Aufgabe**

   a. Zur Gleichung $x \cdot 3 = 96$ gehört das Pfeilbild rechts.
Bestimme die Lösungsmenge mit dem Pfeilbild.

$$x \xrightarrow{\cdot 3} 96$$

   b. Zeichne ein Pfeilbild zu der Gleichung $x - 27 = 131$ und bestimme dann die Lösungsmenge.

   c. Verfahre entsprechend bei der Gleichung $4 \cdot x + 25 = 73$.
Beachte: $4 \cdot x$ bedeutet dasselbe wie $x \cdot 4$.

Lösung

   a. Wir machen die Rechenanweisung $\cdot 3$ rückgängig, wir rechnen also rückwärts.
Lösungsmenge: $L = \{32\}$

$$\begin{array}{c} x \xrightarrow{\cdot 3} 96 \\ 32 \xleftarrow{:3} \end{array}$$

   b. Zu der Gleichung gehört das Pfeilbild rechts.
Wir machen die Rechenanweisung -27 rückgängig, wir rechnen also rückwärts.
Lösungsmenge: $L = \{158\}$

$$x \xrightarrow{-27} 131$$
$$\begin{array}{c} x \xrightarrow{-27} 131 \\ 158 \xleftarrow{+27} \end{array}$$

   c. Hier erhalten wir die Pfeilkette rechts.
Die beiden Rechenanweisungen $\cdot 4$ und $+25$ machen wir in umgekehrter Reihenfolge rückgängig.
Lösungsmenge: $L = \{12\}$

$$x \xrightarrow{\cdot 4} 4 \cdot x \xrightarrow{+25} 73$$
$$\begin{array}{ccc} x \xrightarrow{\cdot 4} & 4 \cdot x \xrightarrow{+25} & 73 \\ 12 \xleftarrow{:4} & 48 \xleftarrow{-25} & \end{array}$$

2. Bestimme jeweils die Lösungsmenge mithilfe eines Pfeilbildes. **Zum Festigen**
Die Grundmenge ist $\mathbb{N}_0$. **und Weiterarbeiten**

   a. $x \cdot 6 = 126$ **b.** $4 \cdot x = 84$ **c.** $2 \cdot x - 13 = 151$ **d.** $x : 3 + 8 = 17$
       $x : 2 = 83$ $x - 42 = 238$ $3 \cdot y + 34 = 157$ $z : 9 - 5 = 2$
       $y + 52 = 278$ $x + 38 = 242$ $8 \cdot z - 25 = 223$ $y : 5 + 27 = 132$

3. Bestimme mithilfe eines Pfeilbildes jeweils die Lösungsmenge. **Übungen**
Die Grundmenge ist $\mathbb{N}_0$.

   a. $15 \cdot x = 345$ **c.** $12 \cdot y = 624$ **e.** $2 \cdot x + 31 = 93$ **g.** $4 \cdot y + 78 = 190$
       $x - 399 = 500$ $y + 183 = 399$ $3 \cdot x - 31 = 44$ $4 \cdot y - 58 = 222$
       $x + 399 = 500$ $y - 183 = 399$ $4 \cdot x - 53 = 31$ $8 \cdot y - 47 = 401$
       $x : 7 = 12$ $y : 13 = 7$ $5 \cdot x + 53 = 98$ $7 \cdot y + 83 = 300$

   b. $6 \cdot x = 246$ **d.** $22 \cdot z = 462$ **f.** $x : 2 + 23 = 38$ **h.** $x : 11 + 47 = 109$
       $x + 26 = 246$ $z + 387 = 952$ $x : 6 - 13 = 37$ $x \cdot 11 - 47 = 109$
       $x - 26 = 246$ $z - 387 = 952$ $y : 5 - 18 = 42$ $y \cdot 13 + 85 = 345$
       $x : 6 = 15$ $z : 11 = 54$ $z : 3 + 26 = 59$ $y : 13 - 85 = 345$

▲ **4.** Bestimme die Lösungsmenge der Ungleichung. Löse hierzu zunächst die entsprechende Gleichung mithilfe eines Pfeilbildes.

   a. $3 \cdot x - 17 > 52$ **b.** $6 \cdot y + 57 < 99$ **c.** $9 \cdot y + 48 < 417$

Bist du fit?

1. Berechne den Term.

- **a.** $8 \cdot (7 + 5)$
  $8 \cdot 7 + 5$
  $9 \cdot 12 - 7$
  $9 \cdot (12 - 7)$
- **b.** $24 + 12 : 4$
  $(24 + 12) : 4$
  $(45 - 15) : 3$
  $45 - 15 : 3$
- **c.** $78 - 38 - 12$
  $78 - (38 - 12)$
  $67 - 27 + 15$
  $67 - (27 + 15)$
- **d.** $96 : 12 : 4$
  $96 : (12 : 4)$
  $64 : 8 \cdot 4$
  $64 : (8 \cdot 4)$
- **e.** $8 \cdot 7 + 4$
  $8 + 7 \cdot 4$
  $36 : 9 + 3$
  $36 + 9 : 3$
- **f.** $7 \cdot (5 + 4) \cdot 3$
  $7 \cdot 5 + 4 \cdot 3$
  $(7 \cdot 5 + 4) \cdot 3$
  $7 \cdot (5 + 4 \cdot 3)$
- **g.** $16 \cdot 7 + 32 : 8$
  $16 \cdot (7 + 32) : 8$
  $45 : 9 + 6 \cdot 13$
  $45 : (9 + 6) \cdot 13$
- **h.** $120 : (30 - 15) + 48 : 3$
  $120 : 30 - (15 + 48) : 3$
  $18 \cdot 6 + 9 - 36 : 9$
  $18 \cdot (6 + 9) - 36 : 9$

2. Berechne und vergleiche.

- **a.** $(48 + 36) : 12$
  $48 + (36 : 12)$
- **b.** $(56 - 24) : 8$
  $56 - (24 : 8)$
- **c.** $(64 - 7) \cdot 8$
  $64 - (7 \cdot 8)$
- **d.** $(24 + 31) \cdot 5$
  $24 + (31 \cdot 5)$
- **e.** $96 : (12 - 8)$
  $(96 : 12) - 8$
- **f.** $144 : (16 + 8)$
  $(144 : 16) + 8$
- **g.** $6 \cdot (17 + 26)$
  $(6 \cdot 17) + 26$
- **h.** $9 \cdot (34 - 16)$
  $(9 \cdot 34) - 16$

3. Manuel hat für seine elektrische Eisenbahn 190 € gespart. Er kauft mehrere Personenwagen für zusammen 96 € und eine Lokomotive für 79 €.
Wie viel € bleiben übrig?

4. Die folgenden Aufgaben kann man auf zwei verschiedenen Wegen rechnen. Schreibe zu jedem Rechenweg einen Term. Rechne mit einem der Terme.

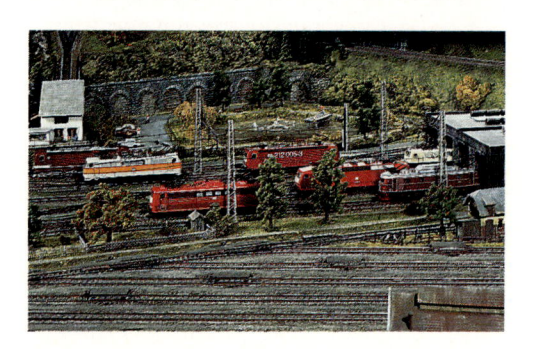

- **a.** Frau Hubert kauft einen Satz Autoreifen für 374 € und einen Satz Fußmatten zu 49 €. Sie bezahlt mit fünf Hunderteuroscheinen.
  Wie viel € bekommt sie zurück?
- **b.** Lars hat 75 € gespart. Er kauft drei Spielzeugautos zu je 6 € und ein Abenteuerbuch für 7 €. Wie viel € hat er übrig?
- **c.** Herr Koch kauft einen Anzug für 189 €, ein Hemd für 22 € und einen Pullover für 59 €. Er bezahlt mit 3 Hunderteuroscheinen.
  Wie viel Geld erhält er zurück?
- **d.** Auf einem Konto steht ein Guthaben von 862 €. Es gehen eine Gutschrift über 396 € und eine Lastschrift über 236 € ein.
  Berechne den neuen Kontostand.
- **e.** Frau Kleine lässt sich zurücklegen: ein Kleid für 95 €, einen Rock für 48 € und eine Bluse für 34 €. Sie zahlt mit einem Fünfzigeuroschein an.
  Welchen Restbetrag muss sie noch zahlen?

5. Schreibe den Term einfacher und berechne ihn.

- **a.** $37 \cdot 9 + 23 \cdot 9$
  $8 \cdot 66 + 8 \cdot 34$
  $237 \cdot 18 + 18 \cdot 363$
- **b.** $19 \cdot 37 + 37 \cdot 31$
  $58 \cdot 7 - 28 \cdot 7$
  $9 \cdot 137 - 9 \cdot 57$
- **c.** $43 \cdot 27 + 43 \cdot 12$
  $34 \cdot 45 + 34 \cdot 28$
  $67 \cdot 39 - 28 \cdot 39$
- **d.** $437 \cdot 279 + 279 \cdot 628$
  $327 \cdot 728 - 544 \cdot 327$
  $946 \cdot 519 - 519 \cdot 828$

6. Laura ist eine sehr gute Leichtathletin. Ihre neuen Spikes kosten 67 €. Dazu kauft sie 3 verschiedene Sechser-Packs mit Spikes-Nägeln.
Jeder Sechser-Pack kostet 1,99 €.
Außerdem braucht sie 2 Trikots zu je 17 € und einen neuen Trainingsanzug für 33 €.
Wie viel € kostet ihre neue Ausrüstung?

7. Rechne vorteilhaft. Beachte das Verbindungsgesetz und das Vertauschungsgesetz und die Regeln über mehrfaches Subtrahieren und Dividieren.

a. $627 + 63 + 27$
$637 + 173 + 189$
$148 + 346 + 252$

b. $5 \cdot 51 \cdot 20$
$4 \cdot 25 \cdot 73$
$125 \cdot 43 \cdot 8$

c. $3600 : (360 : 24)$
$5454 : 9 : 6$
$4800 : 32$

d. $428 + 237 + 372 + 563$
$1547 - (698 + 447)$
$12 \cdot 25 \cdot 5 \cdot 4 \cdot 7$

e. $578 - (287 + 173)$
$2537 - 237 - 398$
$568 + 573 - (368 + 473)$

f. $5749 + 13347 + 4251$
$125 \cdot 734 \cdot 80$
$6433 + 4819 + 3567 + 5181$

8. Die Klassen 5a (24 Kinder), 5b (23 Kinder), 5c (26 Kinder) und 5d (22 Kinder) der Brüder-Grimm-Schule fahren gemeinsam auf Klassenfahrt. Jedes Kind muss 63 € bezahlen. Herr Scholz, der für alle Klassen das Geld einsammelt, zählt in seiner Kasse 5229 €.
Wie viele Kinder müssen noch bezahlen?

9. Schreibe den Term und berechne ihn.
a. Multipliziere die Differenz der Zahlen 87 und 63 mit der Summe der Zahlen 17 und 23.
b. Subtrahiere von der Differenz der Zahlen 738 und 169 das Produkt der Zahlen 26 und 7.
c. Multipliziere die Summe der Zahlen 69 und 75 mit der Differenz der Zahlen 638 und 579.
d. Subtrahiere vom Produkt der Zahlen 79 und 87 die Summe der Zahlen 158 und 267.
e. Multipliziere den Quotienten der Zahlen 924 und 84 mit der Differenz der Zahlen 937 und 842.
f. Subtrahiere von der Summe der Zahlen 385 und 427 das Produkt der Zahlen 12 und 15, und multipliziere diese Differenz mit dem Quotienten der Zahlen 156 und 12.

10. Bestimme die Lösungsmenge. $G = \{1, 2, 3, 4, 5, 6\}$.

a. 30 ist durch x teilbar.
b. $3 \cdot y$ ist eine zweistellige Zahl.
c. $4 \cdot z$ liegt zwischen 15 und 25.
d. $5 \cdot x$ ist eine gerade Zahl.
e. $50 + 3 \cdot x$ ist durch 4 teilbar.
f. $50 - 4 \cdot y$ ist durch 3 teilbar.

11. Bestimme die Lösungsmenge. $G = \{1, 2, 3, 4, 5, 6, 7, 8, 9\}$.

a. $4 \cdot x = 20$
b. $4 + y < 10$
c. $5 \cdot x > 20$
d. $3 \cdot z + 50 = 20$
e. $20 + 3 \cdot x < 50$
f. $35 - 3 \cdot z = 20$

12. a. $y + 17 = 25$
b. $9 \cdot z = 72$
c. $x - 12 = 24$
d. $25 - x = 12$
e. $x : 4 = 9$
f. $48 : x = 8$
g. $x + 12 < 21$
h. $x \cdot 7 < 50$
i. $z \cdot 5 > 73$
j. $7 + z > 19$
k. $4 \cdot y > 30$
l. $x - 8 > 12$

Geometrische **Körper** und **Figuren**

Hast du dir schon mal Salz aus der Nähe angeschaut? Es besteht aus kleinen Kristallen. Mit einer Lupe kann man entdecken, dass jedes Salzkorn die Form eines *Würfels* hat.

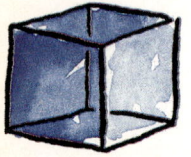

Der Würfel ist ein Körper mit einem besonders gleichmäßigen Aufbau. Seine Seitenflächen sind sechs Quadrate. Solche gleichmäßigen Körper nennt man auch *Platonische Körper*. Dieser Name geht auf den griechischen Philosophen Platon zurück, der diese Körper bereits kannte.

Neben dem Würfel gibt es noch andere Platonische Körper. Sie sind auf dieser Seite zu sehen. Das *Tetraeder* besteht aus vier gleichmäßigen Dreiecken. Der Name Tetraeder kommt aus dem Griechischen und heißt so viel wie „Vier-Flächen-Körper". Dann gibt es noch das *Oktaeder* (Acht-Flächen-Körper), das *Dodekaeder* (Zwölf-Flächen-Körper) und das *Ikosaeder* (Zwanzig-Flächen-Körper).

1. Würfel
2. Tetraeder
3. Oktaeder
4. Dodekaeder
5. Ikosaeder

- Kannst du erklären, was das Besondere an diesen Körpern ist?

- Außer dem normalen Würfel gibt es noch andere Spielsteine, mit denen man würfeln kann. Kannst du dir vorstellen, warum es gerade diese Formen sind?

Körper – Ecken, Kanten, Flächen

Betrachte die Gegenstände im Bild oben. Du kannst diese Gegenstände auf verschiedene Weise sortieren, zum Beispiel nach dem Verwendungszweck.
Nenne weitere Möglichkeiten.

1. Sortiere die Gegenstände im Bild oben nach ihrer Form.

Aufgabe

Lösung
Beim Sortieren nach der Gestalt erhältst du die folgende Einteilung:

Quader	Kugeln	Kegel	Zylinder	Pyramiden

In der Mathematik nennt man Gegenstände, wie sie im Bild dargestellt sind, einheitlich **Körper.**
Bei der Unterscheidung der Körper interessiert man sich hier für die *Form*, nicht aber z. B. für die Farbe, das Material und das Gewicht.

---

2. a. Welche der oben abgebildeten Körper kann man nur rollen, welche nur schieben, welche rollen und auch schieben?

b. Welche der abgebildeten Körper besitzen nur ebene Begrenzungsflächen, welche nur gewölbte Flächen, welche ebene und auch gewölbte Flächen?

Zum Festigen und Weiterarbeiten

3. Im Bild siehst du ägyptische Pyramiden.

  a. Weißt du, welche Bedeutung diese Bauwerke hatten? Wenn nicht, versuche es herauszufinden (z. B. im Lexikon).

  b. Von wie vielen Flächen wird eine solche Pyramide begrenzt?

4. Fülle die Tabelle aus.

Körper	Anzahl der Ecken	Anzahl der Kanten	Anzahl der Flächen
Quader			
Pyramide			
Zylinder			
Kegel			
Kugel			

5. Im Bild siehst du ein *Kantenmodell* einer Pyramide; sie steht auf einer dreieckigen Fläche.

  a. Fertige aus Trinkhalmen oder aus Stricknadeln und aus Plastilin ein solches Kantenmodell an.
  Wie viele Trinkhalme bzw. Stricknadeln benötigst du?

  b. Wie viele Kanten stoßen in jeder Ecke zusammen?

  c. Von welchen Körpern kann man kein Kantenmodell herstellen?

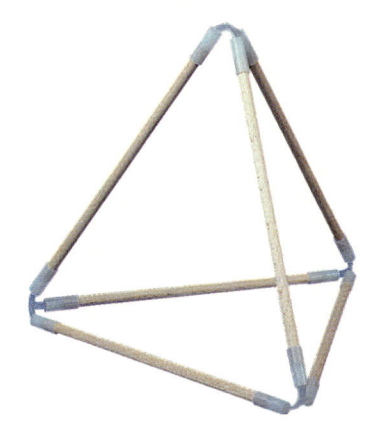

6. a. Aus 5 cm langen Drahtstücken soll das Kantenmodell einer Pyramide wie in Aufgabe 5 hergestellt werden. Wie lang muss der Draht insgesamt sein?

  b. Aus einem 42 cm langen Draht soll das Kantenmodell einer Pyramide mit gleich langen Kanten hergestellt werden. Wie lang ist dann jede Kante?

Information

Körper werden von **Flächen** begrenzt; sie können eben oder gewölbt sein.
Aneinander stoßende Flächen bilden eine **Kante**; Kanten können gerade oder gekrümmt sein.
Aufeinander treffende Kanten bilden eine **Ecke.**

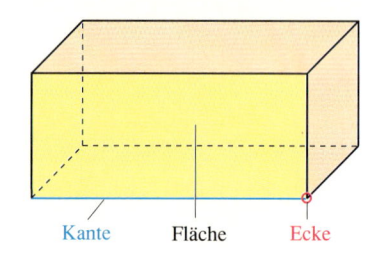

7. Sammelt Gegenstände, z. B. Geschenkverpackungen, die **Teamarbeit**
(1) Würfel, (2) Quader, (3) Pyramiden, (4) Zylinder, (5) Kegel, (6) Kugeln sind.
Wenn ihr keine geeigneten Gegenstände findet, könnt ihr auch welche basteln.
Markiert an den Körpern mit Farbstiften die Flächen mit gelb, die Kanten mit blau und die Ecken mit rot.
Die schönsten Exemplare könnt ihr im Klassenraum ausstellen.

8. Was für ein Körper ist ein Geldstück, ein Geldschein, ein langes gerades Stück Draht? **Übungen**

9. Im Bild siehst du das Kantenmodell eines Quaders.
  a. Fertige aus Trinkhalmen ein solches Kantenmodell an.
  Wie viele Trinkhalme benötigst du?
  b. Wie viele Kanten stoßen an jeder Ecke zusammen?
  c. Wie viele Kanten sind jeweils gleich lang?
  d. Das Modell soll aus Draht hergestellt werden.
  Wie viel cm Draht benötigst du?

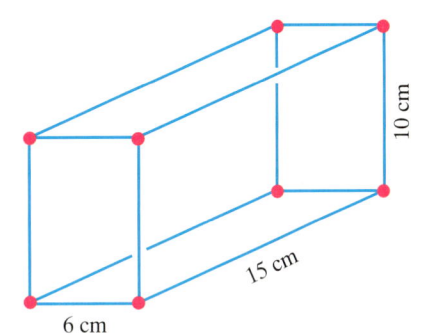

10. Es soll aus Draht ein Kantenmodell eines Würfels mit der Kantenlänge 5 cm hergestellt werden.
  a. Wie viele Drahtstücke werden benötigt?
  b. Wie lang muss der Draht insgesamt sein?

11. Miss die Kantenlängen
  a. einer Streichholzschachtel;
  b. eines Schranks;
  c. eines Zimmers.
  Wie lang sind alle Kanten zusammen?

12. Einen Körper kannst du als „Stempel" benutzen.
Zu welchem Körper kann der Stempelabdruck gehören?

Strecken und Vielecke – Koordinatensystem
Strecken, Punkte, Länge einer Strecke

Aufgabe

1. Sarahs Mutter fliegt mit einem Lufttaxi von Hamburg nach München. Sie kann zwischen zwei Flugrouten wählen:
(1) Hamburg – Köln – Stuttgart – München;
(2) Hamburg – Leipzig – Nürnberg – München.
Welche der beiden Flugrouten ist die kürzere?

Lösung

Miss mit dem Lineal auf der Karte die Längen der vorkommenden Strecken.
Berechne dann die Länge der Streckenzüge.
(1) Hamburg – Köln – Stuttgart – München
    24 mm + 20 mm + 13 mm   = 57 mm
(2) Hamburg – Leipzig – Nürnberg – München
    23 mm + 16 mm + 10 mm   = 49 mm

Ergebnis: Die Route über Leipzig ist die kürzere.

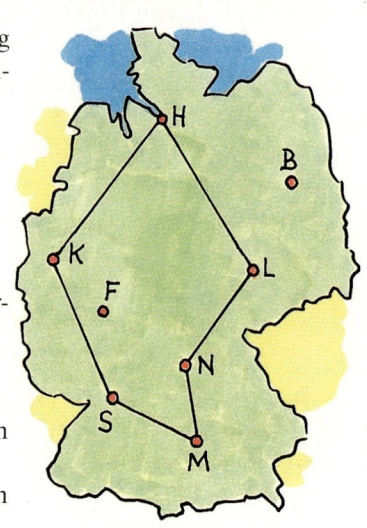

Information

Auf der Landkarte oben sind die Städte als *Punkte* markiert und die Flugrouten als geradlinige und damit kürzeste Verbindungslinien zwischen zwei Städten. Eine solche geradlinige Verbindungslinie zwischen zwei Punkten nennt man *Strecke*.

Die *geradlinige* Verbindungslinie zweier Punkte A und B nennt man die **Strecke** mit den **Endpunkten** A und B. Wir bezeichnen sie mit $\overline{AB}$.

Die **Länge** der Strecke messen wir mit den Lineal.

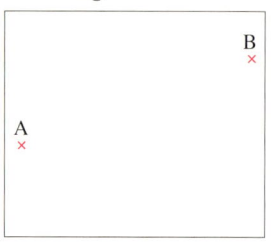

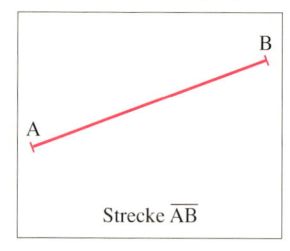

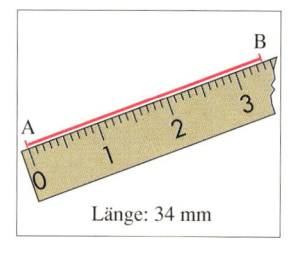

Strecke $\overline{AB}$ Länge: 34 mm

Die Länge der Strecke beträgt 34 mm (3 cm 4 mm).

Punkte und Strecken findet man auch an Körpern. Die Ecken eines Körpers sind Punkte, die *geraden* Kanten sind Strecken.

Zum Festigen und Weiterarbeiten

2. a. Nenne Körper, deren Kanten Strecken sind. Nenne ebenso Körper, deren Kanten keine Strecken sind.

b. Nimm einen quaderförmigen Gegenstand. Zeichne Strecken, die genauso lang sind wie die Kanten des Quaders. Benutze dazu die Kanten des Quaders als Lineal.

c. Nimm die Körper aus Aufgabe 7 von Seite 95. Miss die einzelnen Kanten (Strecken). Schätze zunächst.

3. Schätze zunächst die Länge der Strecke. Miss dann die Streckenlänge mit dem Lineal. Fülle die Tabelle aus.
Zeichne die Strecken auch in dein Heft.

Strecke	$\overline{AB}$	$\overline{CD}$	
Länge	3 cm	25 mm	

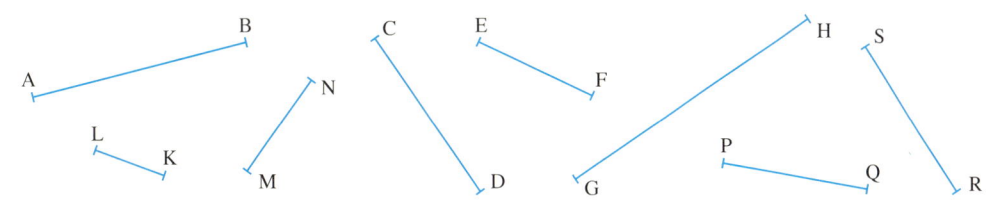

4. Zeichne zwei Strecken mit der angegebenen Länge. Lass deinen Nachbarn die Strecken nachmessen.

	a.	b.	c.	d.	e.	f.	g.
Strecke	$\overline{AB}$	$\overline{GH}$	$\overline{CD}$	$\overline{KL}$	$\overline{OP}$	$\overline{RS}$	$\overline{EF}$
Länge	5 cm	6 cm	4 cm 7 mm	7 cm 5 mm	37 mm	59 mm	124 mm

5. a. Zeichne die Punkte A, B, C, D in dein Heft. Zeichne alle Verbindungstrecken. Wie viele gibt es?

b. Fülle die Tabelle aus.

Anzahl der Punkte	2	3	4	5	6	7	8
Anzahl der Strecken							

c. Welche Gesetzmäßigkeit kannst du in Teilaufgabe b. ablesen?
Setze die Zahlenfolge fort.

6. a. 1 cm auf der Karte (S. 96) entsprechen 150 km in der Wirklichkeit. Wie lang sind die beiden Flugrouten?

b. Bestimme die jeweilige Luftlinien-Entfernung zwischen zwei Städten. Ergänze die *Entfernungstabelle* (siehe dazu auch Seite 41) und trage die Entfernungen in km ein.

	L	H	K	M	N
L	–				
H		–			
K			–		
M				–	
N					–

7. Eine Gruppe misst mit einem Metermaß (Bandmaß) Strecken ab

a. im Klassenraum (z. B. von der Tafel zu eurer Tischkante);

b. auf dem Schulhof (z. B. der kürzeste Weg von dem Gebäudeeingang zur Tischtennisplatte, zum Baum usw.)

Die andere Gruppe soll die Länge eurer gemessenen Strecken schätzen.
Wer hat am besten geschätzt?

Teamarbeit

Übungen

8. a. Übertrage die Punkte auf Karopapier und zeichne alle Verbindungsstrecken ein.

b. Lege eine Entfernungstabelle für (1) an.

	A	B	C	D
A	–			
B		–		
C			–	
D				–

c. Lege auch eine Entfernungstabelle für (2) an.

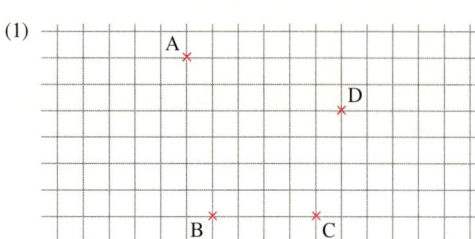

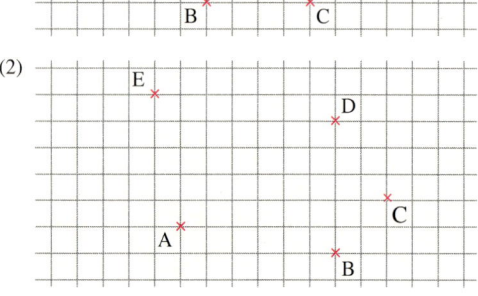

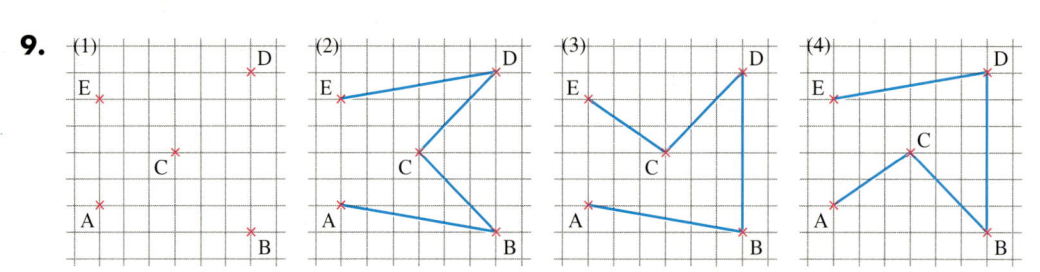

9. In einem Garten stehen fünf Wäschepfähle A, B, C, D und E (Bild 1). Eine Leine wird vom Pfahl A über die Pfähle B, C und D zum Pfahl E gespannt. (Jeder Pfahl wird nur einmal benutzt.)

a. Zeichne den Streckenzug in dein Heft auf Karopapier und bestimme die Längen der Strecken.
(Wähle 1 cm in deiner Zeichnung für 1 m im Garten.)

b. In welchem der drei Fälle (2) bis (4) ist die Wäscheleine am längsten [am kürzesten]?

c. Zeichne drei weitere Möglichkeiten für die Leine. Sie darf sich jetzt auch überkreuzen.

10. Die fünf Punkte A bis E aus Aufgabe 8 Abbildung (2) seien Städte auf einer Landkarte. Ein Flugzeug fliegt von B nach E. Es soll in A, D und C zwischenlanden.
Welche Flugmöglichkeiten gibt es? Welches ist der kürzeste Weg?

Zum Knobeln

▲11.

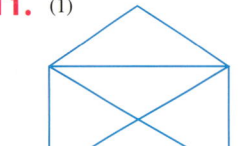

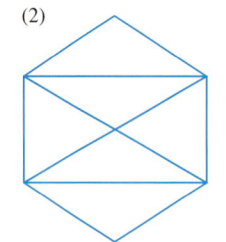

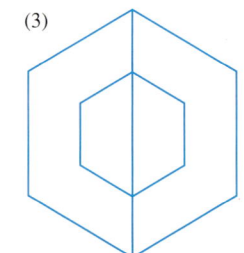

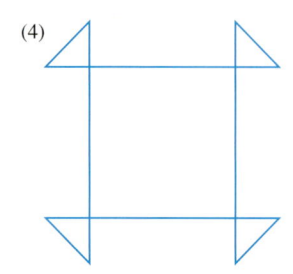

Die Figur (1) kann man zeichnen ohne abzusetzen und ohne eine Strecke zweimal zu durchlaufen. Versuche es. Sprich dazu: „Das ist das Haus vom Ni–ko–laus."
Versuche es auch mit den Figuren (2), (3) und (4).

Vielecke

1. Eine mit jungen Fichten bepflanzte Schonung im Wald soll eingezäunt werden. Die Punkte A, B, C, D und E markieren die Eckpfähle.

Aufgabe

a. Übertrage die Punkte in dein Heft und zeichne den Zaun ein. Färbe die bepflanzte Fläche.

b. Wie lang wird der Zaun? (1 mm in der Zeichnung sind 1 m in der Wirklichkeit).

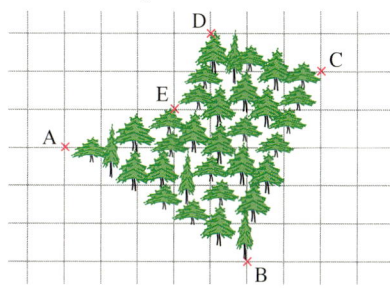

Lösung

a.

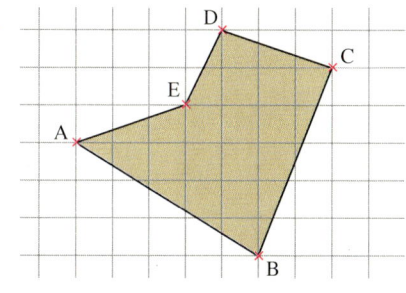

b.

Strecke	Länge
$\overline{AB}$	29 m
$\overline{BC}$	27 m
$\overline{CD}$	16 m
$\overline{DE}$	11 m
$\overline{EA}$	16 m
Länge des Zaunes	99 m

Information

Eine Fläche, die von Strecken begrenzt wird, heißt **Vieleck.**
Ein Dreieck hat drei **Eckpunkte,** ein Viereck hat vier Eckpunkte, ein Fünfeck hat fünf Eckpunkte usw.
Wir bezeichnen ein Vieleck mithilfe der Eckpunkte, z. B. ein Fünfeck mit ABCDE.
Die begrenzenden Strecken heißen **Seiten** des Vielecks.
Die Summe aller Seitenlängen ergibt den **Umfang** des Vielecks.

---

2. Welche Fläche ist ein Dreieck, ein Viereck, ein Fünfeck? Vergleiche die Anzahl der Eckpunkte mit der Anzahl der Seiten. Bestimme auch den Umfang der Vielecke. Bezeichne vorher die Eckpunkte.

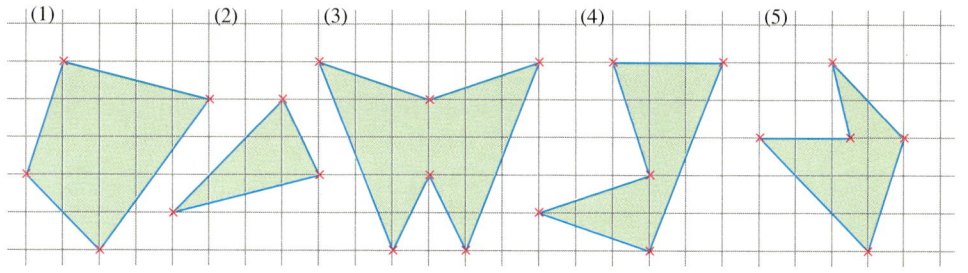

Zum Festigen und Weiterarbeiten

3. a. Jede Verbindungsstrecke von zwei Eckpunkten, die keine Seite des Vielecks ist, heißt **Diagonale** des Vielecks.
Was fällt dir bei der Diagonalen $\overline{AC}$ des Vierecks ABCD auf?

b. Fülle die Tabelle aus.

c. Setze die Tabelle fort.

Zahl der Ecken	3	4	5	6	7
Zahl der Diagonalen					

4. Manche Körper werden von ebenen Flächen begrenzt.
Um was für Vielecke handelt es sich bei diesen Körpern?

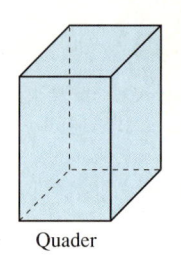

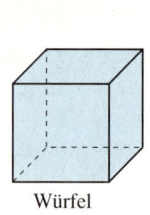

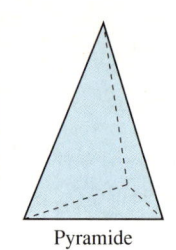

Quader   Würfel   Pyramide

Übungen

5. Bestimme den Umfang des Vielecks.

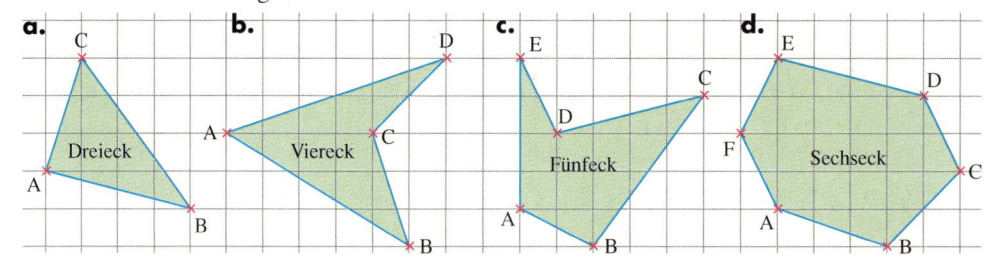

a. Dreieck   b. Viereck   c. Fünfeck   d. Sechseck

6. a. Zeichne das angegebene Vieleck. Benutze die Punkte rechts. Bestimme auch den Umfang.
  (1) Dreieck ECB
  (2) Viereck FABE
  (3) Viereck ADBF
  (4) Fünfeck ACBEF
  (5) Fünfeck FEDBA
  (6) Sechseck ADBECF

b. Übertrage die Punkte D, C, E und F auf Karopapier.
Wie viele Vierecke kannst du zeichnen?

7. Zeichne in die Vielecke von Übungsaufgabe 6 jeweils alle inneren Diagonalen ein.

8. Zeichne ein Viereck, in dem
  a. beide Diagonalen im Inneren liegen;   **b.** nur eine Diagonale im Inneren liegt.

9. Zeichne ein Fünfeck, bei dem möglichst wenige Diagonalen im Inneren liegen.

Vielecke im Koordinatensystem

Wo haben die Bankräuber das Geld versteckt? Auf einem Notizzettel fand die Polizei den Hinweis:
Jägerstand (J), 50 m Ost – 30 m Nord
Kurze Zeit später fand sie das Versteck.

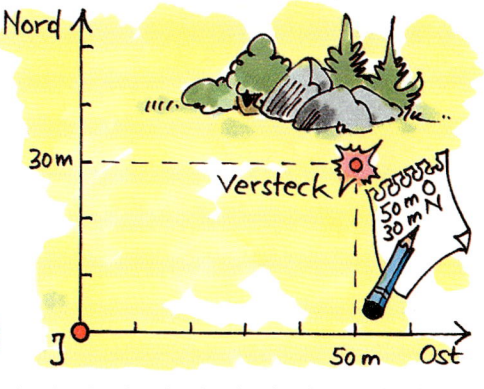

Entsprechend kann man die Gitterpunkte eines Quadratgitters durch zwei natürliche Zahlen festlegen.
Beispiel: Der Punkt A wird durch das Zahlenpaar (5|3) festgelegt. Man schreibt: A(5|3). Man gelangt von O aus nach A, indem man 5 Schritte nach rechts und 3 Schritte nach oben geht.

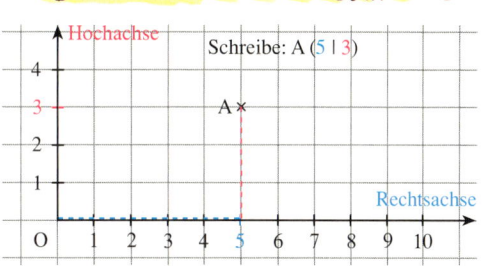

Information

Koordinatensystem

Ein Zahlenstrahl ist als **Rechtsachse** gezeichnet; der zweite Zahlenstrahl nach oben heißt **Hochachse**. Beide beginnen im gemeinsamen Nullpunkt und sind senkrecht zueinander.
Auf der Rechtsachse kann man die **Rechtswerte** ablesen, auf der Hochachse die **Hochwerte**. Mit solchen Werten kann man die Lage eines Punktes genau festlegen.

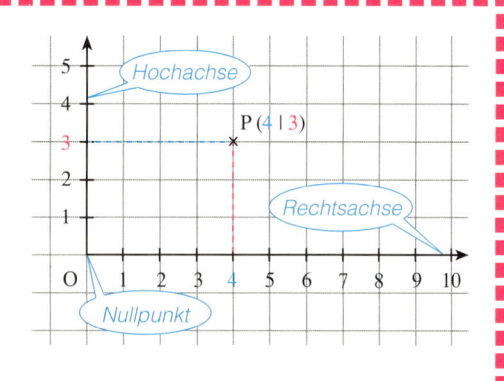

Beispiel: Der Punkt P hat den Rechtswert 4 und den Hochwert 3.
Man schreibt: P(4|3).

Rechtswert und Hochwert nennt man auch **Koordinaten** und beide Achsen zusammen **Koordinatensystem.**

---

1. Lies für jeden Punkt die beiden Koordinaten ab und notiere ihn mit seinen Koordinaten, z.B. G(7|2).

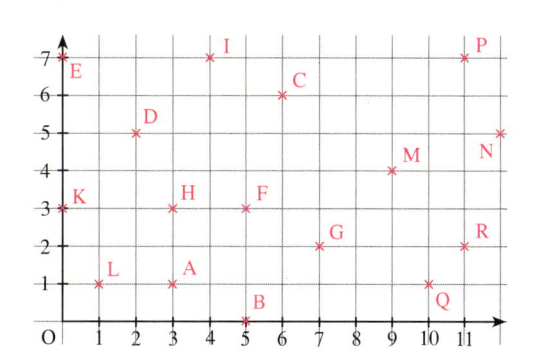

Zum Festigen und Weiterarbeiten

2. a. Trage die Punkte in ein Koordinatensystem ein. Verbinde die Punkte der Reihe nach zu einer Figur.

A(0|0); B(3|2); C(6|0); D(4|3); E(6|6); F(3|4); G(0|6); H(2|3)

b. Denke dir eine schöne Figur im Koordinatensystem aus. Gib die Koordinaten ihrer Eckpunkte so an, dass dein Nachbar die Figur zeichnen kann.

3. Zeichne in ein Koordinatensystem das Viereck ABCD mit den angegebenen Punkten.

a. A(1|6); B(6|2); C(8|5); D(5|8) **b.** A(1|1); B(5|4); C(8|2); D(3|8)

4. Lies die Koordinaten der Eckpunkte des Vielecks ab. Schreibe z. B. A(1|4).

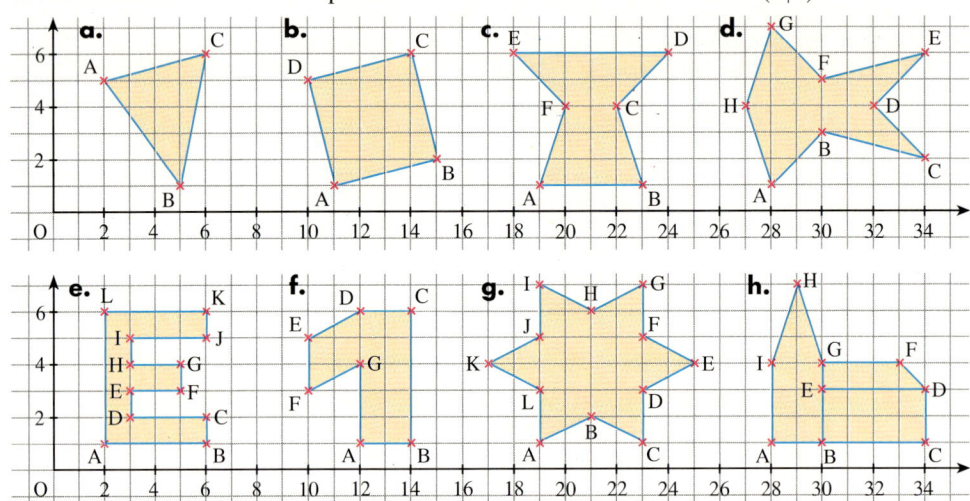

Übungen

5. Notiere jeden Eckpunkt des Vielecks mithilfe seiner Koordinaten.

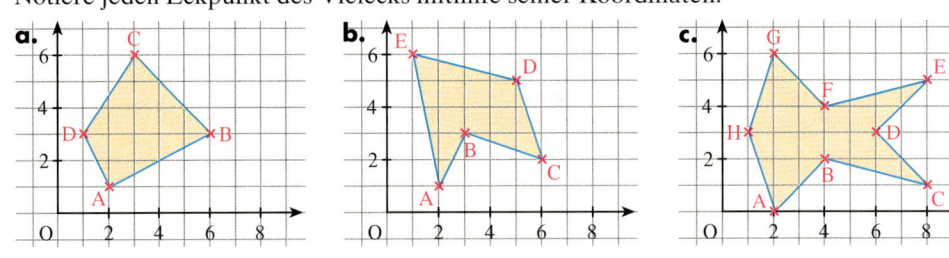

6. Trage die Punkte in ein Koordinatensystem ein. Verbinde sie dann der Reihe nach zu einer Figur.

a. A(5|0); B(6|4); C(10|5); D(6|6); E(5|10); F(4|6); G(0|5); H(4|4);

b. A(0|0); B(2|0); C(3|1); D(8|1); E(8|0); F(10|2); G(8|4); H(8|3);
K(3|3); L(2|4); M(0|4); N(2|2)

c. A(4|0); B(5|3); C(8|3); D(6|5); E(8|7); F(5|7); G(4|10); H(3|7);
K(0|7); L(2|5); M(0|3); N(3|3)

d. A(0|9); B(2|10); C(4|7); D(8|6); E(12|8); F(10|5); G(8|4); H(7|0);
I(6|4); J(5|4); K(2|0); L(3|4); M(1|9)

7. Zeichne die Strecke $\overline{AB}$, markiere den Mittelpunkt M und lies seine Koordinaten ab.

a. A(5|8); B(11|4) **b.** A(2|0); B(6|8) **c.** A(9|3); B(1|1) **d.** A(5|5); B(1|1)

Geraden – Beziehungen zwischen Geraden

Geraden

Wenn du ein Zeichenblatt faltest, entsteht eine *Faltlinie*. Eine Faltlinie ist eine *gerade* Linie; du kannst sie deshalb mit Lineal und Bleistift von Rand zu Rand nachzeichnen. Zwei Faltlinien können sich auf dem Zeichenblatt schneiden (kreuzen), müssen aber nicht.

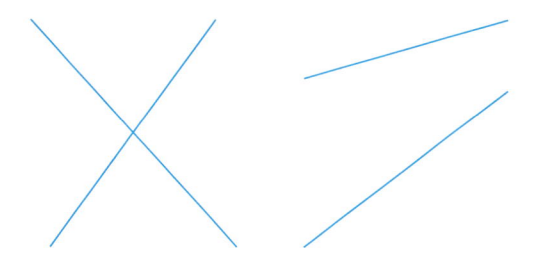

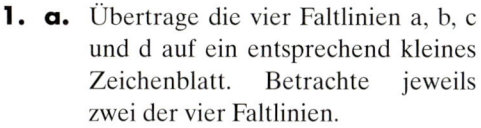

Aufgabe

1. a. Übertrage die vier Faltlinien a, b, c und d auf ein entsprechend kleines Zeichenblatt. Betrachte jeweils zwei der vier Faltlinien.
Welche der Faltlinien *schneiden* (kreuzen) sich auf dem Zeichenblatt?
Markiere jeweils den *Schnittpunkt*.

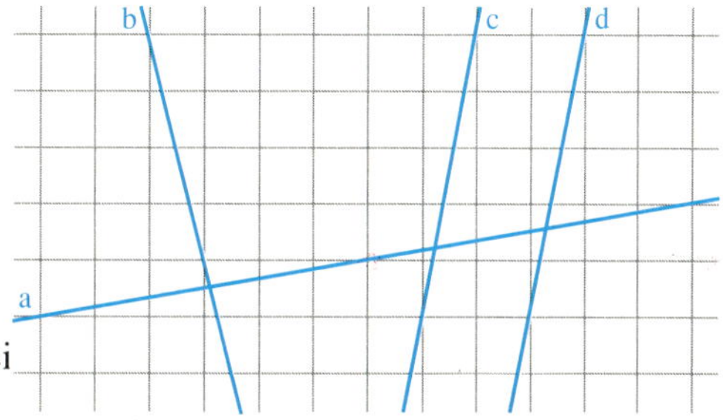

b. Lege nun das Zeichenblatt auf ein zweites, grösseres Zeichenblatt und verlängere die Faltlinien bis zu den Rändern.
Welche der vier Faltlinien schneiden sich außerhalb des ursprünglichen Blattes auf dem neuen Blatt?
Markiere jeweils den Schnittpunkt.

c. Denke dir nun das Zeichenblatt nach allen Seiten unbegrenzt fortgesetzt und damit auch die Faltlinien über die Ränder des Zeichenblattes hinaus beliebig verlängert.
Welche Faltlinien schneiden sich auch dann nicht?

Lösung

a. Die Faltlinien a und b schneiden sich im Punkt P.
Die Faltlinien a und c schneiden sich im Punkt Q.
Die Faltlinien a und d schneiden sich im Punkt R.

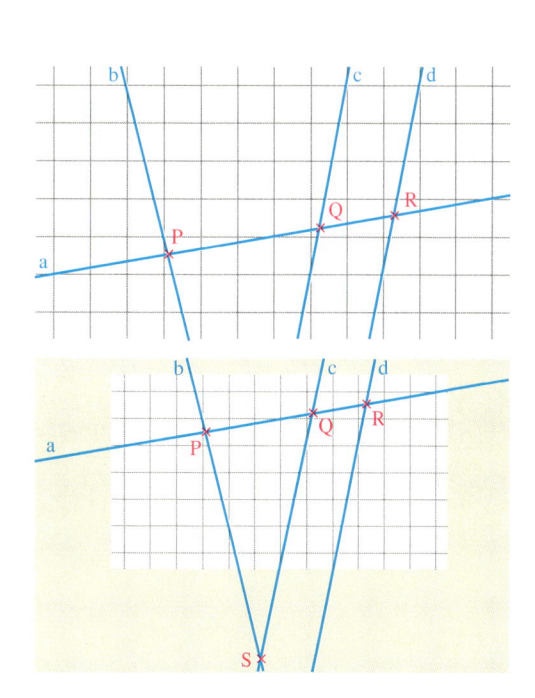

b. Die Faltlinien b und c schneiden sich jetzt im Punkt S. Die Faltlinien b und d schneiden sich nicht auf dem neuen Zeichenblatt; ebenso schneiden sich die Faltlinien c und d nicht.

c. Jetzt schneiden sich die Faltlinien b und d, aber die Faltlinien c und d schneiden sich auch außerhalb des neuen Zeichenblattes nicht, auch wenn man sich das Zeichenblatt nach allen Seiten fortgesetzt denkt.

Kapitel 4

Information

Eine gerade Linie, die man sich über das Zeichenblatt hinaus beliebig verlängert denkt, nennen wir **Gerade.** Geraden werden meist mit kleinen Buchstaben bezeichnet, z. B. mit g.

> **Strecken** und **Geraden** sind *gerade Linien.* Beachte aber den Unterschied zwischen einer *Strecke* und einer *Geraden.* 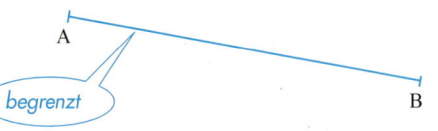 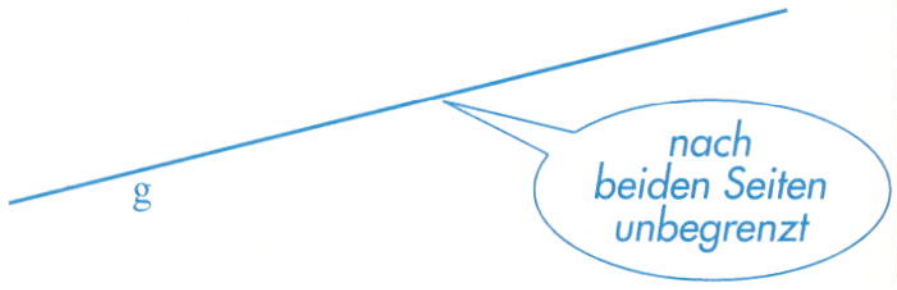
>
> A
> *begrenzt*   B   g   *nach beiden Seiten unbegrenzt*
>
> Eine *Strecke* hat stets *zwei Endpunkte.* Sie hat deshalb auch eine bestimmte Länge, die man mit dem Lineal messen kann.
>
> Eine *Gerade* hat *keine Endpunkte.* Sie hat deshalb keine Länge. Wir können immer nur ein Stück der Geraden zeichnen.

Zum Festigen und Weiterarbeiten

2. a. Wozu wird auf dem Bild die Schnur benutzt?

b. Wozu benutzt der Fliesenleger auf dem Bild die Schnur?

3. a. Welche der Punkte liegen auf einer Geraden? Prüfe mit dem Lineal.

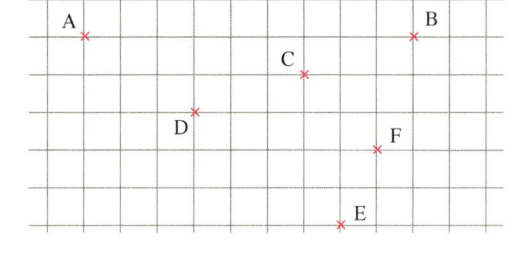

b. Zeichne fünf Punkte so, dass
(1) genau 3 Punkte,
(2) genau 4 Punkte,
(3) alle Punkte
auf einer Geraden liegen.

4. Zeichne die Punkte A, B, C in dein Heft. Zeichne nun zu jeweils zwei Punkten die **Verbindungsgerade;** das ist die Gerade, die durch beide Punkte geht. Wie viele Verbindungsgeraden gibt es zu den drei Punkten?

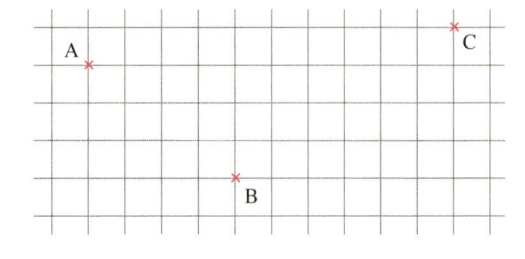

5. a. Zeichne zwei Geraden a und b und einen Punkt P.
P soll auf a und zugleich auf b liegen. Man sagt:
Die beiden Geraden schneiden sich im Punkt P.

b. Zeichne drei weitere Punkte Q, R und S.
Q soll auf a, aber nicht auf b liegen;
R soll auf b, aber nicht auf a liegen;
S soll weder auf a noch auf b liegen.

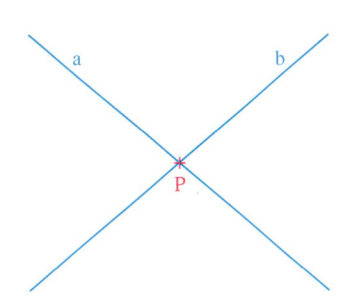

Information

Zu zwei Punkten A und B kann man immer die **Verbindungsgerade** zeichnen.
Wir bezeichnen sie mit AB oder BA.

Wir sagen:
Die Gerade g geht durch die Punkte A und B.
Oder: Die Punkte A und B liegen auf der Geraden g.

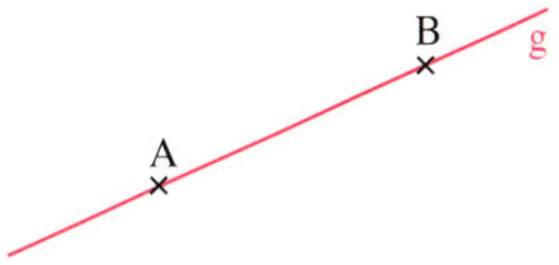

Übungen

6. Zeichne drei Geraden a, b und c.
   a. Alle drei Geraden sollen sich in einem Punkt schneiden.
   b. Es sollen insgesamt drei Schnittpunkte auf dem Zeichenblatt entstehen.
   c. Die Geraden a und b sollen sich in einem Punkt außerhalb des Zeichenblattes schneiden. Die Gerade c soll die Geraden a und b auf dem Zeichenblatt schneiden.

7. Zeichne vier Geraden a, b, c, d so, dass du
   a. drei,   **b.** vier,   **c.** fünf,   **d.** sechs   Schnittpunkte erhältst.

8. a. Markiere einen Punkt P. Zeichne mit einem spitzen Bleistift möglichst viele Geraden durch P.
   b. Wie viele Geraden kann man in Gedanken durch den Punkt P zeichnen?

9. Zeichne die Punkte in dein Heft. Zeichne alle Verbindungsgeraden. Schreibe die Namen an die Geraden.

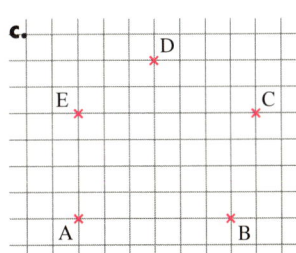

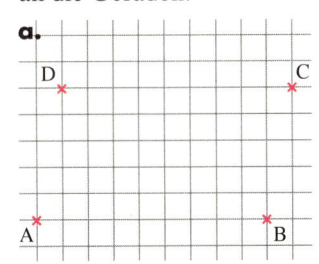

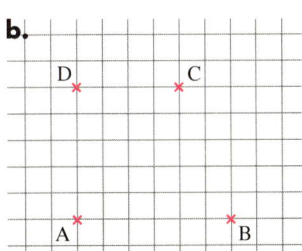

10. Markiere auf einer Geraden g fünf Punkte A, B, C, D und E. Zeichne nun einen weiteren Punkt P, der nicht auf g liegt.
Zeichne die Verbindungsgeraden von P mit den fünf Punkten.

11. Zeichne in ein Koordinatensystem die Punkte A(3|2), B(13|4), C(15|10) und D(5|12).
Zeichne alle Verbindungsgeraden.
In welchem Punkt schneidet die Gerade DB die Rechtsachse?

Zueinander senkrechte Geraden

Information

Nimm ein Zeichenblatt und falte es zweimal wie im folgenden Bild angegeben.
Die beiden Faltlinien bestimmen zwei Geraden, nenne sie g und h.
Lege dein Geodreieck wie im Bild an die Faltlinien. Suche noch andere Möglichkeiten zum Anlegen des Geodreiecks.

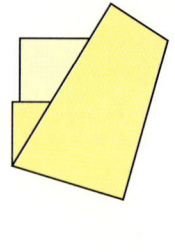

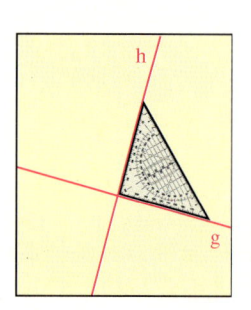

> Die Geraden g und h stehen **senkrecht** aufeinander. Man schreibt: $g \perp h$.
> Mit dem Geodreieck kann man zueinander senkrechte Geraden zeichnen:
>
> *rechtwinklig*

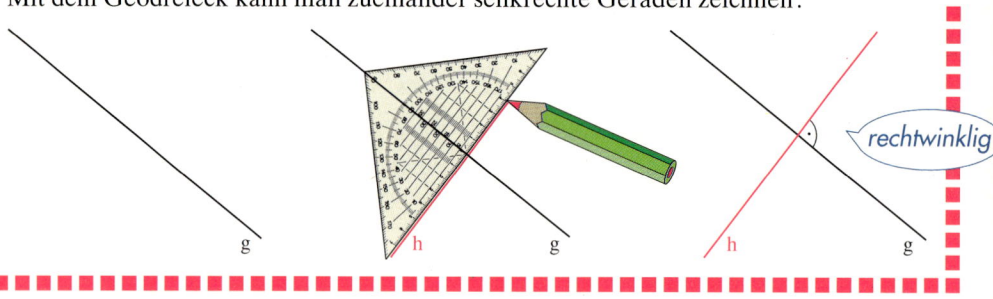

Zum Festigen und Weiterarbeiten

1. Prüfe mit dem Geodreieck, ob die Geraden a und b senkrecht zueinander sind.

   a.   b.   c.

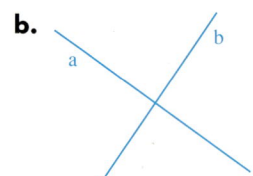

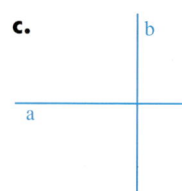

2. Julias Vater benutzt einen Anschlagswinkel (siehe Bild). Wozu?

3. *Gehe auf Entdeckungsreise:* Gib im Klassenraum gerade Linien an, die zueinander senkrecht sind.
   Überprüfe das mit einem Tafelgeodreieck oder einem Anschlagwinkel.

4. Zeichne eine Gerade a. Zeichne nun mithilfe des Geodreiecks weitere Geraden b, c und d, die zur Geraden a senkrecht sind.

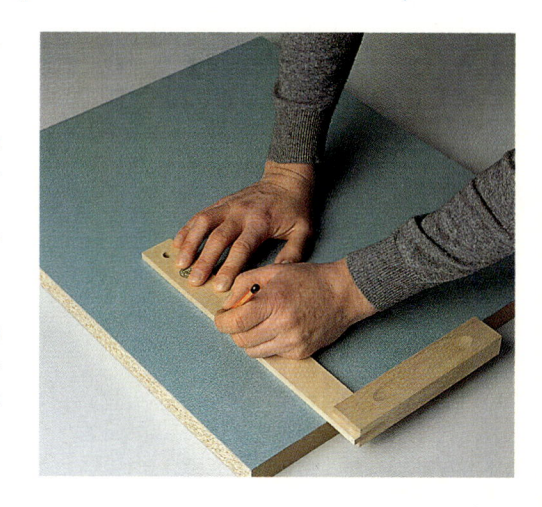

5. Zeichne eine Gerade g und einen Punkt P, der nicht auf der Geraden g liegt. Zeichne nun die Gerade, die durch P geht und zu g senkrecht ist; nenne sie h.

> Man nennt die Gerade h die **Senkrechte** zu der Geraden g durch den Punkt P.

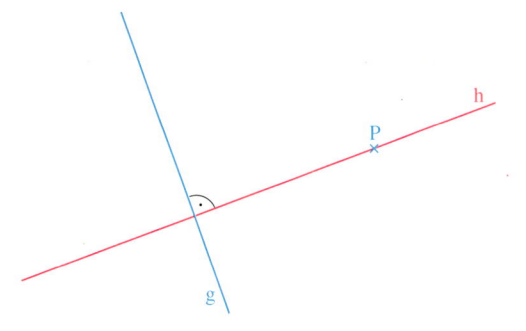

6. Prüfe, ob die Geraden senkrecht zueinander sind. Schreibe z. B. g ⊥ h

Übungen

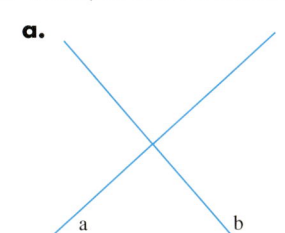

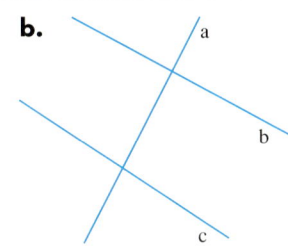

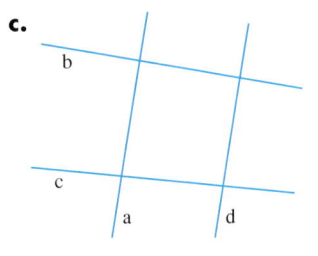

a.

b.

c.

7. Übertrage die Gerade g und die Punkte in dein Heft. Zeichne durch jeden Punkt eine Senkrechte zu g.

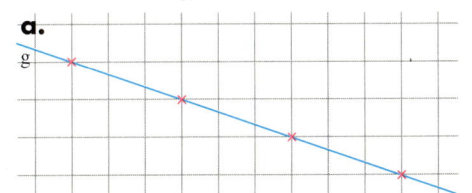

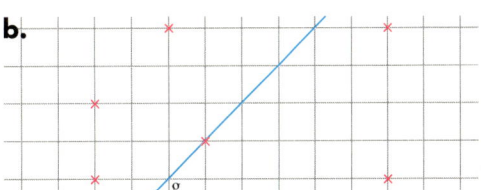

a.

b.

Abstand eines Punktes von einer Geraden

Das Grundstück von Swantjes Eltern liegt abseits der Straße. Es soll mit der Kanalisation verbunden werden. Der Abwasserkanal verläuft längs der Straße.
Wie wird man das Verbindungsrohr zweckmäßig verlegen?

1. Anstelle des Abwasserkanals ist eine Gerade g und anstelle des Hauses ein Punkt P gegeben.
Bestimme den **Abstand** (Länge der kürzesten Verbindung) des Punktes P von der Geraden g.

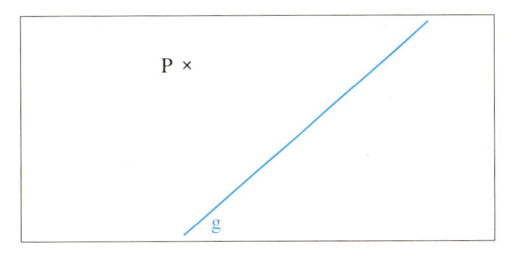

Aufgabe

Lösung

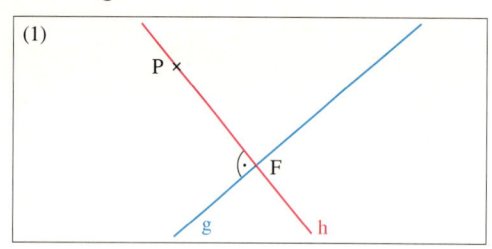

(1) Zeichne durch P die Senkrechte zur Geraden g; nenne sie h. Bezeichne den Schnittpunkt von g und h mit F.

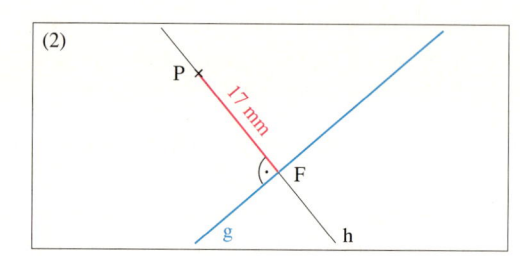

(2) Miss die Länge der Strecke $\overline{PF}$.

Ergebnis: Der Abstand des Punktes P von der Geraden g beträgt 17 mm.

Information

Die Gerade PF ist senkrecht zu g.

Die Strecke $\overline{PF}$ heißt das **Lot** von Punkt P auf die Gerade g. Es verbindet den Punkt P senkrecht mit der Geraden g und ist die kürzeste Verbindung des Punktes P mit der Geraden g.
Die Länge des Lotes heißt der **Abstand des Punktes P von der Geraden g**.

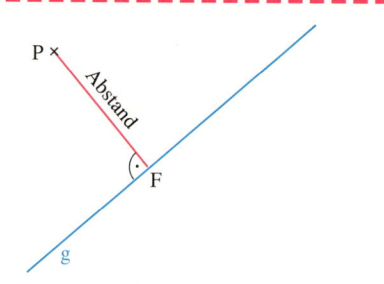

Zum Festigen und Weiterarbeiten

2. a. Bestimme die Abstände der Punkte von der Geraden g.

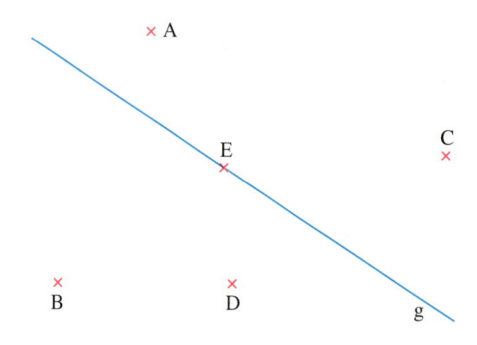

b. Zeichne eine Gerade g und einen Punkt A, der von der Geraden g den Abstand 3 cm hat. Benutze das Geodreieck wie folgt:

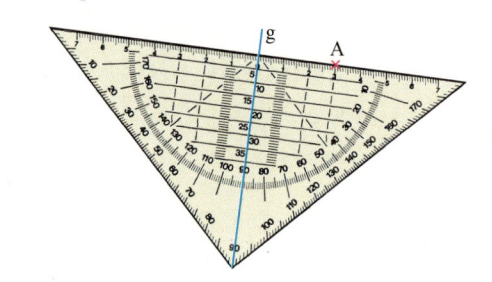

Übungen

3. Übertrage die Gerade g und die Punkte A, B, C, D, E in dein Heft. Bestimme die Abstände dieser Punkte von g.
Schreibe: A von g: 18 mm.

4. Zeichne eine Gerade g in dein Heft. Zeichne dann einen Punkt
  a. F, der von g den Abstand 35 mm hat;
  b. G, der von g den Abstand 48 mm hat;
  c. H, der von g den Abstand 52 mm hat;
  d. I, der von g den Abstand 8 mm hat.

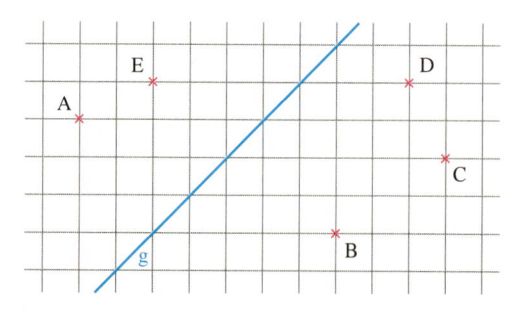

5. Zeichne in ein Koordinatensystem die Punkte A(1|3), B(8|10), C(2|9), D(11|5).
   a. Bestimme den Abstand des Punktes C von der Geraden AB.
   b. Bestimme den Abstand des Punktes D von der Geraden AB.
   c. Bestimme den Abstand des Punktes A von der Geraden CD.
   d. Bestimme den Abstand des Punktes B von der Geraden CD.

6. a. Zeichne ein Dreieck. Zeichne durch die drei Eckpunkte die Senkrechten zu den gegenüberliegenden Seiten. Was fällt dir auf?
   b. Übertrage in dein Heft. Bestimme die Abstände der drei Eckpunkte von den gegenüberliegenden Seiten.

(1) (2) (3)

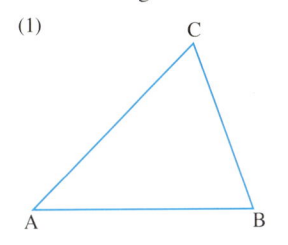

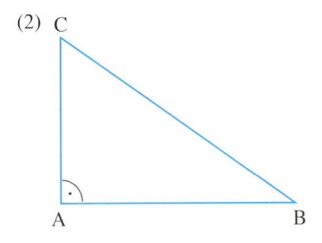

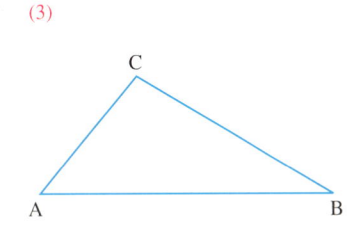

Zueinander parallele Geraden

Eine Gärtnerin will Johannisbeersträucher in zwei zueinander parallelen Reihen anpflanzen. Die Reihen sollen den Abstand 1,20 m haben. Dazu benutzt sie Pflöcke und Spannseile.
Beschreibe, wie sie das machen kann.

1. Gegeben ist eine Gerade g. Zeichne eine Gerade h, deren Abstand von der Geraden g überall 12 mm beträgt.   **Aufgabe**

Lösung

Es gibt zwei Möglichkeiten:
1. Möglichkeit   *2. Möglichkeit*

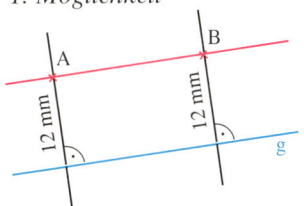

Zeichne zwei Punkte A und B, die von g jeweils einen Abstand von 12 mm haben.
Zeichne dann die gesuchte Gerade AB.

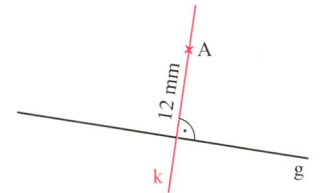

Zeichne zuerst einen Punkt A, dessen Abstand von g 12 mm beträgt.
Die Senkrechte zu g durch den Punkt A nenne k.

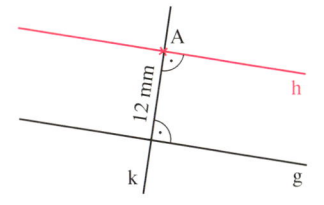

Zeichne dann die Senkrechte durch A zu k; nenne sie h. Die Gerade h ist die gesuchte Gerade.

Information

Zwei Geraden g und h, die überall denselben Abstand haben, nennt man **parallel** zueinander und schreibt: g ∥ h.
Zwei zueinander parallele Geraden schneiden sich nicht.
Sind zwei Geraden a und b *nicht* parallel zueinander, so schreibt man: a ∦ b

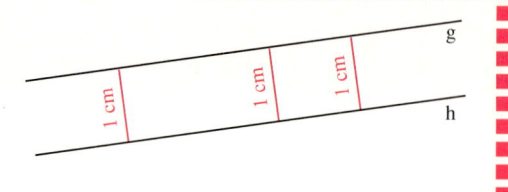

(1) Weitere Möglichkeiten zum Zeichnen
Die folgenden Abbildungen zeigen zwei weitere Verfahren.

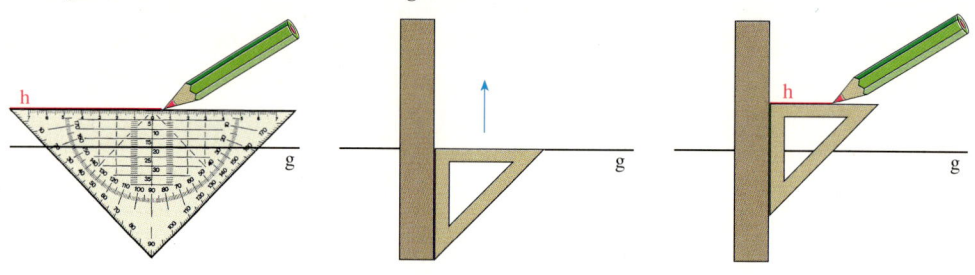

1. Möglichkeit   *2. Möglichkeit*

△ **(2) Jede Gerade ist zu sich selbst parallel**
△ Zwei parallele Geraden können im Grenzfall den Abstand null voneinander haben.
△ Dann fallen beide Geraden zu einer einzigen Geraden zusammen. Aus diesem Grunde sagt
△ man:
△ Jede Gerade ist zu sich selbst parallel.

Zum Festigen und Weiterarbeiten

2. Prüfe, ob die beiden Geraden a und b parallel zueinander sind.

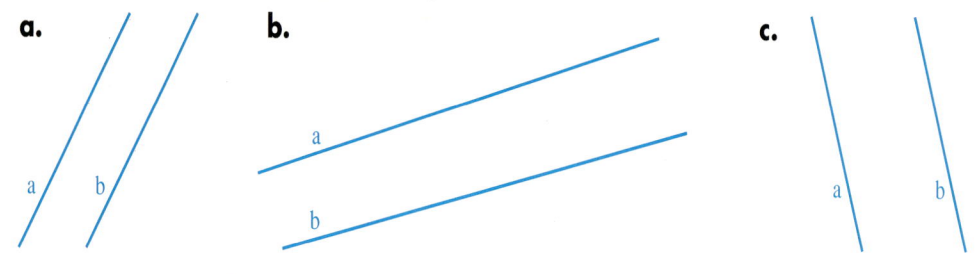

a.   **b.**   **c.**

3. *Gehe auf Entdeckungsreise:*
    a. Suche im Klassenraum gerade Linien, die zueinander parallel sind.
    b. Suche auf deinem Geodreieck zueinander parallele Linien. Bestimme ihren Abstand.

4. Zeichne zwei zueinander parallele Geraden, deren Abstand
    a. 15 mm,   **b.** 3 cm,   **c.** 2 cm 1 mm   beträgt.

5. a. Zeichne eine Gerade a. Zeichne nun zwei zu a senkrechte Geraden b und c.
      Wie liegen die Geraden b und c zueinander?
   b. Versuche zueinander parallele Geraden durch Falten herzustellen.

6. Gegeben sind eine Gerade g und ein Punkt P, der nicht auf g liegt. Zeichne diejenige Gerade, die zu g parallel ist und durch den Punkt P geht.
Löse die Aufgabe wie folgt:

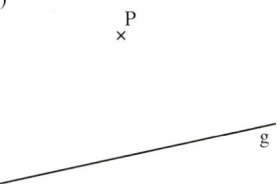

(1) Gegeben: g und P

(2) Zeichne die Senkrechte zu g durch P; nenne sie h.

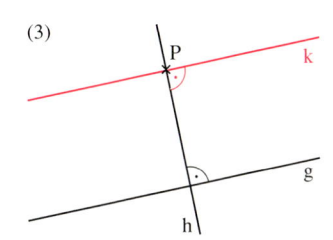

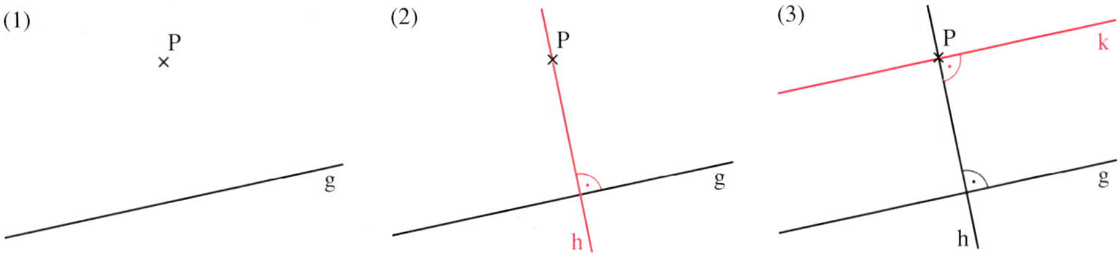

(3) Zeichne die Senkrechte zu h durch P; nenne sie k.

> Die Gerade k (im Bild (3)) ist die **Parallele** zu der Geraden g durch den Punkt P.

Übungen

7. Welche Strecken sind zueinander parallel?
a. 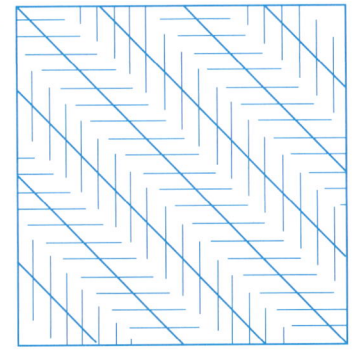
b.

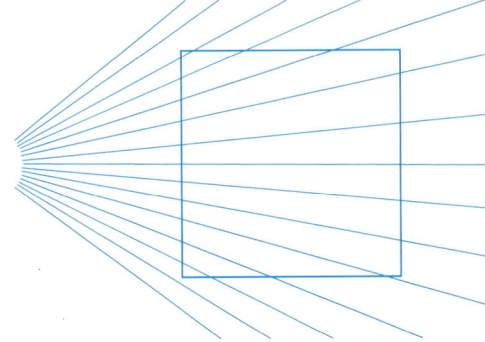

8. Prüfe, welche Geraden parallel zueinander sind. Schreibe z.B.: g ∥ h.
(1)
(2)
(3)

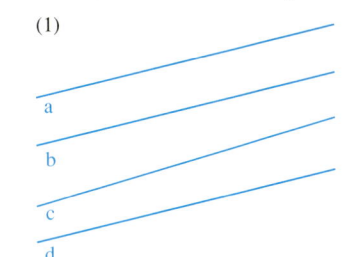

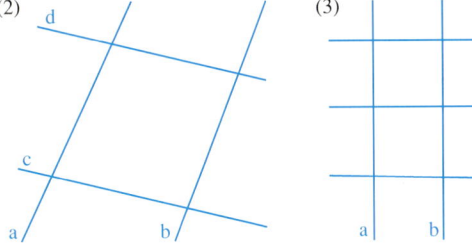

9. Prüfe mit dem Geodreieck und setze dann das Zeichen ∥ oder ∦ richtig ein.

a. e ☐ f
b. e ☐ c
c. a ☐ d
d. d ☐ b
e. f ☐ c
f. a ☐ b
g. e ☐ d
h. f ☐ a

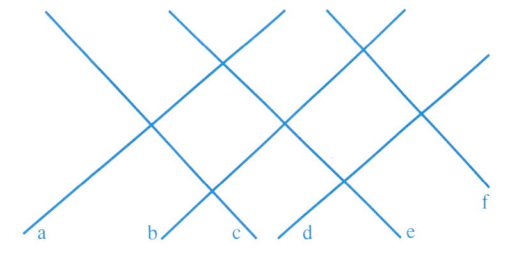

10. Zeichne in deinem Heft durch jeden der Punkte eine Parallele zur Geraden g.

11. Zeichne zwei zueinander parallele Geraden mit dem Abstand:
- **a.** 4 cm
- **b.** 3 cm
- **c.** 2 cm 1 mm
- **d.** 4 cm 7 mm
- **e.** 39 mm
- **f.** 52 mm

12. a. Zeichne einen Kreis (z. B. durch Umfahren eines 2-€-Stückes). Schraffiere ihn mit dem Geodreieck. Die Parallelen auf dem Geodreieck helfen dir dabei.

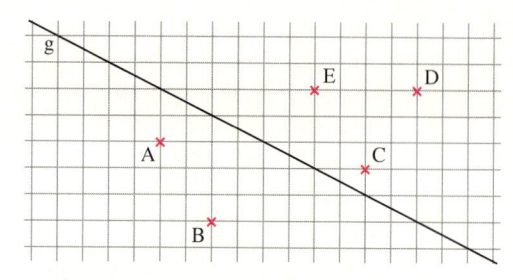

b. Zeichne ein Dreieck durch Umfahren deines Geodreiecks und schraffiere es mithilfe der Parallelen auf dem Geodreieck.

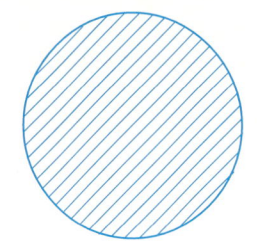

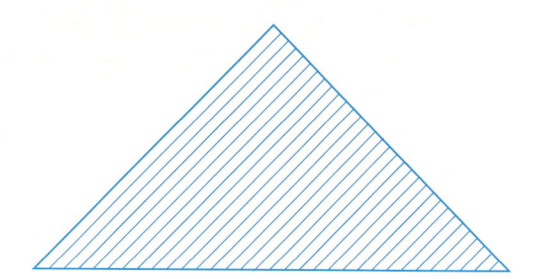

13. Zeichne die Figur auf unliniertem Papier mithilfe der Parallelen auf dem Geodreieck.

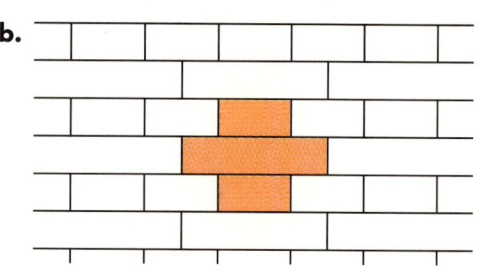

a.

b.

14. Zeichne auf ein unliniertes Blatt Papier eine Gerade g.
Zeichne nun eine Gerade h, die zu g parallel ist und den Abstand 1 cm hat.
Die nächste parallele Gerade soll zu h den Abstand 15 mm haben.
Zeichne weitere Geraden und vergrößere jeweils den Abstand um 5 mm.
Zeichne dann eine Gerade k, die zu g senkrecht ist.
Zeichne nun parallele Geraden zu k und vergrößere den Abstand wieder jeweils um 5 mm.
Du kannst das entstandene Muster farbig ausmalen.

15. Trage die Punkte in ein Koordinatensystem (Einheit 1 cm) ein.
- **a.** A(2|1); B(10|5); C(0|5); D(12|11);
- **b.** A(1|4); B(8|7); C(3|2); D(10|4);
- **c.** A(3|3); B(13|7); C(9|0); D(5|10)
- **d.** A(2|6); B(0|4); C(8|9); D(10|3)

Welche Beziehung besteht zwischen den Geraden AB und CD?
Notiere das Ergebnis mithilfe der Zeichen ∥ bzw. ⊥.

16. *„Senkrecht" und „parallel" an Körpern*

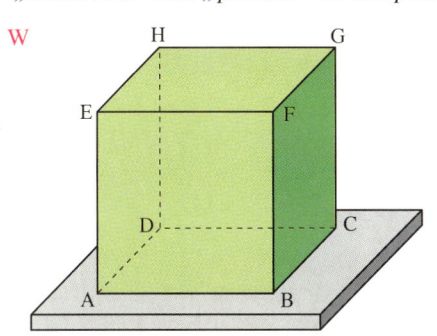

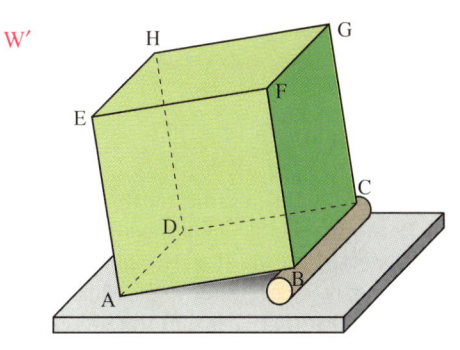

a. Welches Quadrat des Würfels W ist parallel zum
  (1) Quadrat ABFE; (2) Quadrat BCGF; (3) Quadrat EFGH?

b. Welche Kanten des Würfels sind senkrecht zur
  (1) Kante $\overline{EF}$; (2) Kante $\overline{BC}$; (3) Kante $\overline{GC}$?

c. Welche Kanten des Würfels sind parallel zur
  (1) Kante $\overline{EF}$; (2) Kante $\overline{AE}$; (3) Kante $\overline{EH}$?

d. Der Würfel wird wie im Bild verkantet (W'). Treffen deine Antworten in Teilaufgabe a. bis c. auch für diese Lage des Würfels zu?

17. Auf dem Bild siehst du zwei Arbeitsgeräte des Maurers.
Gib an, wie sie heißen und wozu sie benutzt werden.

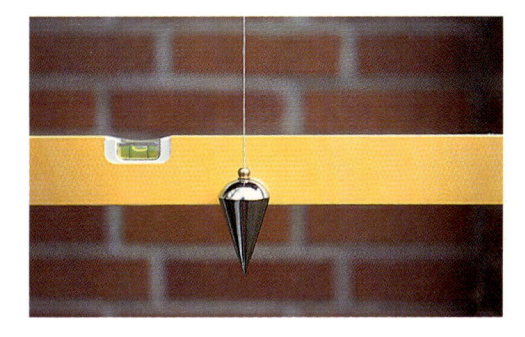

18. *Lotrechte und waagerechte Kanten*

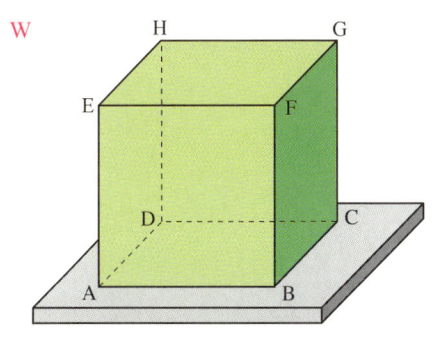

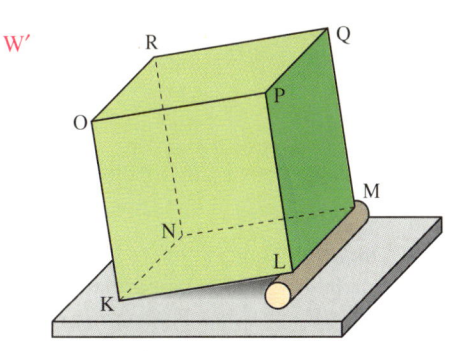

a. *Lotrecht* bedeutet: „Nach dem Lot recht" (d.h. richtig), also senkrecht zur Tischplatte oder zur Erdoberfläche.
Welche Kanten des Würfels (W) bzw. (W') sind *lotrecht*?

b. *Waagerecht* bedeutet: „Nach der Wasserwaage recht", also parallel zur Tischplatte oder zur Erdoberfläche.
Welche Kanten des Würfels (W) bzw. (W') sind *waagerecht*?

c. *Gehe auf Entdeckungsreise:*
Nenne „lotrechte Kanten" und „waagerechte Kanten" in deinem Klassenraum.

Rechtecke – Parallelogramme
Rechteck, Quadrat

Rechts siehst du ein Bild des Malers Piet Mondrian (1872–1944).
Es besteht aus mehreren farbigen Rechtecken und heißt: Komposition mit Rot, Blau und Gelbgrün (Ludwigshafen, W.-Hack-Museum).

Aufgabe

1. **a.** Zeichne mit dem Geodreieck ein Rechteck mit den Seitenlängen a = 5 cm, b = 3 cm.
   b. Der Umfang des Rechtecks ist die Länge des Randes. Bestimme den Umfang u.

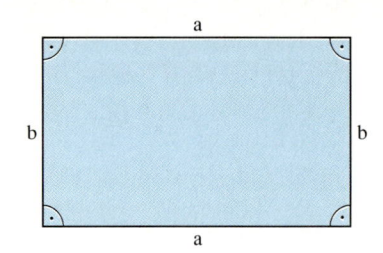

Lösung

a.

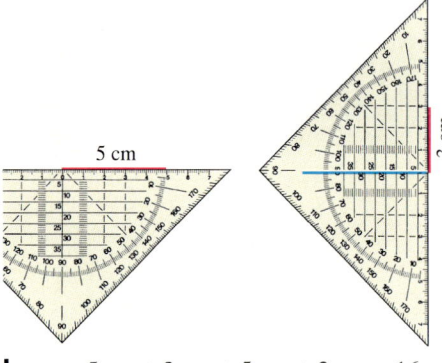

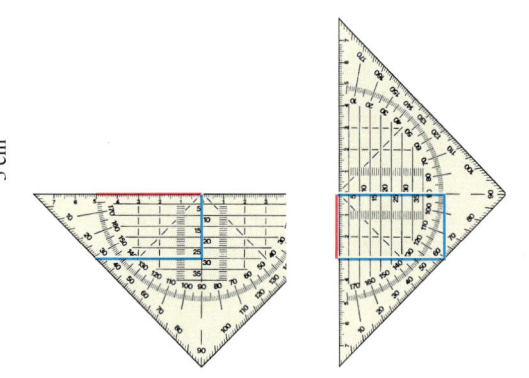

b. u = 5 cm + 3 cm + 5 cm + 3 cm = 16 cm

Zum Festigen und Weiterarbeiten

2. *Quadrate* sind *besondere* Rechtecke. Zeichne mit dem Geodreieck ein Quadrat mit der Seitenlänge a = 4 cm.

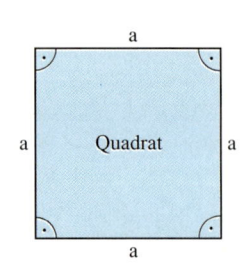

3. *Gehe auf Entdeckungsreise:*
   Nenne aus deiner Umwelt Flächen, die (1) Rechtecke, (2) Quadrate sind.

4. Welche der Vierecke sind Rechtecke? Welche der Rechtecke sind sogar Quadrate? Übertrage die Rechtecke in dein Heft. Färbe zueinander parallele Seiten mit derselben Farbe.

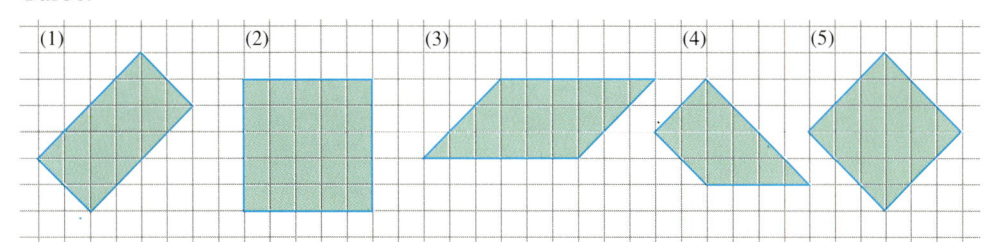

Information

Jedes Viereck, bei dem benachbarte Seiten senkrecht zueinander sind, heißt **Rechteck.** Die gegenüberliegenden Seiten sind parallel zueinander und gleich lang.

Jedes Rechteck mit vier gleich langen Seiten heißt **Quadrat**.

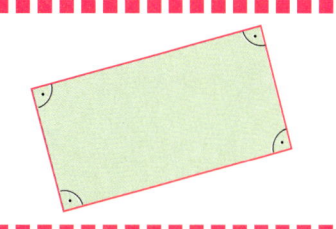

Teamarbeit

5. Vermesst euer Klassenzimmer. Bildet hierzu mehrere Gruppen. Als erstes bestimmt jede Gruppe so genau wie möglich die Höhe des Klassenzimmers. Vergleicht eure Ergebnisse.
Wie lassen sich unterschiedliche Ergebnisse erklären?
Messt dann Länge und Breite des Klassenzimmers.

Übungen

6. a. Zeichne auf unliniertem Papier ein Rechteck mit den Seitenlängen:
   (1) a = 8 cm; b = 6 cm   (2) a = 54 mm; b = 43 mm   (3) a = 63 mm; b = 37 mm
b. Bestimme den Umfang des Rechtecks.
c. Zeichne die Diagonalen und miss ihre Längen.

7. a. Zeichne auf unliniertem Papier ein Quadrat mit der Seitenlänge:
   (1) a = 5 cm   (2) a = 45 mm   (3) a = 7 cm 2 mm   (4) a = 4 cm 7 mm
b. Bestimme den Umfang des Quadrats.
c. Zeichne die Diagonalen und miss ihre Längen.

8. a. Zeichne ein Quadrat mit dem Umfang: (1) 12 cm (2) 16 cm (3) 10 cm (4) 18 cm
b. Zeichne ein Rechteck mit dem Umfang 20 cm, dessen eine Seite 4 cm lang ist.
c. Zeichne mehrere Rechtecke, deren Umfang 12 cm beträgt.

9. Zeichne das Muster in dein Heft und färbe es.

a.   **b.**   **c.**

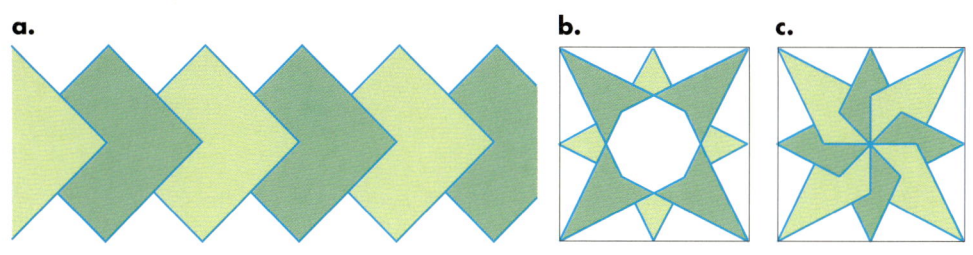

10. Zeichne die beiden Punkte A und B in ein Koordinatensystem ein. Zeichne zwei weitere Punkte C und D so, dass ein Quadrat ABCD entsteht.
Gib die Koordinaten von C und D an.

    a. A(3|3); B(6|3)   **b.** A(5|1); B(5|4)   **c.** A(3|6); B(5|4)   **d.** A(6|6); B(3|3)

11. Ein Quader wird von Rechtecken begrenzt. Zeichne das Rechteck, das du

    a. von rechts (bzw. von links) siehst (*Seitenansicht*);

    b. von oben siehst (*Draufsicht*);

    c. von vorne siehst (*Vorderansicht*).

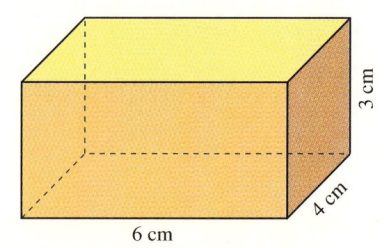

Parallelogramm, Raute

Aufgabe

1. Schneide aus Papier mehrere verschieden breite Parallelstreifen (Streifen, die von zwei parallelen Geraden begrenzt werden). Lege jeweils zwei Parallelstreifen so, dass sie sich kreuzen. Beschreibe die Eigenschaften des entstandenen Vierecks.

Lösung

Es entsteht jeweils ein Viereck, bei dem gegenüberliegende Seiten auf zueinander parallelen Geraden liegen.
Wir sagen: Die gegenüberliegenden Seiten sind zueinander parallel.
Die gegenüberliegende Seiten sind außerdem gleich lang.

Ein Viereck, bei dem gegenüberliegende Seiten zueinander parallel sind, heißt **Parallelogramm.** Im Parallelogramm sind gegenüberliegende Seiten gleich lang.

Zum Festigen und Weiterarbeiten

2. A, B, C und D sind die Eckpunkte eines Parallelogramms ABCD. Welche der Verbindungsgeraden sind zueinander parallel?

3. a. Welche der Vielecke sind Parallelogramme? Begründe.

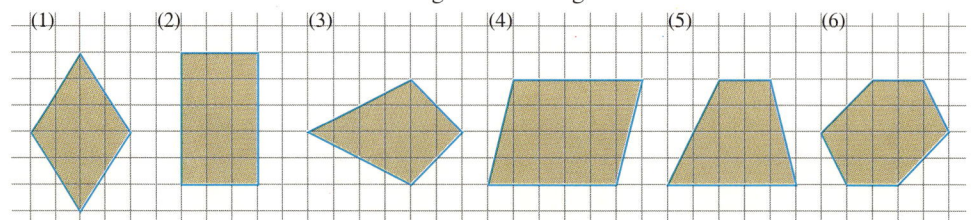

    (1)   (2)   (3)   (4)   (5)   (6)

    b. In dem Vieleck (6) sind zwei gegenüberliegende Seiten parallel. Weshalb ist es dennoch kein Parallelogramm?

4. Was kannst du über die Seiten eines Parallelogramms aussagen, das aus zwei *gleich breiten* Parallelstreifen entsteht?

> Ein Parallelogramm, in dem alle vier Seiten gleich lang sind, heißt **Raute**.

5. Betrachte die Bilder. Nenne Gegenstände aus deiner Umwelt, die
(1) Parallelogramme
(2) Rauten sind.

Übungen

6. Schneide dir einen Parallelstreifen, der 5 cm breit ist, und einen Parallelstreifen, der 3 cm breit ist.
  a. Zeichne mithilfe der beiden Streifen drei verschiedene Parallelogramme in dein Heft.
  b. Zeichne ein Rechteck mithilfe der beiden Streifen.

7. Schneide dir zwei Parallelstreifen, jeder soll 6 cm breit sein.
  a. Zeichne mithilfe der beiden Streifen drei verschiedene Rauten in dein Heft.
  b. Zeichne ein Quadrat mithilfe der beiden Streifen.

8. Ergänze zu einem Parallelogramm ABCD.

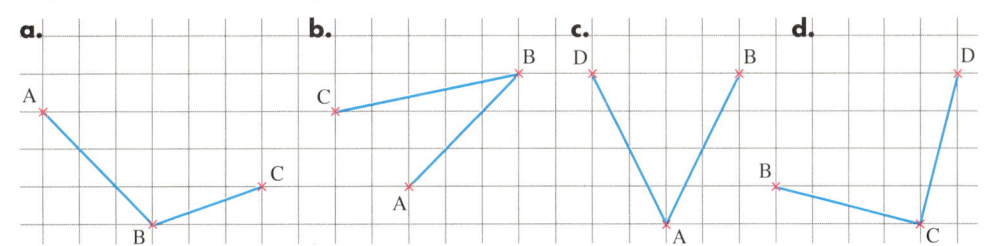

9. a. Zeichne zwei verschiedene Parallelogramme mit den Seitenlängen 6 cm und 4 cm.
  b. Zeichne zwei verschiedene Rauten mit der Seitenlänge 55 mm.

10. Gib alle Parallelogramme an, die du in der Figur rechts erkennen kannst.

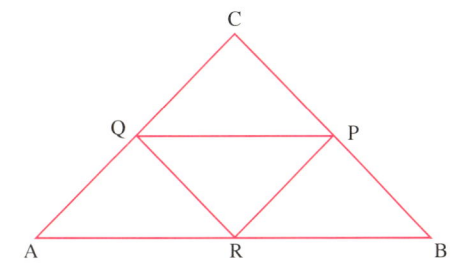

Herstellen von Würfeln und Quadern aus einem Netz

Aufgabe

1. Der Backstein hat die Form eines Quaders. Der Holzklotz hat die Form eines Würfels. Für eine Theateraufführung sollen Attrappen von Würfeln und Quadern aus Karton gebaut werden. Besonders schön werden diese *Flächenmodelle*, wenn man farbigen Fotokarton (Tonkarton) verwendet.

   a. Baue ein Flächenmodell des Würfels und das Quaders.

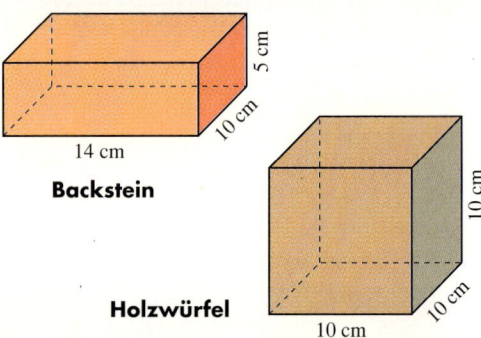

   b. Beschreibe: Welche Eigenschaften haben Quader und Würfel gemeinsam, wodurch unterscheiden sie sich?

Backstein 14 cm, 10 cm, 5 cm

Holzwürfel 10 cm, 10 cm, 10 cm

Lösung

a. Um einen Überblick zu bekommen, welche Seitenflächen erforderlich sind, schneiden wir eine Schachtel entlang der Kanten auf. Man erhält dann ihr **Netz**.

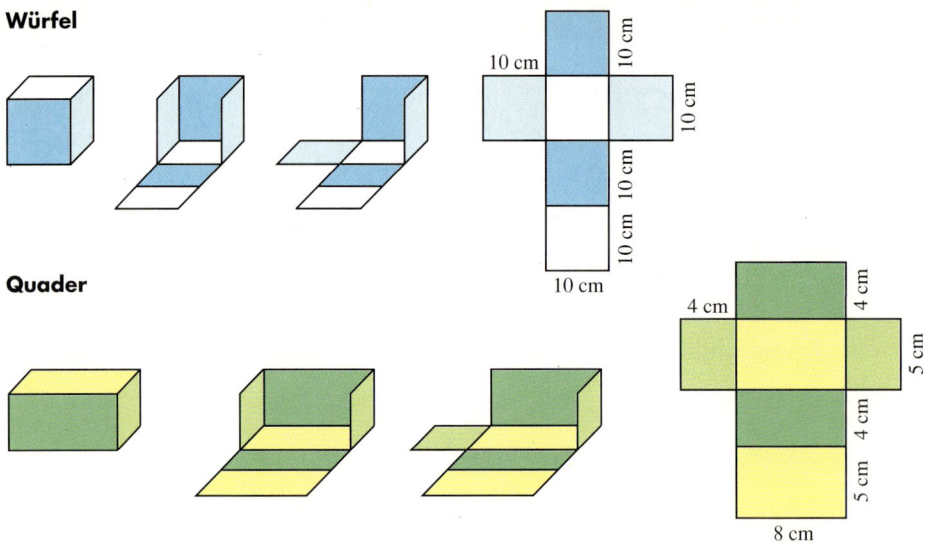

Würfel

Quader

b.

> **Gemeinsamkeiten von Quader und Würfel**
> Quader und Würfel haben jeweils 8 Ecken. An jeder Ecke stoßen 3 Kanten zusammen. Je zwei Kanten sind zueinander senkrecht.
> *Beachte:* Jeder Würfel ist ein besonderer Quader.
>
> **Unterschiede von Quader und Würfel**
>
> (1) Ein Quader hat 12 Kanten, je 4 von ihnen sind gleich lang und parallel zueinander.
>
> (2) Ein Quader wird von 6 Rechtecken begrenzt. Gegenüberliegende Rechtecke sind gleich groß und parallel zueinander.
>
> (1) Ein Würfel hat 12 Kanten, alle sind gleich lang. Je vier von ihnen sind zueinander parallel.
>
> (2) Ein Würfel wird von 6 gleich großen Quadraten begrenzt. Gegenüberliegende Quadrate sind parallel zueinander.

2. a. In welchen Fällen liegt das Netz eines Würfels vor?
Denke es dir zu einem Würfel gefaltet.

(1)   (2)   (3)   (4)

Zum Festigen und Weiterarbeiten

b. In welchen Fällen liegt das Netz eines Quaders vor?
Denke es dir zu einem Quader gefaltet.

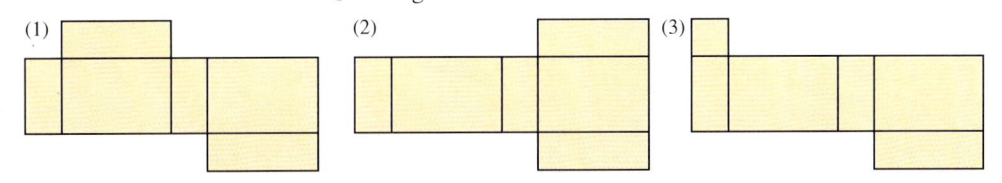

(1)   (2)   (3)

3. a. Zeichne das Netz eines Würfels mit der Kantenlänge 3 cm.
b. Zeichne das Netz eines Quaders, der 4 cm lang, 3 cm breit und 6 cm hoch ist.

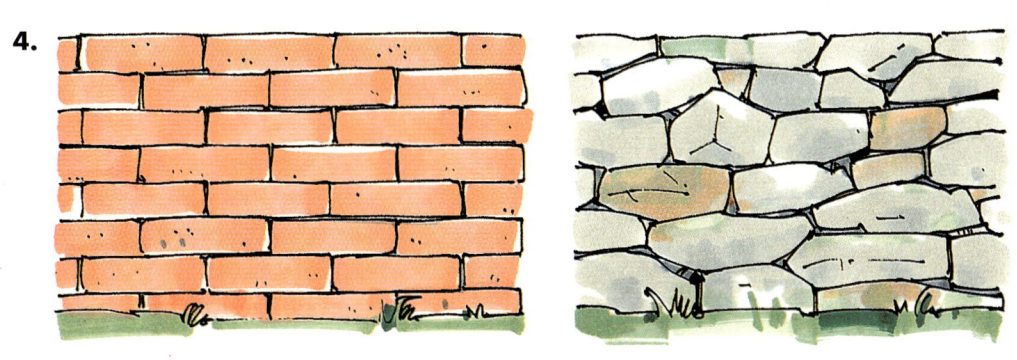

4.

Vergleiche die beim Bau der Mauer verwendeten Steine. Mit welchen Steinen lässt sich besser eine Mauer bauen? Begründe deine Vermutung.

5. Die vier „Würfelnetze" sind unvollständig. Zeichne sie auf Karopapier und ergänze zu einem vollständigen Würfelnetz.
Hinweis: Es gibt teilweise mehrere Lösungen.

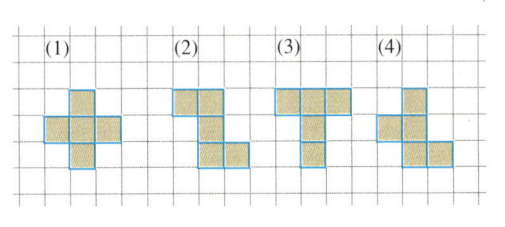

Übungen

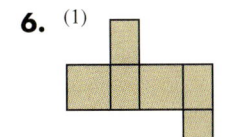

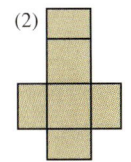

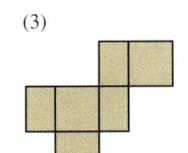

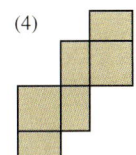

6. (1)   (2)   (3)   (4)

a. In welchen Fällen liegt ein Quadernetz vor?
b. Wähle ein Quadernetz aus, zeichne es in dein Heft. Denke es dir zu einem Quader gefaltet. Färbe mit gleicher Farbe die Flächen, die sich dann gegenüberliegen.
c. Wähle eines der Quadernetze aus. Färbe mit der gleichen Farbe die Kanten, die beim Falten zu einem Quader aneinander stoßen.

7. a. Ein Quader soll 4 cm lang, 2 cm 5 mm breit und 1 cm 5 mm hoch sein. Zeichne zwei verschiedene Quadernetze.

b. Ein Würfel hat die Kantenlänge 2 cm [25 mm]. Zeichne drei verschiedene Würfelnetze.

8. a. Welche Flächen eines Spielwürfels grenzen an die Fläche ? Bezeichne die Fläche, indem du jeweils die Anzahl der Augen angibst.

b. Welche Würfelflächen haben mit eine gemeinsame Ecke?

c. Betrachte die Würfel (1) bis (6). Welche können aus dem Netz des Spielwürfels nicht gebaut werden? Wie sieht bei den übrigen Würfeln das untere, das linke und das hintere Augenbild aus?

d. Zeichne weitere Netze, die denselben Würfel ergeben wie das Netz oben.

9. Ein Quader ist 3 cm lang, 2 cm breit und 1 cm hoch. Zeichne ein Netz des Quaders und übertrage die Linien in das Netz.

10. Auf dem Quader ist der Weg einer Spinne eingezeichnet. Sie kriecht geradlinig von A nach B, dann von B nach C, von C nach D und von D nach E.
Zeichne drei verschiedene Netze des Quaders. Trage den Weg der Spinne jeweils in das Netz ein.
Beachte: Es kann vorkommen, dass der Weg der Spinne im Netz „Sprünge" hat.

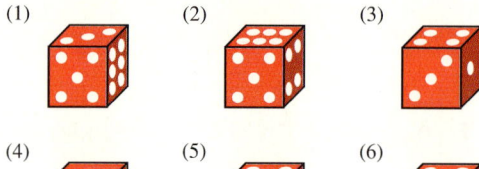

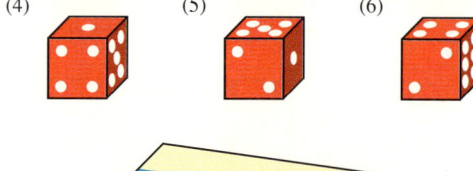

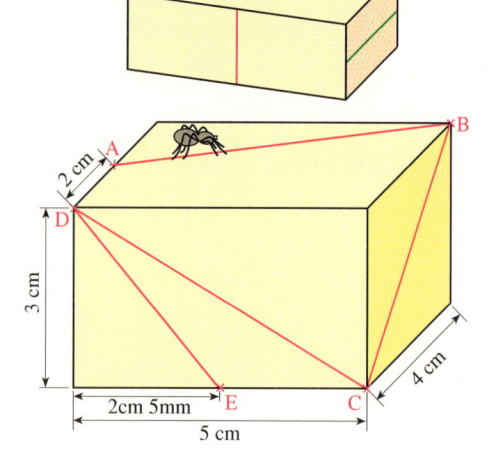

Teamarbeit

11. Wählt eines der nachstehenden Netze aus. Skizziert es auf einem Blatt Karopapier. Partner 1 markiert (mit Bleistift oder einer Spielmarke) eine beliebige Fläche. Das bedeutet: Im zusammengefalteten Modell soll diese Fläche unten sein. Partner 2 markiert die Fläche, die dann im Modell oben ist. Partnerwechsel nach jeder Übung. (Bei Meinungsverschiedenheiten: Ausschneiden und Zusammenfalten.)

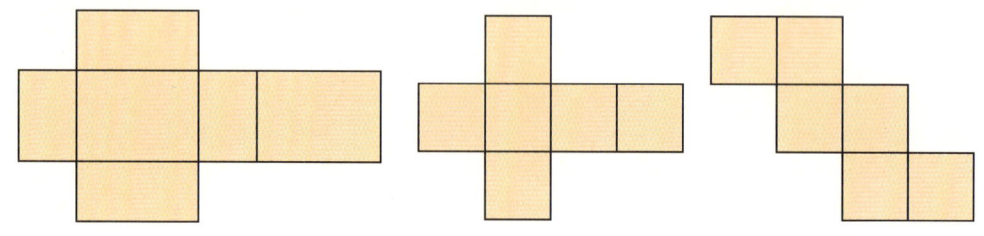

Schrägbild vom Quader

1. Rechts siehst du ein **Schrägbild** eines Steinbauklotzes. Die nicht sichtbaren Kanten sind gestrichelt dargestellt. Zeichne das Schrägbild in deinem Heft in mehreren Schritten nach.

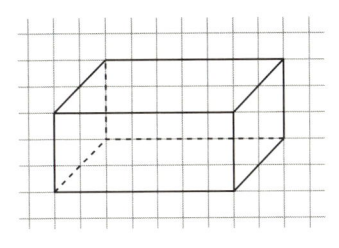

Aufgabe

Lösung

1. Schritt:

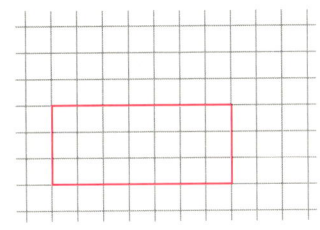

Zeichne die Vorderfläche mit den richtigen Maßen.

2. Schritt:

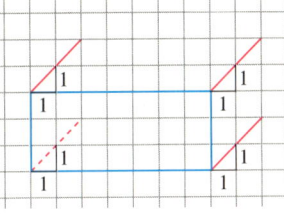

Zeichne die nach hinten verlaufenden Kanten des Quaders schräg und verkürzt (für 1 cm jeweils 1 Kästchendiagonale).

3. Schritt:

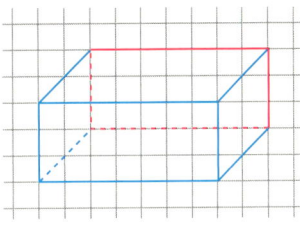

Zeichne die Rückfläche.

Nicht sichtbare Kanten werden gestrichelt gezeichnet.

2. a. Zeichne das Schrägbild eines Würfels mit der Kantenlänge 4 cm.

b. Zeichne das Schrägbild eines Quaders mit den Kantenlängen 5 cm, 4 cm und 3 cm. Notiere im Schrägbild auch die wahren Maße des Körpers.

Zum Festigen und Weiterarbeiten

3. Vervollständige das folgende Schrägbild eines Quaders.

a.   b.   c.   d.

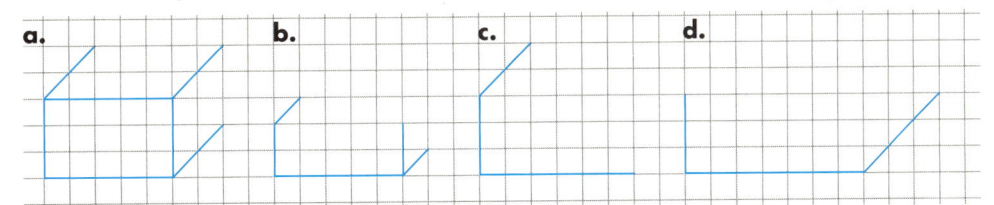

4. a. Notiere alle Kanten des Quaders, die im Schrägbild
(1) in gleicher Länge erscheinen wie in Wirklichkeit;
(2) kürzer sind als in Wirklichkeit.

b. Notiere alle Flächen des Quaders, die im Schrägbild nicht in gleicher Größe und Form erscheinen wie in Wirklichkeit.

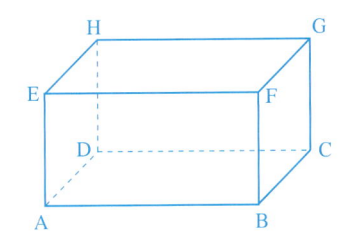

5. Man kann die schrägen Kanten auch nach links zeichnen (statt nach rechts). Dann entsteht der Eindruck, dass man den Körper „von links oben" sieht statt „von rechts oben".
Zeichne den Körper in Aufgabe 2 entsprechend.

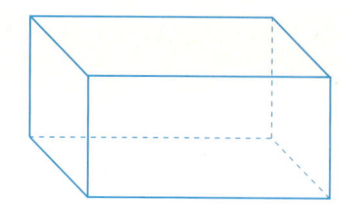

6. *Schrägbildskizzen*
Oft zeichnet man Körper aus freier Hand.
  a. Skizziere aus freier Hand das Schrägbild eines Quaders und eines Würfels.
  b. Skizziere ein Schrägbild der abgebildeten Gegenstände.

  c. Skizziere aus freier Hand verschiedene Gegenstände deiner Umgebung, z. B. das Schulgebäude, die Turnhalle, einen Tisch, ein Regal.
  Können deine Mitschüler erkennen, was du gezeichnet hast?

7. Begründe: Warum sind diese Bilder keine Schrägbilder von Quadern?

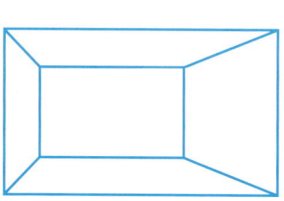

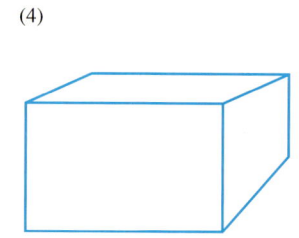

(1)   (2)   (3)   (4)

Übungen

8. a. Zeichne das Schrägbild eines Quaders mit den Kantenlängen
  (1) a = 3 cm, b = 2 cm, c = 5 cm;   (2) a = 40 mm, b = 60 mm, c = 30 mm.
  b. Zeichne das Schrägbild eines Würfels mit den Kantenlängen
  (1) a = 5 cm;   (2) a = 3 cm;   (3) a = 60 mm.

9. Das Schrägbild des Quaders ist unvollständig. Wähle zwei Schrägbilder aus. Übertrage sie in dein Heft und zeichne die fehlenden Linien ein.

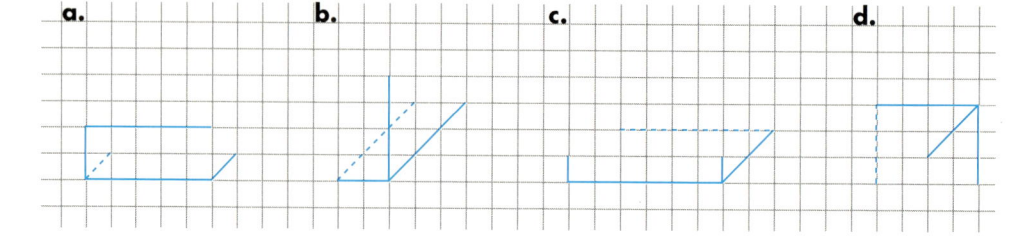

a.   b.   c.   d.

10. Ein Quader hat die Kantenlänge a = 4 cm; b = 3 cm; c = 2 cm.

a. Zeichne ein Schrägbild des Quaders.

b. Stelle dir vor:
Der Quader wird gekippt, sodass er auf einer Seitenfläche steht. Das ist auf zwei Arten möglich. Zeichne für jede Lage des Quaders ein Schrägbild.

11. a. Verbinde in dem Schrägbild des Quaders aus Aufgabe 10a. gegenüberliegende Ecken der sichtbaren Flächen. Färbe die Dreiecke mit unterschiedlichen Farben.

b. Zeichne ein Netz des Quaders und übertrage das Farbmuster in das Netz.

c. Färbe die unsichtbaren Flächen genauso wie die sichtbaren Flächen.

12. *Schrägbildskizzen*
Wähle eine Aufgabe aus (oder mehrere). Skizziere das Schrägbild „aus freier Hand" und zeichne weiter. (Zeichne dünn mit Bleistift, damit du radieren kannst.)

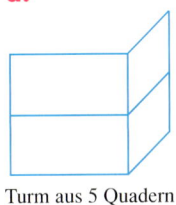

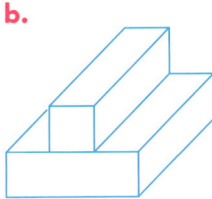

a. Turm aus 5 Quadern

b. Reihe aus 3 Elementen

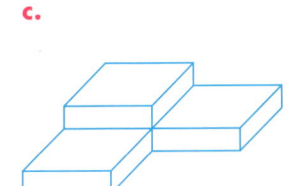

c. Baue 4 Quader an

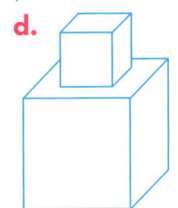

d. Turm aus 3 Würfeln

13. *Bauen mit Würfeln (Schrägbildskizzen)*

(1) Jeder Partner zeichnet mit Bleistift einen Würfel, der wie im Bild zerschnitten ist (weißes Blatt oder Karopapier).

(2) Jeder Partner stellt dem anderen eine Aufgabe wie die folgende:
Nimm den kleinen Würfel, „rechts, vorn, oben" weg.
(Kanten ausradieren, neu sichtbare Kanten einzeichnen.)
Setze diesen Würfel mit einer Fläche „rechts, hinten, unten" an.
(Verdeckte Kanten ausradieren, neuen Würfel zeichnen.)

(3) Jeder Partner zeichnet seine Aufgabe.
Prüft, ob ihr richtig gezeichnet habt.

(4) Danach kann eine neue Aufgabe gestellt werden.
Ihr könnt jedes Mal mit dem Würfel in (1) anfangen. Ihr könnt aber auch immer weiterbauen (d.h. das Ergebnis jeder Aufgabe ist die Ausgangsfigur für die neue Aufgabe).

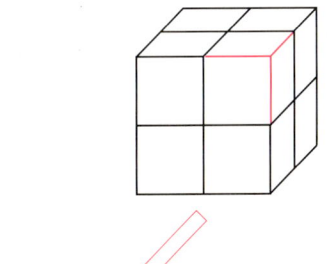

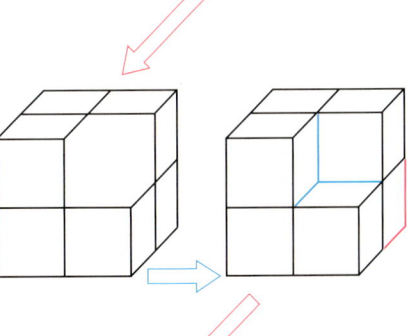

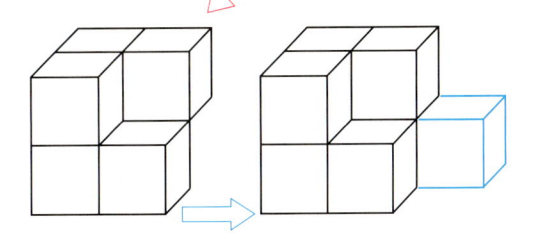

Teamarbeit

Achsensymmetrische Figuren

Aufgabe

1. Tanja hat auf einem Zeichenblatt nur die eine Hälfte eines Flugzeugs gezeichnet.
Wie kannst du die andere Hälfte zeichnen?

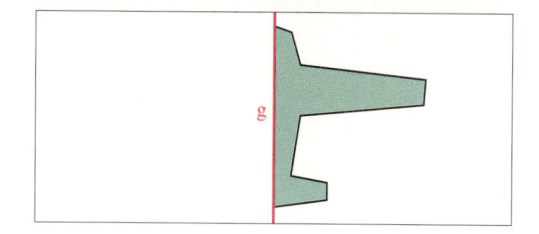

Lösung

(1) Falte das Blatt längs der Geraden g.
(2) Durchstich das doppelt liegende Blatt in den markierten Punkten mit einer Nadel.
(3) Falte das Blatt auseinander und zeichne die fehlenden Verbindungsstrecken.

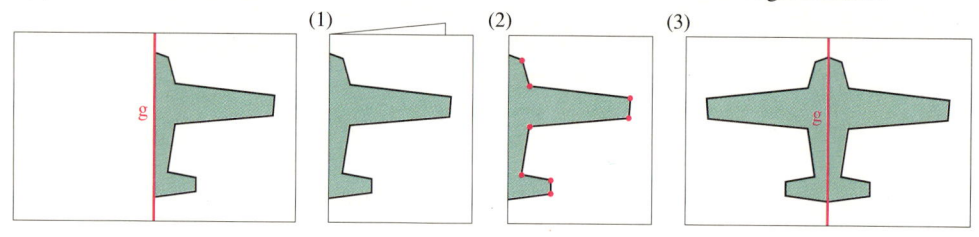

Information

Wenn du in Bild (3) das Zeichenblatt entlang der Geraden g (Faltkante) faltest, fällt die eine Hälfte der Figur genau auf die andere. Beide Hälften sind deckungsgleich. Aus diesem Grunde heißt die Figur **achsensymmetrisch** zur Geraden g.
Die Gerade g heißt **Symmetrieachse** der Figur.

In einer achsensymmetrischen Figur hat jeder Punkt einen **Symmetriepartner.**

Für die Figur rechts gilt z.B.:
Der Symmetriepartner von Punkt A ist B,
und umgekehrt:
Der Symmetriepartner von Punkt B ist A.
Der Symmetriepartner von Punkt C ist G,
und umgekehrt:
Der Symmetriepartner von Punkt G ist C.
Der Symmetriepartner von Punkt E ist E selbst.

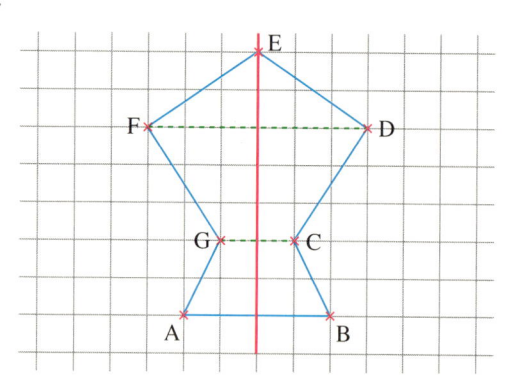

> Jede Figur, die man so falten kann, dass beide Teile genau aufeinander passen, nennen wir **achsensymmetrisch.**
> Die Faltlinie heißt **Symmetrieachse** der Figur.

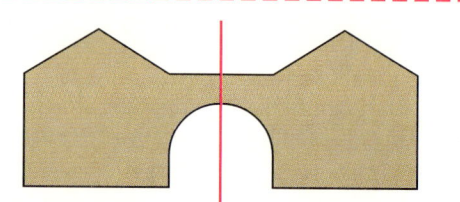

2. Im Bild siehst du ein achsensymmetrisches Achteck. Trage zu jedem Eckpunkt den Symmetriepartner in die Tabelle ein. Prüfe, ob die Verbindungsstrecke zweier Symmetriepartner von der Symmetrieachse halbiert wird und zu ihr senkrecht ist.

Punkt	A	B	C	D	E	F	G	H
Symmetriepartner								

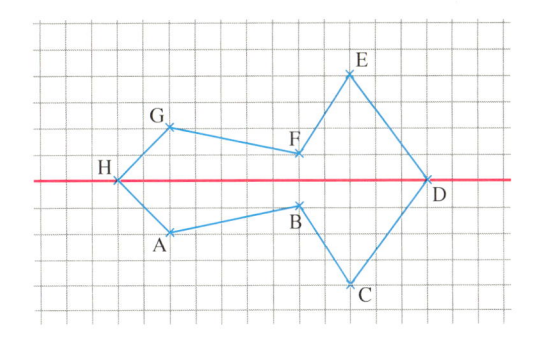

Zum Festigen und Weiterarbeiten

3. Entscheide, ob die Figur achsensymmetrisch ist.

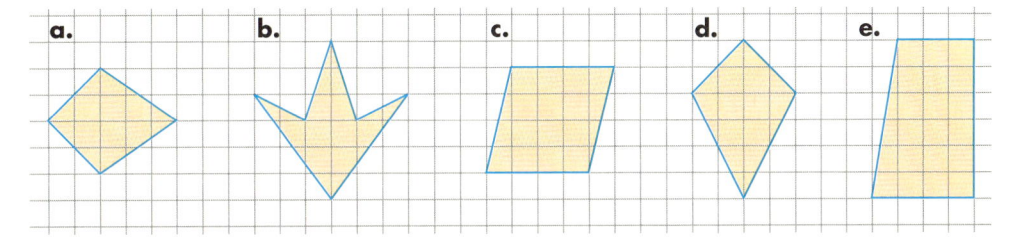

a. b. c. d. e.

4. Manche Figuren haben nicht nur eine, sondern mehrere Symmetrieachsen. Übertrage die Figur in dein Heft und zeichne alle Symmetrieachsen ein.

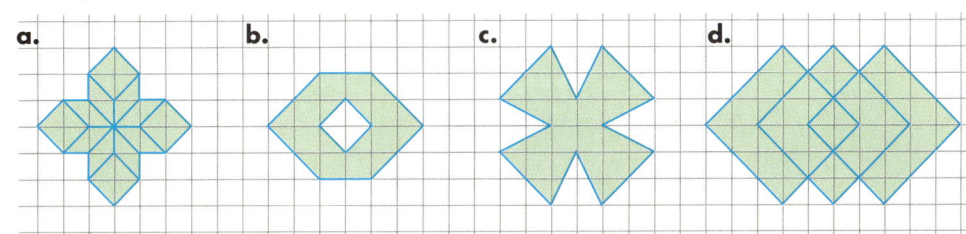

a. b. c. d.

5. Viele Gegenstände der Natur sind nicht genau achsensymmetrisch.
Bei einem der beiden Fotos wurde die linke Gesichtshälfte achsensymmetrisch ergänzt.
Um welches Foto handelt es sich?

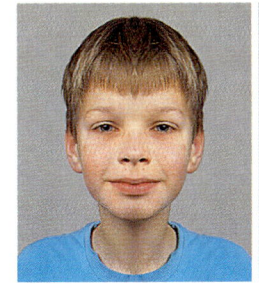

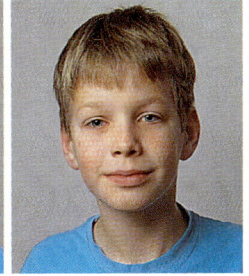

6. Benutze die Bilder als Anregung und zeichne vergrößert Figuren, die achsensymmetrisch sind.

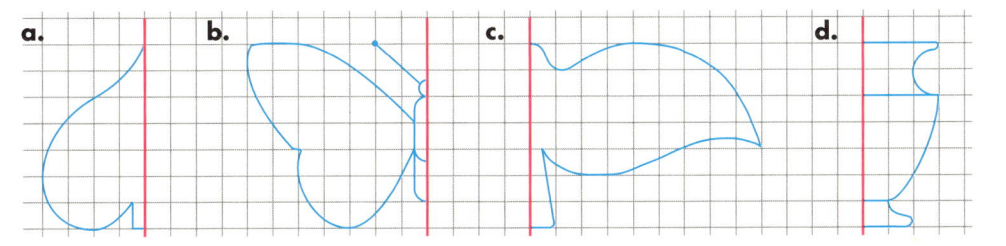

Übungen

a. b. c. d.

7. Zeichne
   a. eine achsensymmetrische Blüte;
   b. einen achsensymmetrischen Baum.

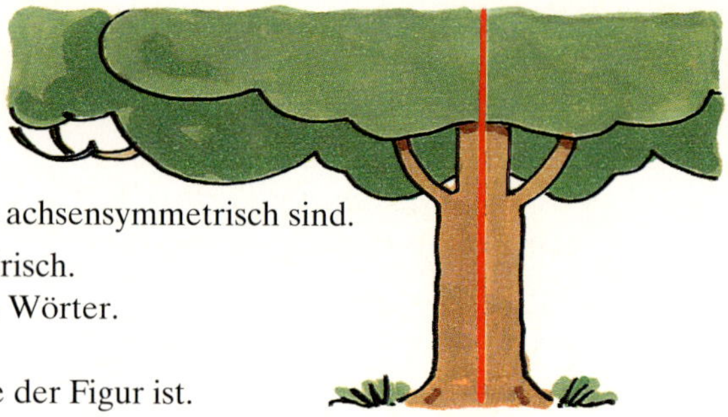

8. a. Suche große Druckbuchstaben, die achsensymmetrisch sind.
   b. Das Wort OTTO ist achsensymmetrisch.
      Suche weitere achsensymmetrische Wörter.

9. Prüfe, ob die Gerade g Symmetrieachse der Figur ist.
   Falls ja, notiere in einer Tabelle zu jedem Punkt den Symmetriepartner.

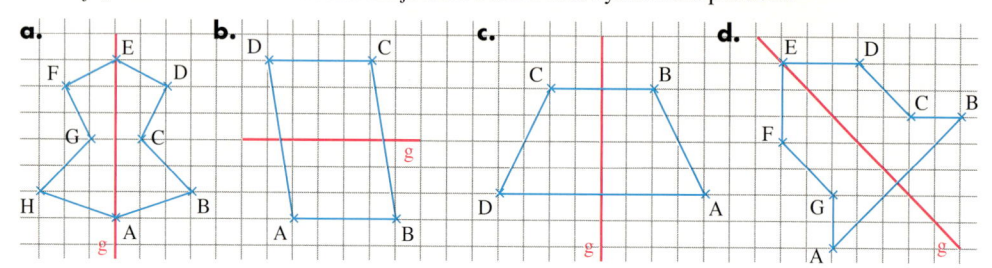

10. Untersuche, ob die Figur achsensymmetrisch ist. Wenn ja, übertrage die Figur in dein Heft und zeichne dann die Symmetrieachse ein.

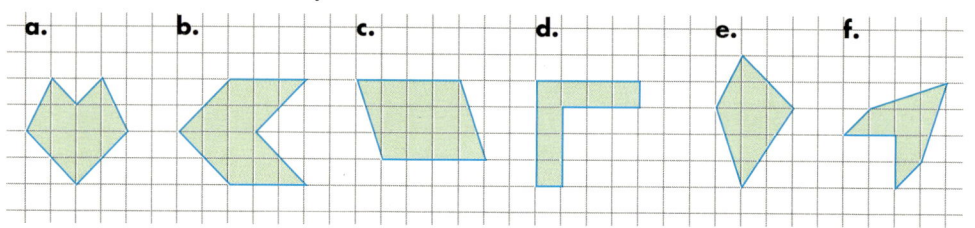

11. Welche der Verkehrszeichen sind achsensymmetrisch?

    Vorfahrt gewähren!   Halt! Vorfahrt gewähren!   Halteverbot   nach links   Geradeaus und links   Rechts und links

12. Oben siehst du einige Bildsymbole aus verschiedenen Bereichen.
    a. Zeichne jedes Symbol ab und trage die Symmetrieachse ein. Benutze Transparentpapier.
    b. *Gehe auf Entdeckungsreise:* Finde weitere achsensymmetrische Bildsymbole. Zeichne sie und trage die Symmetrieachsen ein.

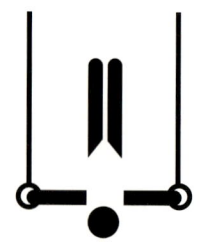

13. Die Figur ist nicht achsensymmetrisch. Was muss auf der rechten Seite verändert werden, damit sie achsensymmetrisch wird?
(1) (2) (3)

14. Zeichne die Figur in dein Heft und ergänze sie zu einer achsensymmetrischen Figur. Die rote Gerade soll Symmetrieachse sein.

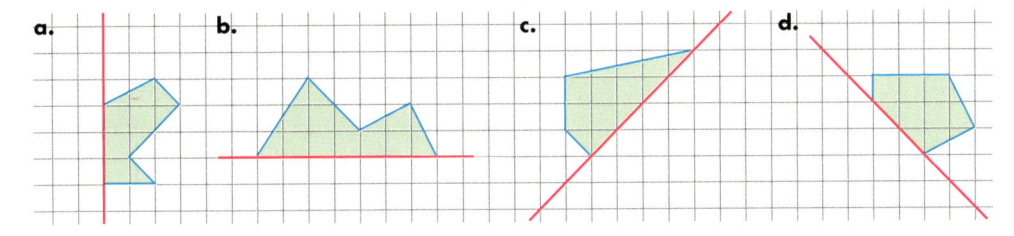

a.   b.   c.   d.

15. a. Zeichne ein Rechteck mit den Seitenlängen a = 6 cm und b = 4 cm. Schneide es aus und bestimme durch Falten die Symmetrieachsen.
Zeichne das Rechteck noch einmal in dein Heft; zeichne nun auch die Symmetrieachsen ein.

b. Zeichne ein Quadrat mit der Seitenlänge 5 cm. Zeichne auch die Symmetrieachse ein. Du kannst wie in Teilaufgabe a. verfahren.

16. Zeichne die Figur in dein Heft und ergänze sie zu einer achsensymmetrischen Figur.

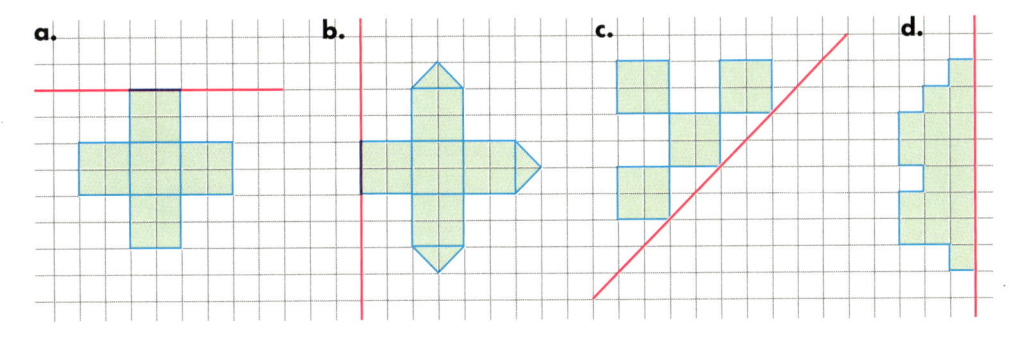

a.   b.   c.   d.

17. Trage die Punkte A(2|4), B(8|4), C(7|7) und D(5|7) in ein Koordinatensystem ein. Wähle eine geeignete Gerade als Symmetrieachse und ergänze das Viereck zu einem achsensymmetrischen Vieleck.
Benenne die neuen Eckpunkte mit großen Buchstaben und gib ihre Koordinaten an.

Zum Knobeln

18. Kannst du die Reihe fortsetzen? Du erhältst dabei auch das Wort OMO.

Kapitel 4

Spiegeln und Verschieben von Figuren
Spiegeln von Figuren

Aufgabe

1. Ein Schloss am Ufer eines Sees ist ein gutes Motiv für ein Foto, wenn man das Spiegelbild im Wasser auch mit fotografiert.

   a. Skizziere das Schloss und ergänze das Spiegelbild im Wasser.

   b. Kontrolliere mit einer kleinen durchsichtigen Scheibe, ob du richtig gezeichnet hast. Stelle diese dazu an der Uferlinie auf.

   Lösung

   a. Das Spiegelbild wird so gezeichnet, dass es bezüglich der Uferlinie zum Ausgangsbild liegt wie einander entsprechende Punkte in einer achsensymmetrischen Figur.

   b. Das Spiegelbild in der Scheibe muss mit dem gezeichneten Spiegelbild übereinstimmen.

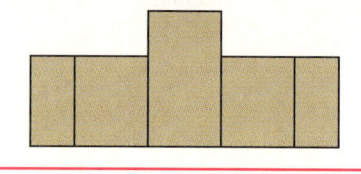

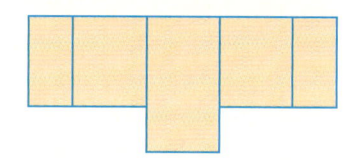

Information

Das Fünfeck A'B'C'D'E' entsteht durch *Spiegeln* des Fünfecks ABCDE an der Geraden g. Diese Gerade g heißt **Spiegelachse** (Spiegelgerade).
ABCDE heißt *Originalfünfeck*.
A'B'C'D'E' heißt das zugehörige *Bildfünfeck*.
Beide Fünfecke liegen *symmetrisch* zur Spiegelgeraden.
Man nennt A' den *Bildpunkt* von A, B' den Bildpunkt von B usw.

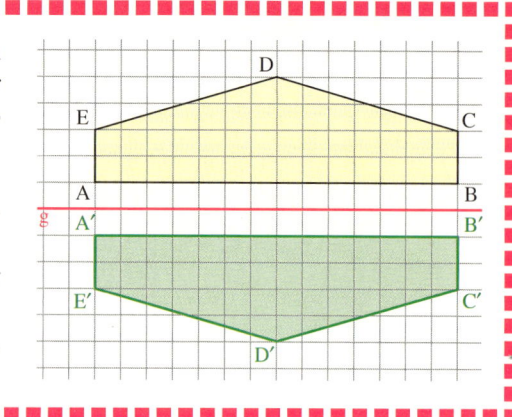

Zum Festigen und Weiterarbeiten

2. a. Zeichne das Spiegelbild des Vierecks ABCD bei Spiegelung an der Spiegelachse g.

   b. Beschreibe, wie ein Eckpunkt und sein Bildpunkt bezüglich der Spiegelachse zueinander liegen.

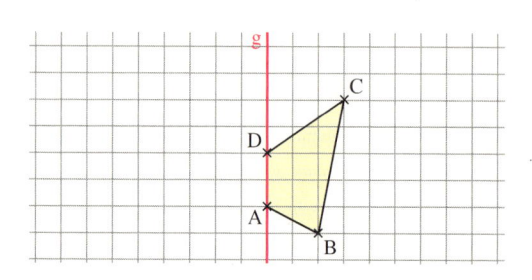

(1) Der Punkt P und sein Bildpunkt P' liegen auf einer Senkrechten zur Spiegelachse; sie haben von der Spiegelachse denselben Abstand. Außerdem liegen sie auf verschiedenen Seiten der Spiegelachse.

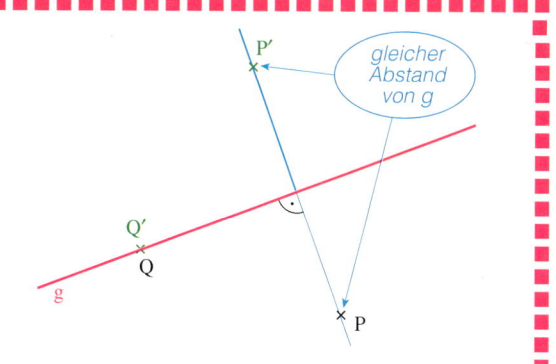

(2) Ein Punkt auf der Spiegelachse stimmt mit seinem Bildpunkt überein.

3. a. Spiegele die Figuren an der roten Geraden. In welchen Fällen entstehen symmetrisch zueinander liegende Figuren, in welchen Fällen entsteht eine achsensymmetrische Figur?

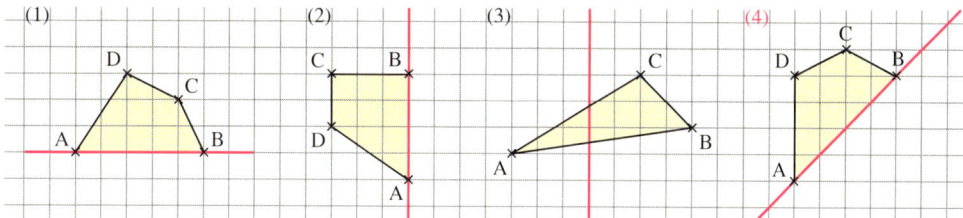

b. Denke dir die in a. entstandenen achsensymmetrischen Figuren wieder an der Spiegelachse gespiegelt. Was stellst du fest?

Spiegelt man eine achsensymmetrische Figur an der Symmetrieachse, so kommt sie mit sich selbst zu Deckung.

4. Zeichne eine Figur mit Spiegelachse auf unliniertes Papier.
Deine Partnerin oder dein Partner soll jetzt die Figur an der Spiegelachse mithilfe des Geodreiecks spiegeln.
Ihr könnt eine kleine Glasscheibe zum Kontrollieren nehmen.
Die schönsten Bilder könnt ihr an die Klassenwand hängen.

Teamarbeit

5. Ergänze im Heft die Figur durch Spiegeln an der roten Geraden zu einer achsensymmetrischen Figur.
Bezeichne die Eckpunkte; notiere zu jedem Punkt den Bildpunkt (Symmetriepartner).

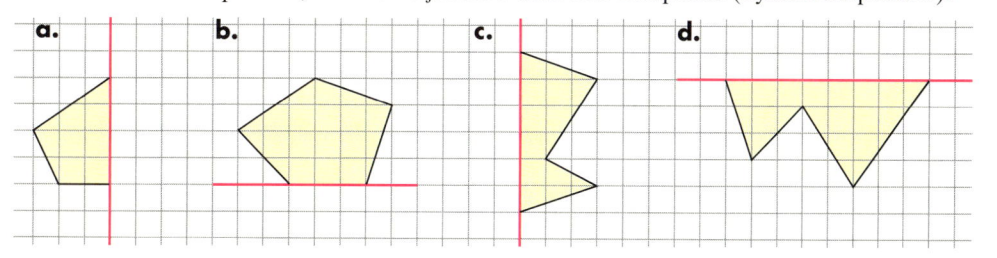

Übungen

6. Erzeuge symmetrisch zueinander liegende Figuren.

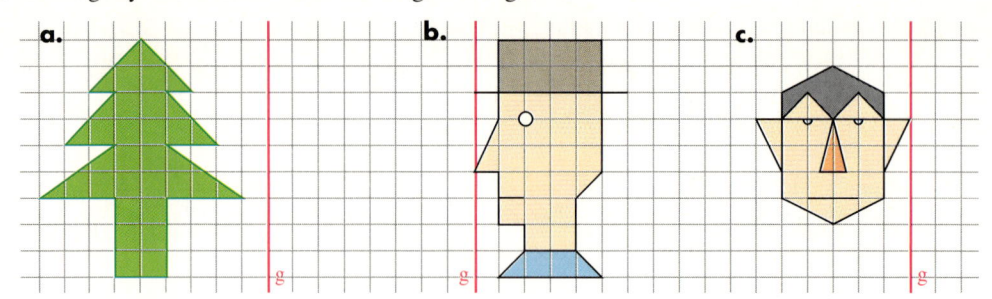

a. b. c.

7. Die Bilder sind nicht genau achsensymmetrisch. Jedes enthält 4 Fehler. Finde sie.

(1) (2) (3)

8. Zeichne die Bildfigur bei der Spiegelung an der Geraden g.

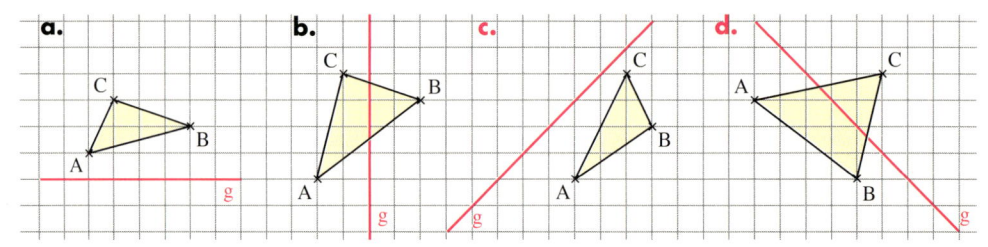

a. b. c. d.

9. Ergänze die Figur durch Spiegelung an der roten Geraden zu einer achsensymmetrischen Figur.
Wie viele Ecken hat die neue Gesamtfigur?

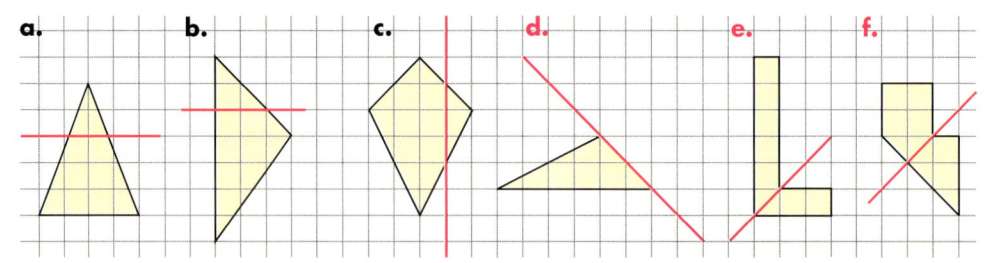

a. b. c. d. e. f.

10. Markus fährt mit seinen Eltern auf der Autobahn. Als er durch die Heckscheibe schaut, entdeckt er einen Transporter mit einer merkwürdigen Aufschrift.
Sein Vater dagegen schaut in den Rückspiegel und wundert sich gar nicht.
Erläutere diesen Sachverhalt.

Verschieben von Figuren

Hier findest du verschiedene Bandverzierungen. Man findet solche Muster schon in vorgeschichtlicher Zeit. Betrachte die obigen Muster. Jedes enthält eine Grundfigur. Wie entsteht die Bandverzierung aus der Grundfigur?

1. Die Wand eines Blumenladens soll mit folgender Blütenverzierung verschönert werden. **Aufgabe**

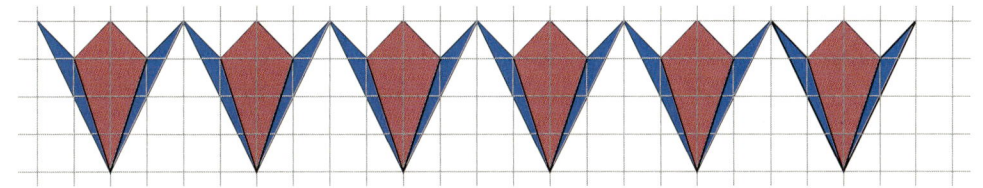

a. Fertige eine Schablone aus Pappe an und zeichne damit die Verzierung auf nicht kariertes Papier.

b. Zeichne nun eine solche Blüte auf kariertes Papier.
Stelle dann eine schräg verlaufende Bandverzierung her:
Die untere Ecke einer Blüte soll immer an der rechten oberen Ecke der vorherigen Blüte ansetzen.

c. Zeichne einen Ausschnitt von 2 Blüten aus einer Verzierung. Verbinde in diesen beiden Blüten einander entsprechende Eckpunkte durch Pfeile.
Welche Aussage kannst du über diese Pfeile machen?

Lösung

a. Jede Blüte muss genau richtig an der vorherigen angesetzt werden. Um das zu erreichen, gibt es zwei Möglichkeiten:

(1) Du kannst die Schablone an einem festgehaltenen Lineal entlangschieben.

(2) Du kannst als erste die beiden parallelen Begrenzungsstreifen der Verzierung zeichnen. Dann wird immer eine Blüte gezeichnet und die Schablone so weit verschoben, dass die nächste Blüte genau an der vorherigen ansetzt.

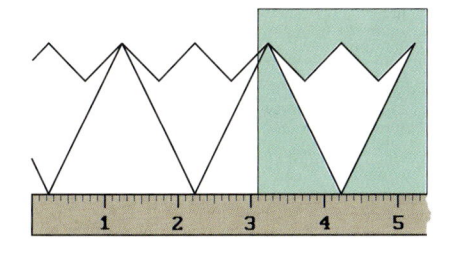

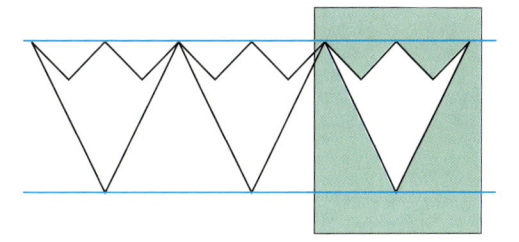

b. Auf Karopapier kann man sofort jeden Eckpunkt der Blüte durch Abzählen um 2 Kästchen nach rechts und 4 Kästchen nach oben verschieben.
Die Richtung der Verschiebung und die Länge wird angegeben durch den Pfeil, der 2 Kästchen nach rechts und 4 Kästchen nach oben verläuft.

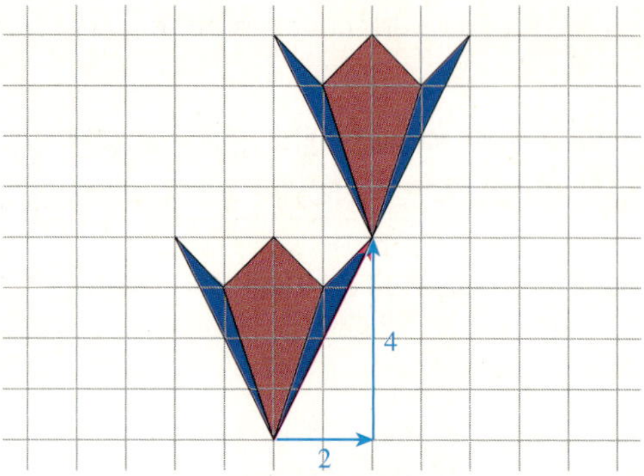

c. Alle diese Pfeile sind parallel zueinander.
Alle haben die gleiche Länge.
Sie zeigen alle in die gleiche Richtung.

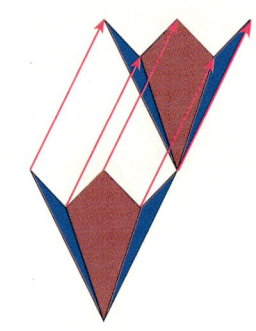

Information

Das Fünfeck A′B′C′D′E′ entsteht durch paralleles Verschieben des Fünfecks ABCDE. Man nennt A′B′C′D′E′ das Bildfünfeck von ABCDE.
Ein **Verschiebungspfeil** (z. B. $\overrightarrow{AA'}$) gibt die **Richtung** und durch seine Länge die **Weite** der Verschiebung an.
Alle Verschiebungspfeile sind gleich lang und parallel zueinander.

10 nach rechts, 3 nach oben

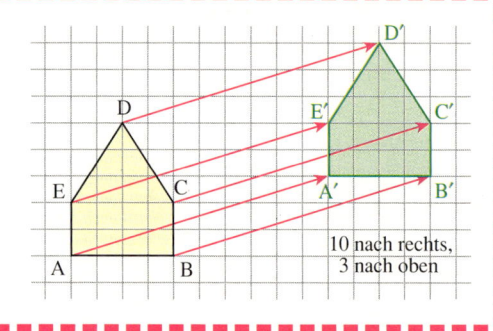

Zum Festigen und Weiterarbeiten

2. Zeichne das Bandornament in dein Heft und setze es fort. Gib seine Grundfigur und den Verschiebungspfeil an.

a.

b.

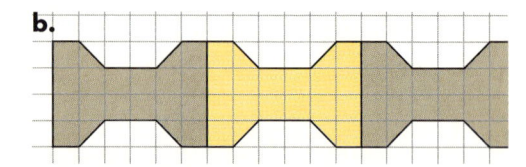

3. Das Dreieck A′B′C′ ist durch Verschieben des Dreiecks ABC entstanden. Übertrage die Zeichnung ins Heft. Gib einen Verschiebungspfeil an.
Markiere dann die Bildpunkte von R, S und T.

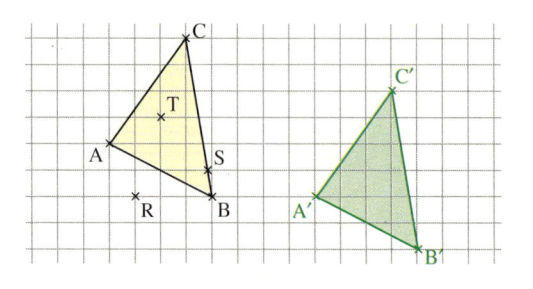

Übungen

4. Zeichne das Bandornament in dein Heft und setze es fort. Gib seine Grundfigur und den Verschiebungspfeil an.

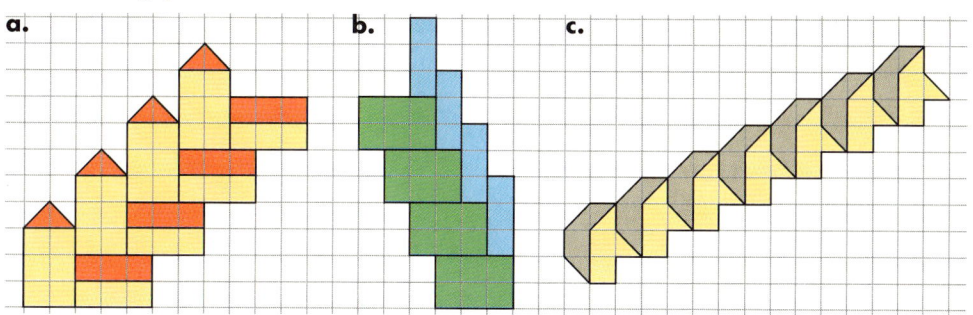

a.   b.   c.

5. Zeichne die Figur in dein Heft. Zeichne die Bildfigur.

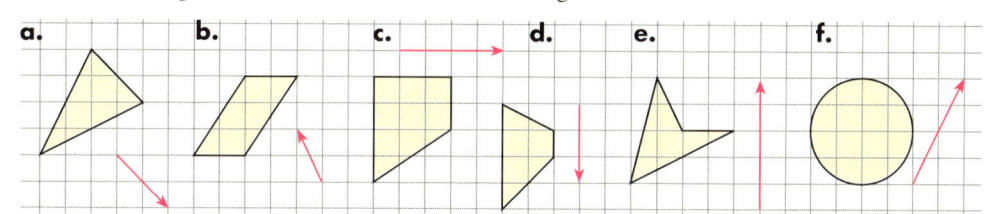

a.   b.   c.   d.   e.   f.

6. Das grüne Dreieck ist das Bild des gelben Dreiecks bei einer Verschiebung.
   a. Zeichne die Figuren in dein Heft. Bezeichne die Bildpunkte von A, B, C.
   b. Zeichne einen Verschiebungspfeil. Markiere die Bildpunkte von P und Q.

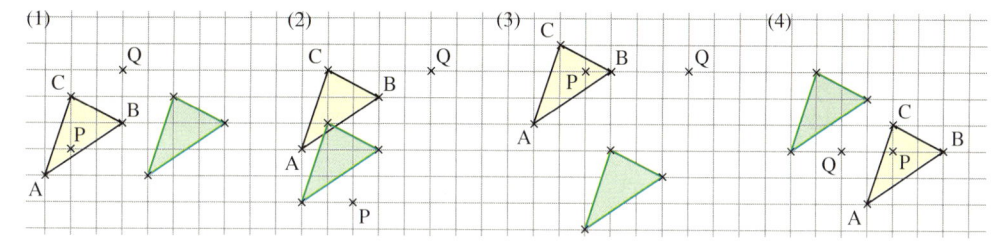

(1)   (2)   (3)   (4)

Spiel (2 bis 3 Spieler)

7. *Das benötigt ihr:*
1 Blatt mit Karos, 1 Spielwürfel, jede Person einen anderen Farbstift.
So wird gespielt:
Auf dem Blatt wird in der Mitte ein Punkt markiert. Bezeichnet ihn mit START.
Wer die höchste Punktzahl würfelt, beginnt.
Je nachdem, welche Zahl dann gewürfelt wird, muss die nebenstehende Anweisung ausgeführt werden.
Die neue Position wird mit der eigenen Farbe markiert. Dies ist dann der Ausgangspunkt bei der nächsten Spielrunde.
Falls man an oder über die Seitenlinie kommt, muss man wieder bei Start beginnen.
Wer zuerst die obere Kante des Blattes erreicht oder überschreitet, hat gewonnen.

Würfel	Anweisung
 1	2 nach rechts, 8 nach oben
 2	0 nach rechts, 7 nach unten
 3	4 nach links, 11 nach oben
 4	0 nach rechts, 10 nach oben
 5	10 nach links, 8 nach unten
 6	6 nach rechts, 0 nach oben

Vermischte Übungen

1. Zeichne auf der Geraden g von S aus fünf Punkte P_1 bis P_5 mit jeweils gleichem Abstand. Verbinde die Punkte P_5 und Q_5 durch eine Gerade. Zeichne zu dieser Geraden P_5Q_5 jeweils eine Parallele durch P_1 bis P_4. Diese Geraden schneiden die Gerade h in den Punkten Q_1 bis Q_4. Was stellst du fest?

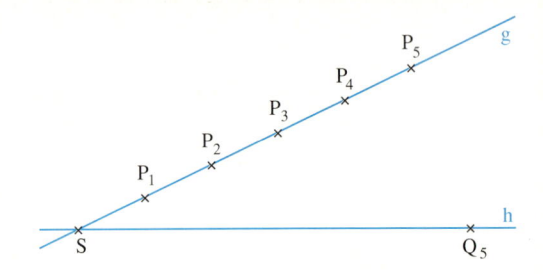

2. Zeichne die Figur mit den angegebenen Maßen in dein Heft. Schraffiere sie dann durch Parallelen zur roten Linie im Abstand 5 mm. Die Parallelen auf dem Geodreieck helfen dir dabei.

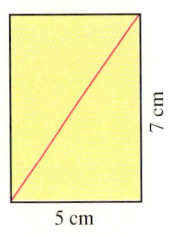

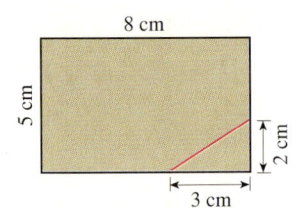

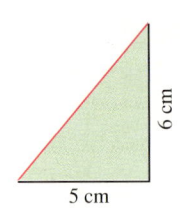

3. Zeichne die Punkte A(2|2), B(8|0) und C(5|6) in ein Koordinatensystem (Einheit 1 cm).

   a. Zeichne die drei Verbindungsgeraden.

   b. Zeichne jeweils die Senkrechte zu einer Verbindungsgeraden durch den dritten Punkt. Miss den Abstand des Punktes von der Verbindungsgeraden.

4. Ergänze das Muster zu einem achsensymmetrischen Muster.

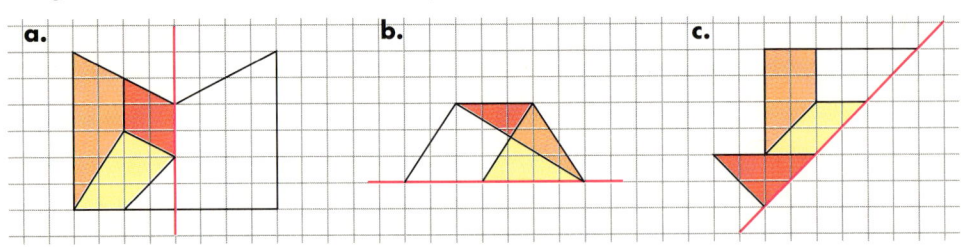

5.

Deutschland    Schweden 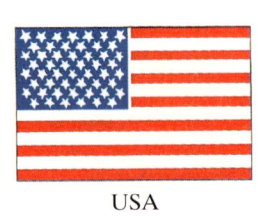   USA

   a. Übertrage nur die achsensymmetrischen Flaggen ins Heft. Zeichne die Symmetrieachsen ein.

   b. *Gehe auf Entdeckungsreise:* Suche weitere achsensymmetrische Flaggen (z. B. im Lexikon, Atlas usw.). Zeichne sie in dein Heft und trage die Symmetrieachsen ein.

6. Zeichne die Punkte A(1|6), B(7|0) und C(12|5) in ein Koordinatensystem. Bestimme den Punkt D so, dass ein Rechteck entsteht, und zeichne es. Gib die Koordinaten von D an. Zeichne die Symmetrieachsen in die Figur ein.

7. Übertrage die Figur in dein Heft. Verschiebe die Figur so, dass Punkt A auf Punkt B kommt. Verschiebe weiter bis zum Blattende.
Betrachte das entstandene Bild:
Sind die blauen Flächen die Oberseiten oder die Unterseiten der Würfel?

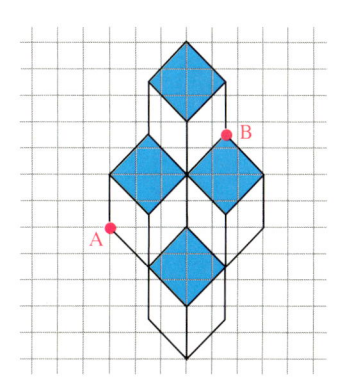

8. Eine quaderförmige Schachtel ist 3 cm lang, 2 cm breit und 1 cm hoch. Die Schachtel ist
   a. oben offen;   **b.** rechts offen;   **c.** vorne offen.
Zeichne ein Netz der Schachtel.

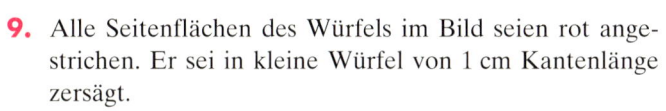

9. Alle Seitenflächen des Würfels im Bild seien rot angestrichen. Er sei in kleine Würfel von 1 cm Kantenlänge zersägt.
   a. In wie viele kleine Würfel ist der große Würfel zersägt?
   b. Wie viele kleine Würfel haben drei rote Flächen, wie viele zwei rote Flächen, wie viele eine rote Fläche, wie viele keine rote Fläche?
   Gibt es kleine Würfel, die mehr als drei rote Flächen haben?

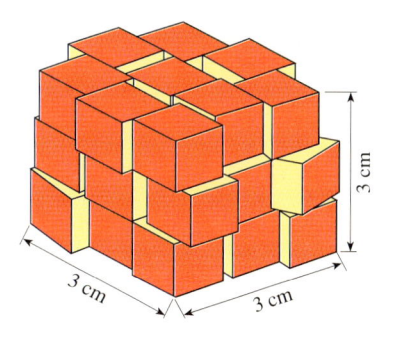

10. Die Würfel werden durch Eintauchen wie angegeben eingefärbt. Zeichne jeweils ein Netz des gefärbten Würfels.
(1)   (2) 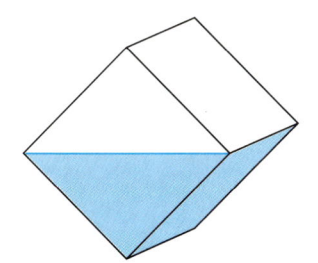   (3)

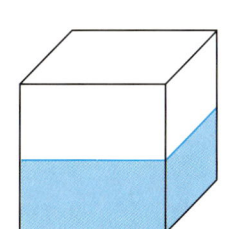

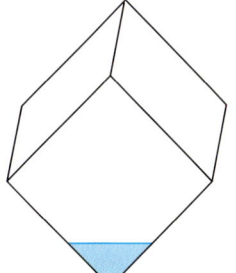

Zum Knobeln

▲ 11. Gegeben sei ein
   a. oben offener Würfel der Kantenlänge 2 cm;
   b. oben geschlossener Würfel der Kantenlänge 2 cm.
Gib möglichst viele verschiedene Netze dieses Würfels an.
Anleitung: Beginne mit einer Seitenfläche, füge eine weitere hinzu, überlege dann, wie viele Möglichkeiten es gibt die dritte anzulegen usw.

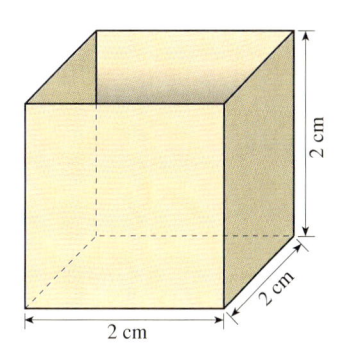

Bist du fit?

1. Vergleiche jeweils die Längen der Strecken a und b. Schätze zuerst und miss dann genau.

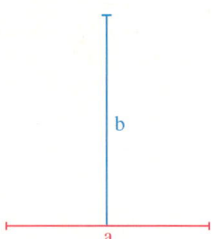

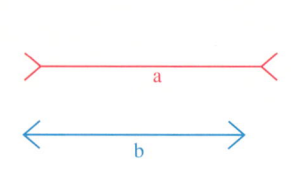

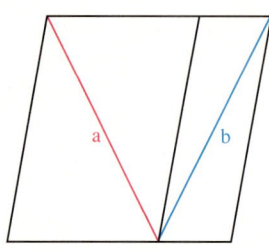

2. Übertrage die Figur auf unliniertes Papier. Zeichne dann durch den Punkt P so viele Geraden wie möglich.
Welche „optische Täuschung" entsteht?

3. Miss die Länge von Strecken in der Figur. Fülle die Tabelle aus.

Strecke	$\overline{AB}$		
Länge in cm	2,5		

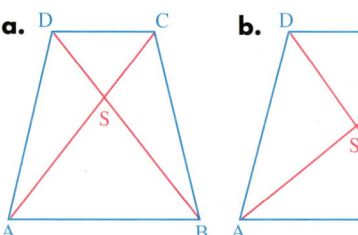

4. Zeichne die Gerade g und den Punkt P in dein Heft.
  a. Zeichne eine Gerade a durch P, die zu g senkrecht ist.
  b. Zeichne eine Gerade b durch P, die zu g parallel ist.
  c. Bestimme den Abstand des Punktes P von der Geraden g.

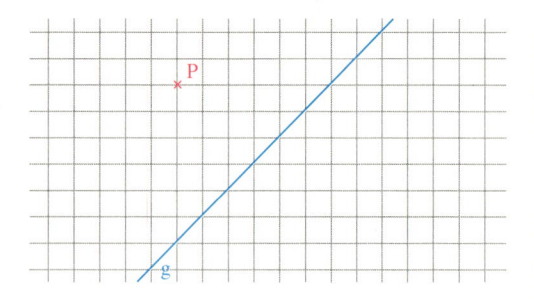

5. Zeichne auf unliniertes Papier ein Rechteck mit
  a. a = 5 cm und b = 3 cm;
  b. a = 75 mm und b = 15 mm.
Gib auch den Umfang des Rechtecks an.

6. Zeichne im Koordinatensystem (Einheit 1 cm) die Punkte
A(1|4), B(7|1), C(5|4), D(7|6), E(3|7) ein.
Miss die Entfernungen zwischen den fünf Punkten und lege eine Entfernungstabelle an.

7. Entscheide, ob die Figur achsensymmetrisch ist. Wenn ja, zeichne sie in dein Heft und zeichne dann die Symmetrieachse ein. Notiere in einer Tabelle zu jedem Punkt den Symmetriepartner.

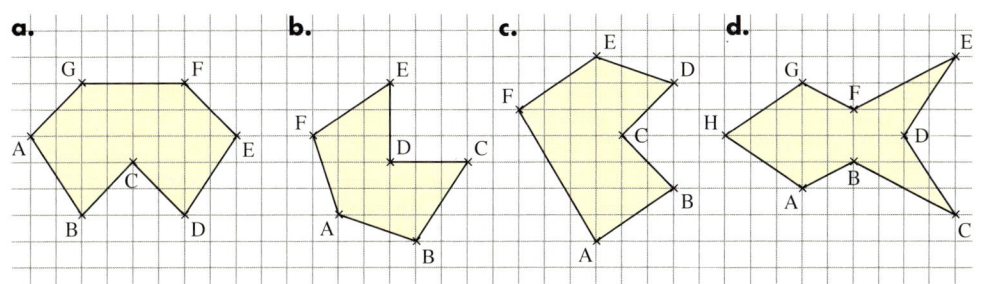

a. b. c. d.

8. Ergänze die Figur zu einer achsensymmetrischen Figur.

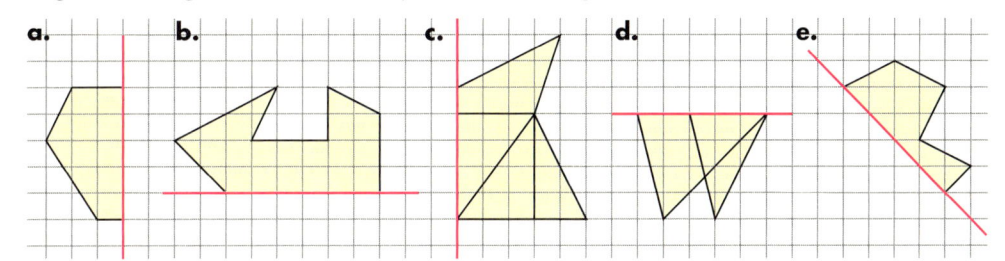

a. b. c. d. e.

9. a. Zeichne die Bildfigur bei der Verschiebung.

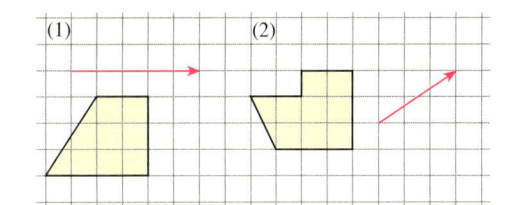

b. Zeichne aus der Grundfigur und den beiden Verschiebungspfeilen ein Flächenornament.

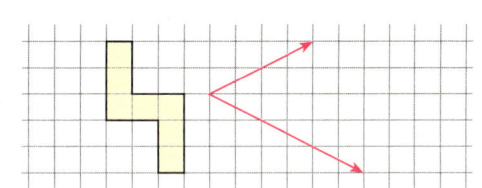

10. Ein Würfel besitzt eine Kantenlänge von (1) 4 cm; (2) 25 mm.
   a. Wie lang sind die Kanten insgesamt?
   b. Zeichne ein Schrägbild des Würfels.
   c. Zeichne zwei verschiedene Netze des Würfels.
▲**d.** Färbe die *vordere rechte untere* Ecke des Würfels rot. Übertrage dies in die beiden Netze.

11. Ein Quader ist 4 cm lang, 2 cm breit und 3 cm hoch.
   a. Wie lang sind die Kanten insgesamt?
   b. Zeichne ein Schrägbild des Quaders.
   c. Zeichne zwei verschiedene Netze des Quaders.

12. Zeichne die drei Punkte A(1|2), B(7|3) und C(5|5) in ein Koordinatensystem. Zeichne einen vierten Punkt D so, dass ABCD ein achsesymmetrisches Viereck ist. Finde möglichst zwei Lösungen.

Sachrechnen

Noch vor 150 Jahren stand in der Stadt Potsdam ein Wegweiser mit der Aufschrift: Nach Meißen 30 Meilen. In der Stadt Meißen stand auf dem entgegengesetzten Wegweiser: Nach Potsdam 25 Meilen. Wie kann das sein?

Die Erklärung ist ganz einfach: Es gab verschiedene „Meilen". Potsdam gehörte zu Preußen und Meißen zu Sachsen. Eine preußische Meile war 7,500 km lang, eine sächsische Meile maß 9,060 km. Kam man nach Hessen oder in die Pfalz, so galten wiederum andere Maße. Bei den kleineren Längeneinheiten, wie „Fuß" oder „Elle", gab es ein ähnliches Durcheinander. Einen kleinen Einblick gibt die folgende Tabelle:

	1 Fuß	1 Elle	1 Meile
Pfalz	29 cm	83 cm	7,420 km
Sachsen	28 cm	57 cm	9,060 km
Preußen	31 cm	67 cm	7,500 km

- Welches Seil ist am längsten? Ein 25 Ellen langes Seil aus der Pfalz, ein 30 Ellen langes Seil aus Preußen oder ein 35 Ellen langes Seil aus Sachsen.

- Ein Holzhändler aus einem der oben angeführten Länder bietet 12 Fuß lange Balken an. Wie lang sind diese Balken in unseren heutigen Maßeinheiten mindestens, wie lang sind sie höchstens?

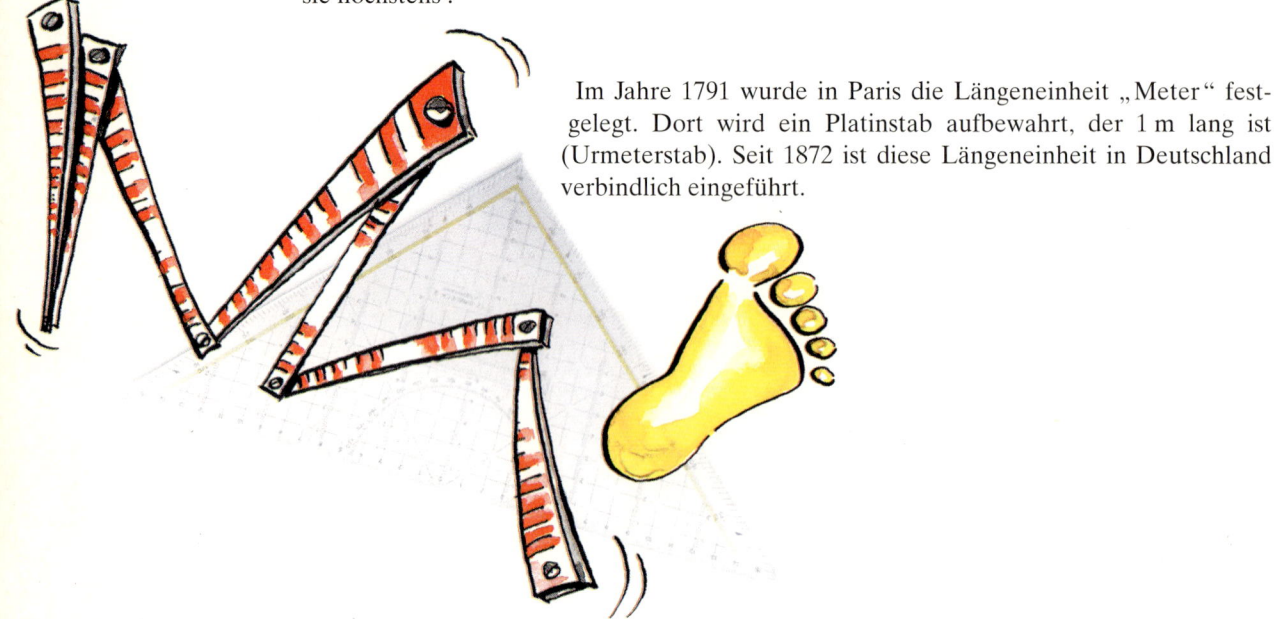

Im Jahre 1791 wurde in Paris die Längeneinheit „Meter" festgelegt. Dort wird ein Platinstab aufbewahrt, der 1 m lang ist (Urmeterstab). Seit 1872 ist diese Längeneinheit in Deutschland verbindlich eingeführt.

Kapitel 5

Längen und Längenmessung

Längenmessung – Längeneinheiten

Aufgabe

1. Die Bilder zeigen Schmetterlinge in natürlicher Größe.

Schätze zuerst und miss dann mit dem Lineal bei jedem Schmetterling
(1) die Länge des Körpers (ohne Flügel und Fühler)
(2) die Spannweite der vorderen Flügel   und
(3) die Länge der Fühler.
In welcher Längeneinheit misst du? Gib die Längen auch in zwei Einheiten an.

Lösung

	Körperlänge	Flügelspannweite	Fühlerlänge
Schwarzgefleckter Bläuling	16 mm	36 mm	7 mm
Kleiner Fuchs	18 mm	46 mm	13 mm
Kleiner Perlmuttfalter	20 mm	43 mm	12 mm

In den Einheiten cm und mm angegeben:

16 mm = 1 cm 6 mm   36 mm = 3 cm 6 mm   7 mm = 0 cm 7 mm
18 mm = 1 cm 8 mm   46 mm = 4 cm 6 mm   13 mm = 1 cm 3 mm
20 mm = 2 cm 0 mm   43 mm = 4 cm 3 mm   12 mm = 1 cm 2 mm

Information

Längenmessung

Eine Strecke ist 4 cm lang.
Das bedeutet: Man kann auf der Strecke
4 Zentimeterstrecken abtragen.
Mit dem Lineal wird das Abtragen und Abzählen
der Einheitsstrecken schnell ausgeführt.

4 cm
Maßzahl   Maßeinheit

Längeneinheiten

Kilometer	Meter	Dezimeter	Zentimeter	Millimeter
1 km	1 m	1 dm	1 cm	1 mm
$2\frac{1}{2}$ Runden beim Sportplatz	Länge des Tafellineals	Länge einer Kassette	Ungefähr die Dicke einer Kassette	Etwas kleiner als die Dicke eines Pf-Stücks

Alte Längeneinheiten
1 *Spanne* (etwa 22 cm bis 28 cm)
1 *Fuß* (etwa 25 cm bis 39 cm)
1 *Elle* (Länge des Unterarmes; etwa 55 cm bis 65 cm)
1 *Schritt* (etwa 70 cm bis 80 cm)
1 *Zoll* (Breite des menschlichen Daumens; etwa $2\frac{1}{2}$ cm)

Die Längeneinheiten früherer Zeiten waren in einzelnen Gegenden sehr unterschiedlich. So war zum Beispiel 1 Fuß in Westfalen ungefähr gleich 29 cm, in Hessen gleich 25 cm bis 29 cm, in Berlin gleich 39 cm. Siehe auch Seite 138.

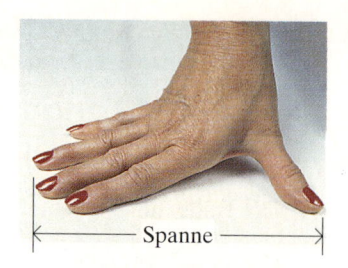

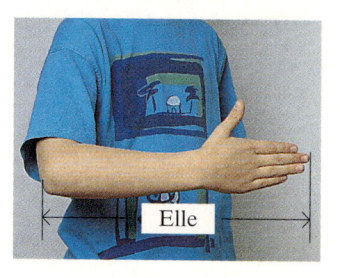

Übungen

2. Schätze die Längen folgender Insekten (ohne Fühler) im Bild. Miss dann genau. Gib die Längen auch in cm und mm an.

Ohrwurm  Honigbiene  Marienkäfer  Maikäfer

3. Zeichne eine Strecke folgender Länge:
- **a.** 4 cm 6 mm
- **b.** 28 mm
- **c.** 1 dm 4 cm
- **d.** 1 dm 6 cm 3 mm
- **e.** 17 cm
- **f.** $\frac{1}{2}$ dm
- **g.** $2\frac{1}{2}$ cm
- **h.** $3\frac{1}{2}$ dm

4. Schätze die Länge und die Breite deines Mathematikbuchs, deines Rechenhefts, deines Atlasses. Miss dann genau.

5. Gib in deinem Heimatort eine Entfernung von 1 km an.

6. In welcher Maßeinheit gibt man zweckmäßig an:
- (1) die Höhe eines Baumes
- (2) die Länge eines Nagels
- (3) die Breite einer Tür
- (4) die Dicke eines Drahtes
- (5) die Tiefe eines Flusses
- (6) die Entfernung des Mondes von der Erde
- (7) die Höhe einer Treppenstufe
- (8) die Entfernung von Koblenz nach Mainz
- (9) die Länge eines Bleistiftes
- (10) die Breite einer Straße?

△ **7.** In der Luftfahrt wird heute noch die Maßeinheit Fuß verwandt. 1 m ist ungefähr gleich 3 Fuß.
- **a.** Aus einer Wettermeldung für Sportflugzeuge: „Höhe der Wolkendecke 3 000 Fuß". Wie viel m ist die Wolkendecke hoch?
- **b.** Ein Flugzeug fliegt in einer Höhe von 4 800 Fuß. Gib die Flughöhe in Metern an.

△ **8.** Miss deine Handspanne, deine Fußlänge, deine Unterarmlänge, deine Schrittlänge in Zentimetern. Vergleiche mit den Angaben auf Seite 140 oben.

9. Ein Mitspieler markiert 2 Punkte auf einem Zeichenblatt. Alle Mitspieler schätzen den Abstand der beiden Punkte in mm und notieren ihren Schätzwert. Jetzt wird nachgemessen. Die Abweichungen der Schätzwerte vom Messwert (in mm) werden als Minuspunkte für jeden notiert. Der nächste Spieler markiert 2 neue Punkte usw.
Wer nach einer Runde die wenigsten Minuspunkte hat, hat gewonnen.

Spiel (für 3 oder mehr Mitspieler)

Umwandlung von Längeneinheiten

1. Zu jedem Auto gehört ein Fahrzeugschein, in dem viele Maße des Autos notiert sind, auch seine Länge (L) und seine Breite (B) und seine Höhe (H). Damit das möglichst genau ist, erfolgen diese Angaben der Länge sogar in mm (siehe rechts).

Aufgabe

a. Miriam hat die Breite des Autos ihrer Eltern auf cm genau gemessen: 170 cm.
Welchem Eintrag im Fahrzeugschein (in mm) entspricht diese Messung?

b. Wandle die Angabe der Länge des Autos in cm sowie in m um.

Lösung

a. Wir stellen uns vor:
1 cm-Strecke besteht aus 10 mm-Strecken.
170 cm-Strecken bestehen aus
170 · 10 mm-Strecken, also aus
1700 mm-Strecken.
Ergebnis: 170 cm = 1700 mm

b. (1) *Umwandlung von 4570 mm in cm*
Wir stellen uns vor:
10 mm-Strecken hintereinander sind so lang wie 1 cm-Strecke.
70 mm-Strecken hintereinander sind so lang wie 7 cm-Strecken.
570 mm-Strecken hintereinander sind so lang wie 57 cm-Strecken
4570 mm-Strecken hintereinander sind so lang wie 457 cm-Strecken.
Ergebnis: 4570 mm = 457 cm.

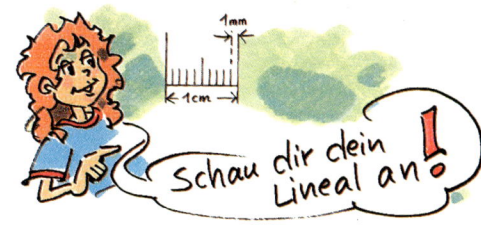

(2) *Umwandlung in m und cm*

Wir stellen uns vor:
100 cm-Strecken hintereinander sind so lang wie 1 m-Strecke.
400 cm-Strecken hintereinander sind so lang wie 4 m-Strecken.

Ergebnis: 457 cm = 4 m 57 cm;   4570 mm = 4 m 57 cm

Information

$$1 \text{ km} \xrightarrow{:1000} 1 \text{ m} \xrightarrow{:10} 1 \text{ dm} \xrightarrow{:10} 1 \text{ cm} \xrightarrow{:10} 1 \text{ mm}$$

1 km = 1 000 m
1 m = 10 dm
1 dm = 10 cm
1 cm = 10 mm

Beachte auch: 1 m = 100 cm;   1 m = 1 000 mm

Zum Festigen und Weiterarbeiten

2. Aus wie vielen Dezimeterstrecken, aus wie vielen Zentimeterstrecken, aus wie vielen Millimeterstrecken besteht eine Strecke der angegebenen Länge?

- **a.** 8 m
- **b.** 5 m
- **c.** 4 dm
- **d.** 7 dm
- **e.** 5 cm
- **f.** 3 m 5 cm
- **g.** 7 cm 5 mm
- **h.** 38 cm

3. Schreibe mit der in Klammern angegebenen Maßeinheit.

- **a.** 3 m (dm)
  4 m (cm)
  8 dm (cm)
- **b.** 3 cm (mm)
  9 km (m)
  370 dm (m)
- **c.** 310 cm (dm)
  720 mm (cm)
  8 100 cm (m)
- **d.** 41 dm (mm)
  24 m (mm)
  37 000 m (km)

1 dm = 10 cm

5 dm = ? cm
5 dm = 50 cm

4. Wandle in die kleinere Maßeinheit um.

- **a.** 3 cm 4 mm
  15 m 3 dm
- **b.** 8 m 4 dm
  19 m 7 dm
- **c.** 5 dm 8 cm
  47 dm 9 cm
- **d.** 2 km 140 m
  4 km 293 m
- **e.** 5 km 40 m
  8 km 9 m

5. Schreibe mit zwei Maßeinheiten.

- **a.** 43 mm
  218 mm
- **b.** 12 dm
  281 dm
- **c.** 54 cm
  319 cm
- **d.** 4 719 m
  13 010 m
- **e.** 5 008 m
  19 040 m

Übungen

6. Schreibe mit der in Klammern angegebenen Maßeinheit.

- **a.** 8 m (dm)
  9 km (m)
  3 dm (cm)
- **b.** 85 cm (mm)
  830 dm (m)
  34 000 m (km)
- **c.** 19 km (mm)
  24 m (mm)
  3 000 mm (dm)
- **d.** 41 dm (mm)
  24 km (cm)
  3 m (mm)

7. In der Bauanleitung für einen Briefhalter sind die Maße in mm angegeben. Wandle in cm um.

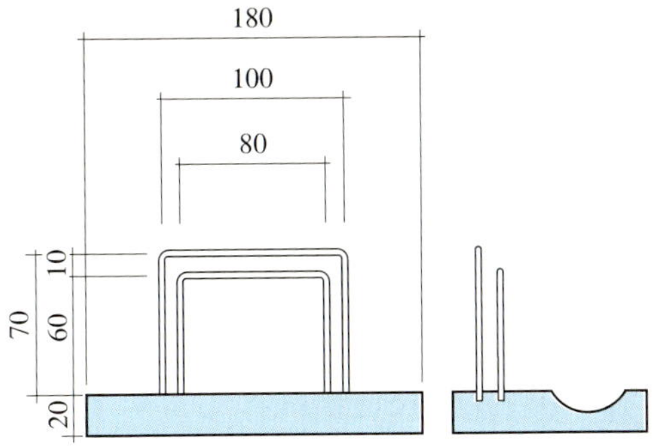

8. Wandle in die kleinere Maßeinheit um.

a. 2 cm 3 mm
4 cm 5 mm
18 m 3 dm
5 km 417 m

b. 34 dm 2 cm
7 dm 5 cm
59 m 8 dm
17 km 12 m

Briefhalter (Maße in mm)

9. Schreibe mit zwei Maßeinheiten.

a. 93 mm
84 cm

b. 42 cm
193 dm

c. 57 mm
498 cm

d. 8750 m
3842 m

e. 19004 m
10010 m

10. *Gehe auf Entdeckungsreise:* Schau im Fahrzeugschein des Autos deiner Eltern nach, welche Maße vorkommen.
Wandle in m, cm und mm um.

Kommaschreibweise – Einheitentabelle

Aufgabe

1. Längen werden oft mit einem Komma geschrieben. Schreibe die folgenden Längen ohne Komma.
Was geben die Ziffern vor dem Komma, was geben die Ziffern nach dem Komma an?

a. 14,8 cm / 10,5 cm

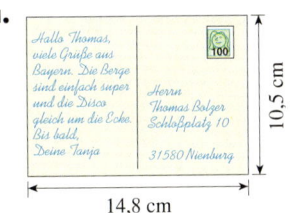

b. Olympische Spiele Atlanta 1996
Hochsprung Frauen: Kostadinova (Bulgarien) 2,05 m
Kugelstoßen Männer: Barnes (USA) 21,62 m

c. Größte Meerestiefen: Atlant. Ozean 9,249 km
Stiller Ozean 10,022 km

Lösung

An einer Tabelle (Einheitentabelle) kann man erkennen, was die Ziffern vor dem Komma und die Ziffern nach dem Komma angeben.

a.

Vor dem Komma	Nach dem Komma	
dm	cm	mm
1	4	8
1	0	5

14,8 cm = 14 cm 8 mm
10,5 cm = 10 cm 5 mm

b.

Vor dem Komma	Nach dem Komma	
m	dm	cm
2	0	5
21	6	2

2,05 m = 2 m 5 cm
21,62 m = 21 m 62 cm

c.

Vor dem Komma	Nach dem Komma
km	m
9	249
10	022

9,249 km = 9 km 249 m
10,022 km = 10 km 22 m

Kapitel 5

Information

Die Einheitentabellen auf Seite 143 lassen sich zu einer großen **Einheitentabelle** ergänzen. Sie liefert eine gute Übersicht über die Kommaschreibweise.

km				m			dm	cm	mm	Schreibweisen
HT	T	H	Z	E	H	Z	E			
				3	2	4	9				3 km 249 m = 3,249 km = 3 249 m
					7	5					7 km 500 m = 7,5 km = 7 500 m
						8	7	5			8 m 75 cm = 8,75 m = 875 cm
				0	7	5					750 m = 0,75 km
						3	4				3 m 4 dm = 3,4 m = 34 dm
								7	9		7 cm 9 mm = 7,9 cm = 79 mm
							0	4			4 dm = 0,4 m
								5	0	3	5 dm 3 mm = 5,03 dm = 503 mm
									0	6	6 mm = 0,6 cm

Zum Festigen und Weiterarbeiten

2. Schreibe zunächst in zwei Maßeinheiten. Wandle dann in die kleinere Maßeinheit um.

> 3,45 m = 3 m 45 cm
>   = 345 cm

a. 4,75 m
8,03 m
13,4 cm
7,945 km
53,8 km

b. 0,85 m
0,4 m
0,7 cm
0,513 km
0,2 km

c. 3,75 m
9,03 m
36,7 cm
0,5 m
9,4 km

d. 7,2 m
0,5 km
0,7 cm
0,25 m
2,04 m

e. 2,005 km
7,3 dm
0,7 dm
8,74 dm

f. 3,45 dm
9,08 dm
8,4573 km
2,475 m

3. Schreibe mit Komma in der in Klammern angegebenen Maßeinheit.

a. 14 cm 3 mm (cm)
3 m 5 dm (m)
42 m 23 cm (m)
12 dm 4 cm (dm)

b. 87 dm (m)
6 mm (cm)
4 275 m (km)
314 m (km)

c. 7 km 350 m (km)
5 700 m (km)
1 m 5 dm (m)
27 dm 8 cm (dm)

d. 4 mm (cm)
9 dm (m)
3 dm (m)
8 m (km)

Übungen

4. Schreibe in zwei Maßeinheiten. Wandle dann in die kleinere Maßeinheit um.

a. 7,83 m
8,4 cm
7,952 km
3,04 km

b. 0,82 m
0,4 cm
0,3 km
2,6 cm

c. 6,04 m
9,2 km
0,8 cm
0,4 dm

d. 4,923 km
9,4 cm
3,6 m
2,64 dm

e. 8,009 km
0,07 dm
8,257 m
0,04 km

f. 9,04 dm
4,765 m
0,472 m
0,002 km

5. Schreibe mit Komma in der in Klammern angegebenen Maßeinheit.

a. 23 cm 3 mm (cm)
8 m 5 dm (m)
14 m 27 cm (m)
4 m 3 dm (m)

b. 85 cm (m)
500 m (km)
8 mm (cm)
293 m (km)

c. 4 cm (dm)
78 mm (dm)
8 dm (m)
800 m (km)

d. 4 m 10 cm (m)
13 cm 4 mm (cm)
7 km 420 m (km)
9 km 250 m (km)

6. Fertige eine Einheitentabelle an und trage ein. Notiere die drei Schreibweisen (siehe Aufgabe 2).

a. 517 cm
75 dm
865 mm
4 319 km

b. 73,57 km
84,05 m
3,5 km
6,9 dm

c. 2,005 km
38 km 400 m
12 km 40 m
81 dm

d. 18 m 5 cm
19 m 50 cm
12 cm 4 mm
66 cm

e. 12 dm 4 mm
8 m 7 dm
3 km 4 m
9,6 dm

7. Schreibe die Weglängen ohne Komma. Es gibt mehrere Möglichkeiten.

8. Gib in der in Klammern angegebenen Maßeinheit an.

   a. 3 mm (cm)   **c.** 7,2548 km (m)
         7 cm (dm)   0,0284 km (m)
         4 dm (m)   0,0004 km (m)

   b. 0,04 m (dm)   **d.** 0,7 km (cm)
         0,02 dm (cm)   2,8 m (mm)
         0,28 m (dm)   0,5 dm (mm)

Vermischte Übungen

9. Gib zwei andere Schreibweisen an.

a. 3,7 m	**b.** 92,97 m	**c.** 12,67 km	**d.** 5 mm	2,7 m = 2 m 7 dm
4 km 90 m	1,25 dm	0,75 m	2 cm	= 27 dm
3,05 dm	20 dm	0,09 m	3,5 dm	
47 m 28 dm	24 m	0,7 cm	0,8 cm	

10. Auf einem Fahrradtachometer kann man folgende Angabe lesen. Schreibe diese in zwei Maßeinheiten.

   a. 482,7 km   **b.** 182,5 km   **c.** 317,8 km

11. Gib die Längen in zwei Maßeinheiten an.

   a. Strafraum beim Fußballspiel   **b.** Tennisfeld

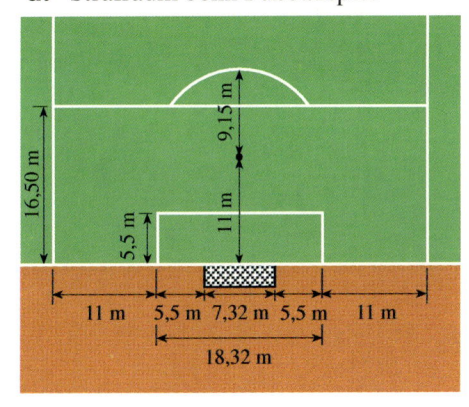

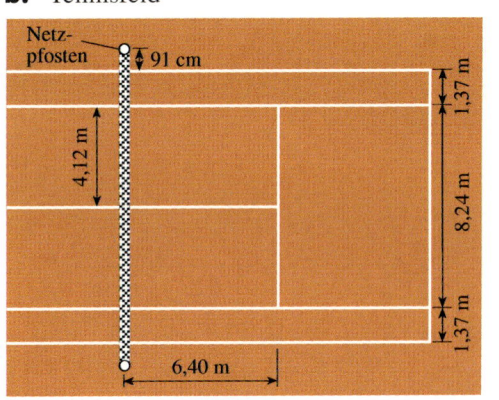

12. Bettina will sich einen Delta-Drachen bauen. In einem Bastelbuch findet sie dazu Zeichnungen. Schreibe die Längen mit Komma in m.

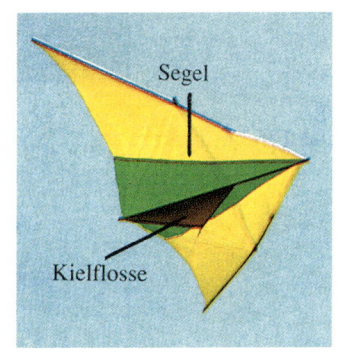

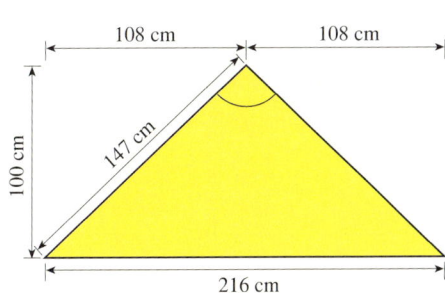

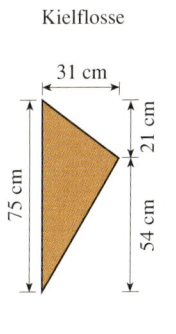

Rechnen mit Längen

Addition und Subtraktion von Längen

Aufgabe

1. Lenas Vater ist Fernfahrer. Er fährt auf der Autobahn von Hannover nach Duisburg und von dort weiter nach Frankfurt.
   a. Wie lang ist der Weg, den er zurückgelegt hat?
   b. Zurück nimmt er den kürzeren Weg über Kassel. Wie viel km ist der Umweg über Duisburg länger?

   Lösung

   a. *Rechnung:* *Ergebnis:*
      263 km Der Fahrweg ist
    + 245 km 508 km lang.
        1
      508 km

   b. *Rechnung:* *Ergebnis:*
      508 km Der Umweg über
    − 352 km Duisburg ist 156 km
        1 länger.
      156 km

Zum Festigen und Weiterarbeiten

2. Schreibe und rechne wie im Beispiel.
   a. 50 km, 25 km
   b. 88 km, 132 km
   c. 3576 m, 2384 m

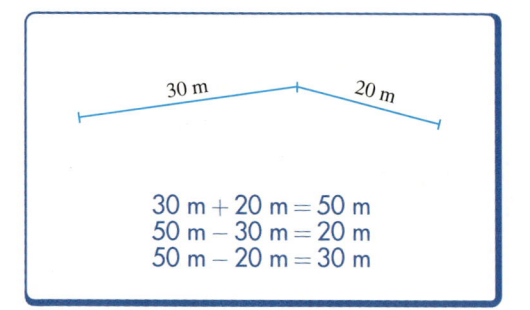

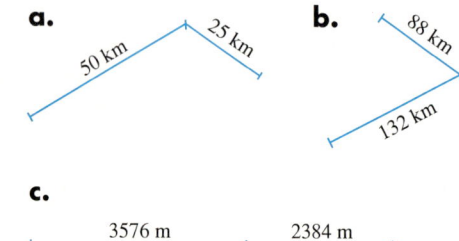

   30 m + 20 m = 50 m
   50 m − 30 m = 20 m
   50 m − 20 m = 30 m

Übungen

3.
a.	b.	c.	d.	e.	f.
6543 m	7298 m	4798 m	94765 m	48269 m	47653 m
+7292 m	+3976 m	+2394 m	− 2479 m	− 2679 m	− 7884 m
+9789 m	+8408 m	+9766 m	− 3846 m	− 2889 m	− 6398 m
+8922 m	+7699 m	+7879 m	− 7659 m	− 3987 m	− 4796 m

Mögliche Zahlenwerte: 38714, 24837, 36571, 28575, 80781, 24755, 32546, 27381.

4. Ein Grundstück (Bild) wird mit Draht eingezäunt. Wie lang muss der Draht sein?
   a. 47 m, 21 m
   b. 8,50 m, 22,50 m
   c. 2 m, 2 m, 5 m, 6 m, 10 m, 7 m
   d. 14 m, 23 m, 10 m, 3 m

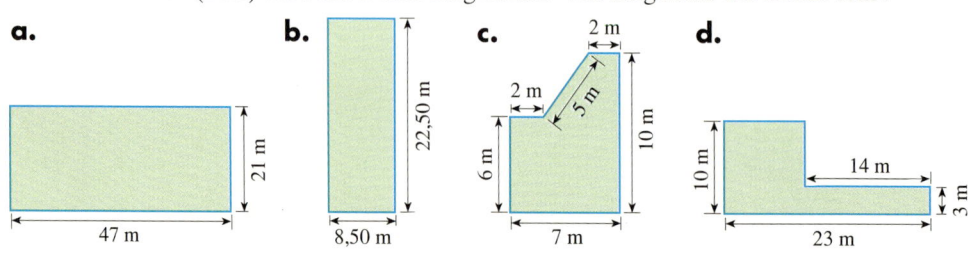

5. Jans Zimmer ist 2,50 m hoch.
Ein Regal aus Aufbauteilen besteht aus übereinander stehenden Möbelstücken mit den Höhen:
0,75 m; 1,15 m; 0,65 m.
Passt dieses Regal in Jans Zimmer?
Anleitung: Verwandle in cm.

6. a. Im Bild siehst du Kilometerstände eines Autos. Links steht die Angabe vor der Abfahrt, rechts am Ende eines Wochenendausfluges.
b. Vor einem Ausflug zeigt der Kilometerzähler 49 782 km. Es werden 250 km zurückgelegt.
c. Es werden 425 km zurückgelegt. Der Kilometerzähler zeigt am Ende der Fahrt 70 325 km an.

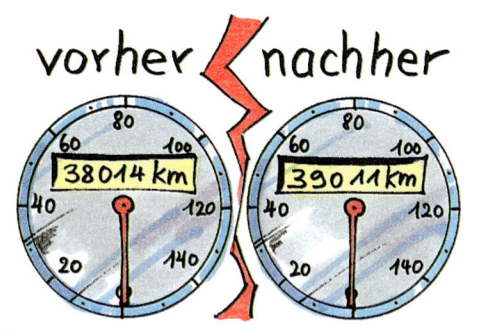

Multiplikation und Division bei Längen

1. a. Um die Höhe eines Sendemastes zu berechnen, zählt man die abwechselnd rot und weiß gestrichenen Felder. Jedes Feld ist 5 m hoch.
Wie hoch ist der Mast?

b. Die Straßenfront eines Gartens ist 21 m lang. Es sollen sieben gleich lange Zaunstücke angebracht werden. Wie lang ist jedes Zaunstück?

c. Ein Straßenstück ist 189 m lang. Es soll an einer Seite mit Bordsteinen eingefasst werden.
Wie viele Bordsteine werden benötigt (Bordsteinlänge: 90 cm)?

Aufgabe

Lösung

a. *Rechnung:*
$\underline{16 \cdot 5 \text{ m}}$
80 m

Ergebnis: Der Mast ist 80 m hoch.

b. *Rechnung:*
21 m : 7 = 3 m

Ergebnis: Jedes Zaunstück ist 3 m lang.

c. *Rechnung:*
189 m : 90 cm
18 900 cm : 90 cm = 210
$\underline{180}$
90
$\underline{90}$
0

Ergebnis: Es werden 210 Bordsteine benötigt.

Zum Festigen und Weiterarbeiten

2. Schreibe und rechne wie im Beispiel.

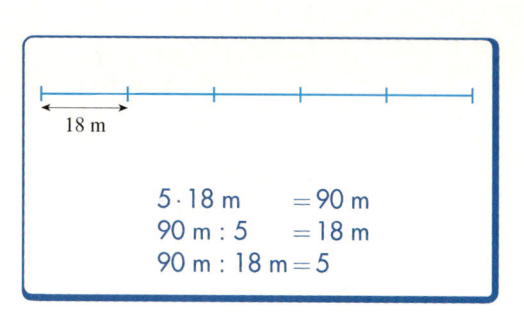

a. |⟵ 37 m ⟶|

b. |⟵ 28 cm ⟶|

c. |⟵ 45 dm ⟶|

Beispiel: |⟵ 18 m ⟶|

$5 \cdot 18\,m = 90\,m$
$90\,m : 5 = 18\,m$
$90\,m : 18\,m = 5$

Übungen

3. Rechne im Kopf.

a.	b.	c.	d.
$7 \cdot 23\,m$	$7 \cdot 8\,m$	$84\,m : 12$	$72\,km : 9\,km$
$5 \cdot 17\,m$	$5 \cdot 9\,m$	$72\,km : 24$	$64\,cm : 8\,cm$
$9 \cdot 74\,m$	$6 \cdot 7\,km$	$121\,cm : 11$	$36\,m : 12\,m$
$8 \cdot 58\,m$	$8 \cdot 9\,mm$	$65\,mm : 13$	$42\,mm : 7\,mm$

4. Berechne schriftlich.

a.	b.	c.	d.
$419 \cdot 324\,km$	$13\,104\,m : 8$	$46\,488\,m : 78$	$31\,374\,m : 54\,m$
$719 \cdot 218\,m$	$53\,774\,cm : 7$	$13\,806\,cm : 26$	$47\,214\,cm : 86\,cm$
$462 \cdot 978\,mm$	$43\,767\,m : 9$	$15\,222\,m : 59$	$49\,104\,km : 72\,km$

Mögliche Zahlenwerte: *451 836, 7682, 156 742, 258, 549, 1 638, 839, 581, 4863, 531, 682, 135 756, 596.*

5. Rechts siehst du eine Kaufhausreklame. Im Lager liegen 36 Stoffballen zu je 32 m Länge.
Stimmt die Angabe auf dem Plakat?

6. Ein Fenster ist 3,70 m breit. Für die Breite der Gardine rechnet man Fensterbreite mal 3.
Wie breit muss die Gardine sein?

7. Eine Stadionlaufbahn ist 400 m lang. Wie viele Runden muss man zurücklegen für einen

a. 2000-m-Lauf;

b. 10000-m-Lauf;

c. 5000-m-Lauf?

8. Im Werkunterricht soll ein Kantenmodell eines Würfels hergestellt werden.

a. Jede Kante soll 15 cm lang sein. Wie viel m Draht benötigt man?

b. Es stehen 1,44 m Draht zur Verfügung.
Wie lang kann eine Kante sein?

9. Tim will feststellen, wie weit ein Gewitter entfernt ist. Er sieht einen Blitz und hört den Donner 3 Sekunden [8 Sekunden] später. Das stellt er mit der Stoppuhr seiner Armbanduhr fest.
In einer Sekunde legt der Schall 333 m zurück.

10. Ein Zimmer ist 4,10 m lang. Die Einzelteile eines Aufbauregals sind 85 cm breit.
Aus wie vielen Teilen kann man ein ins Zimmer passendes Regal zusammenstellen?

11. In einer Straße werden Gasleitungen verlegt. Jedes Rohr ist 4 m lang.
   a. Man benötigt 28 Rohre.
   Wie lang ist die Gasleitung?
   b. Eine andere Straße ist 128 m lang.
   Wie viele Rohre benötigt man?

12. Kirsten sieht einen InterCityExpress vorbeifahren. Sie zählt 13 Wagen zwischen den beiden Triebköpfen und schätzt:
„Der Zug ist 400 m lang."
Die technischen Angaben der Deutschen Bahn AG sind:
Länge eines Triebkopfes: 20 560 mm
Länge eines Wagens: 26 400 mm
Berechne die tatsächliche Länge des Zuges. Um wie viel Meter hat sich Kirsten verschätzt?

13. a. Wie lang ist die gesamte Werratalbrücke der Neubaustrecke Hannover – Würzburg?
   b. Wie lang wäre die Entfernung zwischen zwei Pfeilern, wenn diese gleichmäßig verteilt wären?

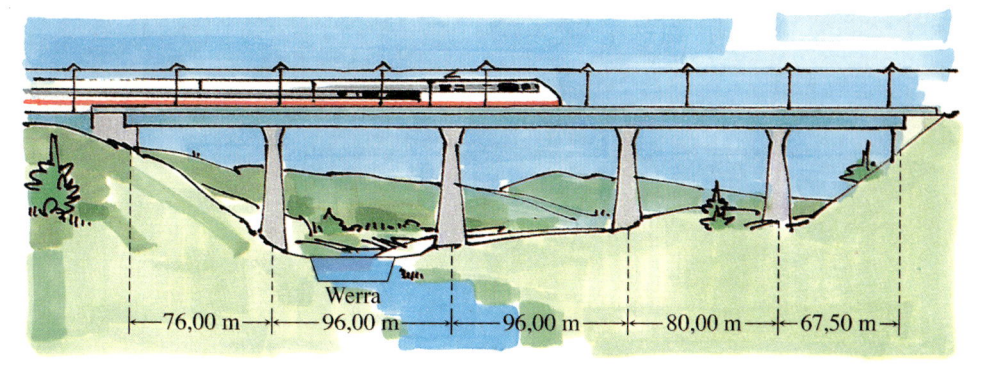

14. Bestimme mithilfe des Bildes, wie viele Geschosse das Hochhaus hat. Jedes Geschoss hat eine Höhe von 3,60 m.

    a. Welche Höhe hat das Haus?

    b. Die Stufenhöhe beträgt im Durchschnitt 18 cm.
Wie viele Treppenstufen gibt es vom Erdgeschoss bis auf das Flachdach?

15. Frau Müller fährt mit ihrem Wagen jährlich etwa 13 000 km. Sie kauft einen Gebrauchtwagen, der schon 27 200 km zurückgelegt hat.
Wie viel volle Jahre kann Frau Müller den Wagen fahren, wenn sie ihn spätestens mit 100 000 km verkaufen will?

16. Beim 110-m-Hürdenlauf sind zwei Hürden 9,14 m voneinander entfernt. Es ist günstig, wenn ein Läufer 2 m vor einer Hürde abspringt und möglichst kurz hinter der Hürde wieder aufkommt. Ein Läufer hat einen Schritt von etwa 2 m Länge.
Wie viele Schritte kann er zwischen den Hürden machen?

17. Die Fußleiste eines Zimmers soll erneuert werden. Das Zimmer ist 3,50 m breit und 7,20 m lang. Die Tür ist mit Rahmen 1,20 m breit. Fertige eine Skizze an.

18. Ein Paket ist 40 cm lang, 25 cm breit und 15 cm hoch. Beim Verschnüren werden für jeden Knoten 1 cm, zum Verknoten von Anfang und Ende zusammen 5 cm Faden benötigt.
Reichen 4 m Bindfaden zum Verpacken?

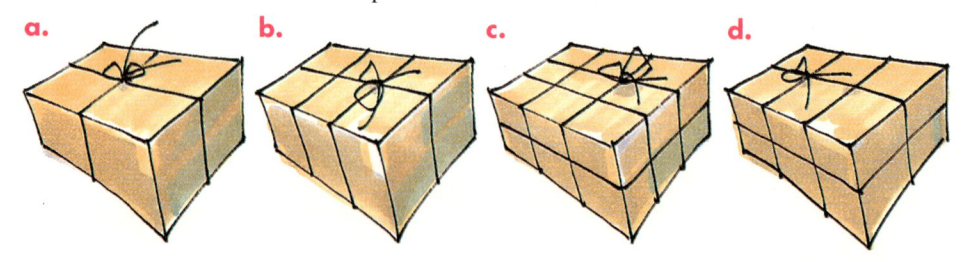

    a.   **b.**   **c.**   **d.**

▲ **19.** Herr Grenze hat einen Verkehrsunfall. Da er kein Bandmaß bei sich hat, misst er mit seiner Fußlänge einige Entfernungen:

Breite der Straße: 19 Fuß   Abstand zum Radfahrer: $6\frac{1}{2}$ Fuß

Entfernung der Autos: 4 Fuß   Abstand zum Bordstein: $5\frac{1}{2}$ Fuß

Zu Hause misst er seine Fußlänge: 28 cm.
Gib die Entfernungen mit Komma in m [in zwei Maßeinheiten] an.

Gewichte und Gewichtsmessung

Gewichtsmessung – Gewichtseinheiten und ihr Zusammenhang

Aufgabe

1. Kathrin jammert: „Meine Schultasche ist ziemlich schwer. Ich schätze, dass allein das Mathematikbuch schon $\frac{1}{2}$ kg wiegt."

- **a.** Schätze das Gewicht deines Mathematikbuches.
  Miss dann mit einer Tellerwaage und einem Gewichtssatz.
  Aus welchen Teilen besteht der Gewichtssatz?

- **b.** Kathrin stellt ihre Schultasche auf eine Personenwaage.
  Wie schwer ist die Tasche?
  Wie viele Kilogrammstücke sind zusammen so schwer wie Kathrins Schultasche?

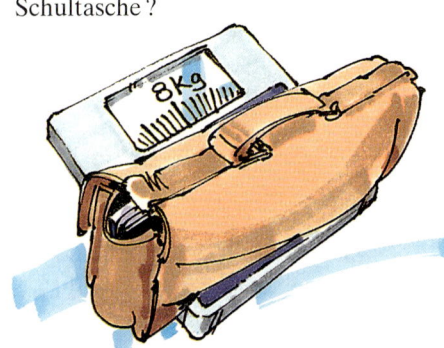

Lösung

Gewichtssatz:

500g 200g 200g 100g 50g 20g 20g 10g 5g 2g 2g 1g

- **a.** Das Gewicht des Mathematikbuches beträgt etwa 500 g ($= \frac{1}{2}$ kg). Die Waage zeigt etwas mehr an, nämlich 540 g. Oben siehst du einen Gewichtssatz.
- **b.** Die Personenwaage zeigt 8 kg an. Die Schultasche ist so schwer wie 8 Kilogrammstücke (Überprüfung mit einer Balkenwaage).

Information

(1) Gewichtsmessung

Ein Gegenstand hat das Gewicht 5 g.
Das bedeutet: Er hat dasselbe Gewicht wie 5 Grammstücke zusammen.

Bei der Gewichtsmessung mit einer Tafelwaage oder Balkenwaage legt man so viele Gewichtsstücke auf, bis die Waage im Gleichgewicht ist.

In den Naturwissenschaften (Physik, Chemie, …) sagt man *Masse* statt Gewicht.

5 g
Maßzahl Maßeinheit

(2) Gewichtseinheiten

Tonne	Kilogramm	Gramm	Milligramm
1 t	1 kg	1 g	1 mg
Ungefähr das Gewicht eines Pkw (Mittelklassewagen)	Das Gewicht eines Paketes Zucker	Ungefähr das Gewicht einer Tintenpatrone	Ungefähr das Gewicht eines Zuckerkorns

(3) Unterschied zwischen Gegenstand und Gewicht

Die beiden Körper unten haben dieselben Abmessungen. Der eine ist aus Holz, der andere aus Eisen. Sie haben unterschiedliche Gewichte.

Unten siehst du Gegenstände, die gleiches Gewicht, aber unterschiedliche Abmessungen haben.

Man muss einen Gegenstand (Körper) von seinem Gewicht *unterscheiden*.
Gegenstände mit *gleichen* Abmessungen können *verschiedenes* Gewicht haben.
Gegenstände mit *verschiedenen* Abmessungen können *gleiches* Gewicht haben.

Zum Festigen und Weiterarbeiten

2. Schätzt das Gewicht folgender Gegenstände und bestimmt dann genau mit einer Waage: Füllfederhalter, Deutschbuch, Federtasche, Rechenheft, ...
Legt eine Tabelle an.

	Geschätzt	Gewogen	Unterschied
Füllfederhalter			
Deutschbuch			
Federtasche			
Rechenheft			

Addiert die Unterschiedsbeträge in der letzten Spalte.
Wer hat die geringsten Abweichungen?

3. In welcher Maßeinheit gibt man zweckmäßig das Gewicht an?
   a. Lastkraftwagen   e. Flugzeug   i. Brief
   b. Stück Wurst   f. Wassertropfen   j. Haar
   c. Paket   g. Briefmarke
   d. Laib Brot   h. Weizenkorn

4. Was bedeutet das Verkehrsschild rechts?

5. Zwischen den Gewichtseinheiten bestehen Zusammenhänge. Diese erkennst du, wenn du folgende Fragen beantwortest.

(1) Eine Gießerei soll eine Glocke aus Bronze gießen, die genau 1 t wiegen soll. Wie viele Kilogrammstücke Bronze müssen in den Schmelzofen gegeben werden?

(2) Nora hat ihre Englischvokabeln auf Karteikarten geschrieben. Inzwischen sind es 1 000 Karten. Zusammen wiegen sie 1 kg. Wie schwer ist eine Karteikarte?

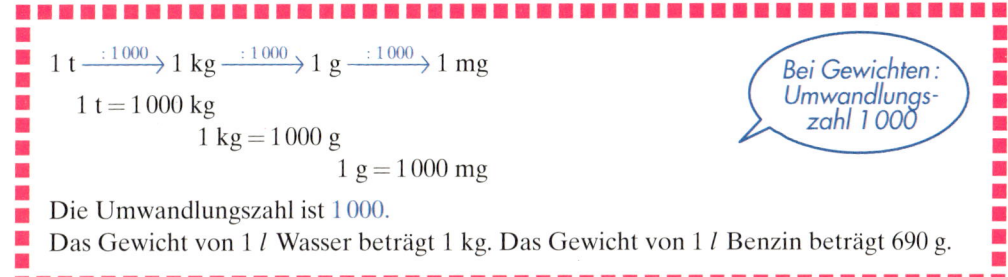

Information

$1 \text{ t} \xrightarrow{:1000} 1 \text{ kg} \xrightarrow{:1000} 1 \text{ g} \xrightarrow{:1000} 1 \text{ mg}$

1 t = 1 000 kg
      1 kg = 1 000 g
            1 g = 1 000 mg

Bei Gewichten: Umwandlungszahl 1 000

Die Umwandlungszahl ist 1 000.
Das Gewicht von 1 l Wasser beträgt 1 kg. Das Gewicht von 1 l Benzin beträgt 690 g.

Ältere Gewichtseinheiten, die aber im täglichen Leben immer noch verwendet werden, sind Zentner und Pfund. Es gilt: 1 Pfund = 500 g; 1 Zentner = 50 kg; 1 Doppelzentner = 100 kg.

6. *Gehe auf Entdeckungsreise*

Übungen

a. Nenne Gegenstände (zum Beispiel aus dem Vorratsschrank oder einem Supermarkt), die folgendes Gewicht haben:
(1) 100 g   (2) 250 g   (3) 500 g   (4) 1 kg   (5) 2 kg

b. Manchmal ist es sinnvoll sehr kleine Gewichte zu bestimmen. Als Maßeinheit wählt man dann Milligramm (mg). 1 mg ist der tausendste Teil eines Gramms.
Erkundige dich, wo man so kleine Gewichtseinheiten benötigt.

7. Gib zu jedem Gegenstand das passende Gewicht an.

Fahrrad Lok	50 kg 1 t	Briefmarke	1 mg 100 g
Bus Pkw	120 t 10 kg	Würfelzucker	40 mg 3 g
Motorrad	12 t	Kugelschreiber	30 g
		Salzkorn	
		Tafel Schokolade	

Umwandlung von Gewichtseinheiten

1. Ein Lkw kann höchstens 12 t Gewicht zuladen. Die Firma beliefert einen Großhandel mit 1-kg-Tüten Zucker. Wie viele Tüten darf er höchstens transportieren?
Wie viel kg sind also 12 t?

Aufgabe

Lösung

Pro t kann man 1 000 1-kg-Tüten Zucker laden. Bei 12 t Ladegewicht also 12 000 einzelne 1-kg-Tüten. Das bedeutet: 12 t = 12 000 kg

2. a. Wie viele 1-kg-Stücke würde man zum Abwiegen benötigen:
7 t;   19 t;   250 kg;   36 t 750 kg?

b. Wie viele 1-g-Stücke würde man zum Abwiegen benötigen:
37 kg;   395 kg;   13 kg 250 g?

Zum Festigen und Weiterarbeiten

Kapitel 5

3. Gib in der in Klammern angegebenen Maßeinheit an.

   a. 8 kg (g)   **b.** 2 000 mg (g)   **c.** 8 t (g)
      27 kg (g)   53 000 mg (g)   9 kg (mg)
      4 t (kg)   3 000 g (kg)   12 kg (mg)
      48 t (kg)   24 g (mg)   24 000 kg (t)
      8 g (mg)   349 g (mg)   8 000 kg (t)

> 1 kg = 1 000 g
> 35 kg = ? g
> 35 kg = 35 000 g

4. Schreibe in zwei Maßeinheiten.

   a. 2 575 g   **c.** 4 314 kg   **e.** 6 210 mg
   b. 8 019 g   **d.** 8 007 kg   **f.** 7 010 mg

> 3 750 g = 3 kg 750 g

5. Schreibe in der kleineren Maßeinheit.

   a. 4 kg 750 g   **c.** 9 t 210 kg   **e.** 10 g 100 mg
   b. 8 kg 10 g   **d.** 4 t 8 kg   **f.** 6 g 75 mg

> 8 kg 250 g = 8 250 g

Übungen

6. Gib in der in Klammern angegebenen Maßeinheit an.

   a. 82 kg (g)   **b.** 28 g (mg)   **c.** 3 000 g (kg)   **d.** 4 000 000 mg (kg)
      15 g (mg)   3 kg (mg)   17 000 kg (t)   8 000 000 g (t)
      4 t (kg)   4 t (g)   4 000 mg (g)   9 000 kg (t)

7. Schreibe in zwei Maßeinheiten.

   a. 2 594 g   **b.** 7 649 mg   **c.** 18 036 kg   **d.** 49 434 mg   **e.** 42 085 g   **f.** 3 475 mg
      8 543 kg   3 004 mg   42 008 g   2 005 g   51 003 kg   2 007 kg

8. Schreibe in der kleineren Maßeinheit.

   a. 7 kg 250 g   **b.** 3 kg 70 g   **c.** 2 kg 60 g   **d.** 8 kg 2 g
      8 t 490 kg   8 t 5 kg   5 t 70 kg   4 t 95 kg
      4 g 320 mg   4 g 32 mg   4 g 80 mg   1 g 9 mg

9. Gib in der in Klammern angegebenen Maßeinheit an.

   a. 66 kg (mg)   **b.** 17 t (g)   **c.** 184 g (mg)   **d.** 2 t 250 kg (g)
      24 kg (mg)   8 kg (mg)   84 kg (mg)   7 t 25 kg (g)

10. a. Ein Nashorn wiegt ungefähr 2 t,
ein Elefant ungefähr 3 t,
ein Blauwahl 130 t.
Wandle in kg um.

   b. Schreibe die Gewichte der Tiere in g.

Tier	Gewicht
Hamster	$\frac{1}{4}$ kg bis $\frac{1}{2}$ kg
Wildkaninchen	etwa $1\frac{1}{2}$ kg
Igel	bis $1\frac{1}{4}$ kg
Marder	$\frac{3}{4}$ kg bis $1\frac{3}{4}$ kg

> 1 kg = 1 000 g
> $\frac{1}{2}$ kg = die Hälfte von 1 kg

11. **a.** Welches ist das höchste Gewicht, das gewogen werden kann?

b. Welche Gewichtsstücke benutzt man für die folgenden Gewichte: 68 g; 117 g; 428 g?

c. Stelle dir vor, ein 2-g-Stück ist verloren gegangen. Welche Gewichte können nicht mehr gewogen werden?

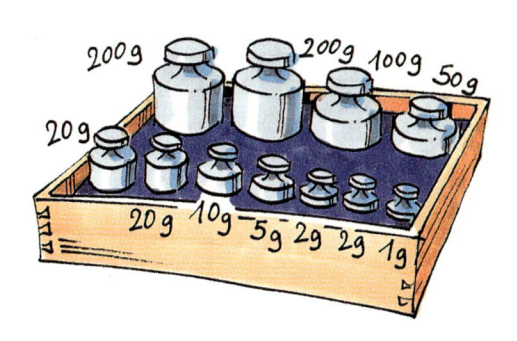

Zum Knobeln

Kommaschreibweise – Einheitentabelle

Aufgabe

1. Oft findet man Gewichtsangaben mit einem Komma. Schreibe folgende Gewichte ohne Komma:

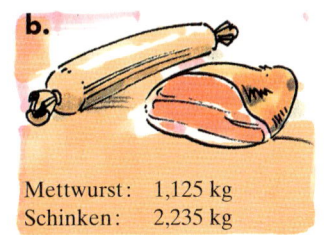

a. Müsli-Packung
Mineralstoffe 7,735 g
Vitamine 0,043 g

b. Mettwurst: 1,125 kg
Schinken: 2,235 kg

c. Lieferwagen
Leergewicht 2,445 t
Ladegewicht 3,225 t

Lösung

Lege eine Einheitentabelle an:

a.

Vor dem Komma	Nach dem Komma
g	mg
7	735
0	043

7,735 g = 7 g 735 mg
0,043 g = 0 g 43 mg

b.

Vor dem Komma	Nach dem Komma
kg	g
1	125
2	235

1,125 kg = 1 kg 125 g
2,235 kg = 2 kg 235 g

c.

Vor dem Komma	Nach dem Komma
t	kg
2	445
3	225

2,445 t = 2 t 445 kg
3,225 t = 3 t 225 kg

Information

Die in der Aufgabe 1 verwandte Einheitentabelle lässt sich zu einer großen **Einheitentabelle** ergänzen.

t			kg			g			mg			Schreibweisen
H	Z	E	H	Z	E	H	Z	E	H	Z	E	
					3	4	7	5				3 kg 475 g = 3,475 kg = 3 475 g
	2	5										2 t 500 kg = 2,5 t = 2 500 kg
							7	3	4			7 g 340 mg = 7,34 g = 7 340 mg
				1	5	0	7	0				15 kg 70 g = 15,07 kg = 15 070 g
								0	3			300 mg = 0,3 g

Zum Festigen und Weiterarbeiten

2. Schreibe mit zwei Maßeinheiten. $\boxed{7,8\,t = 7\,t\ 800\,kg}$

   a. 3,785 kg   b. 4,578 t   c. 3,578 g   d. 3,5 kg   e. 72 t   f. 2,5 g
      3,75 kg   4,57 t   2,63 g   4,7 kg   3,5 kg   27,05 kg
      3,7 kg   4,5 t   2,6 g   0,5 kg   2,7 g   0,54 t

3. Schreibe mit Komma in der größeren Maßeinheit. $\boxed{7\,kg\ 390\,g = 7,39\,kg}$

   a. 3 kg 217 g   b. 41 kg 19 g   c. 3 t 750 kg   d. 24 t 20 kg   e. 143 g 710 mg
      7 kg 245 g   22 kg 7 g   24 t 500 kg   4 t 9 kg   52 g   20 mg

4. Drücke in der in Klammern angegebenen Maßeinheit aus. $\boxed{8,35\,kg = 8\,350\,g}$

   a. 3,75 kg (g)   b. 4,517 t (kg) c. 3,45 kg (g)   d. 24,725 t (kg) e. 2,51 g (mg)
      0,4 kg (g)   0,45 t (kg)   0,05 kg (g)   0,5 t   (kg)   0,5 g (mg)

5. Schreibe in der in Klammern angegebenen Maßeinheit. $\boxed{750\,g = 0,75\,kg}$

   a. 250 g (kg)   c. 750 kg (t)   e. 294 mg (g)   g. 30 mg (g)   i. 20 g (kg)
   b. 300 g (kg)   d. 83 kg (t)   f. 300 mg (g)   h. 8 mg (g)   j. 2 g (kg)

Übungen

6. Fertige eine Einheitentabelle an, trage ein und notiere zwei weitere Schreibweisen.

   a. 13 kg 98 g   b. 4 t 5 kg   c. 8 t 215 kg   d. 713 kg
      473 mg   7 kg 215 g   8 kg 80 g   28 719 mg
      2 t 18 kg   5 g 125 mg   7 g 5 mg   3 kg 17 g

7. Schreibe mit Komma in der größeren Maßeinheit.

   a. 3 kg 200 g   b. 49 t 800 kg   c. 5 g 180 mg   d. 74 kg 200 g
      8 kg 20 g   49 t 80 kg   8 g 18 mg   39 t 800 kg
      4 kg   2 g   49 t   8 kg   4 g   1 mg   14 g 100 mg

8. Schreibe mit zwei Maßeinheiten.

   a. 7,854 kg   b. 37,5 kg   c. 24,876 t   d. 4,055 t   e. 8,743 g   f. 98,075 g
      7,054 kg   57,05 kg   64,07 t   14,7 t   8,7 g   68,007 g
      7,004 kg   77,205 kg   34,007 t   4,505 t   48,07 g   28,705 g

9. Gib in der in Klammern angegebenen Maßeinheit an.

   a. 3,7 kg   (g)   b. 8,247 t (kg) c. 1,125 g (mg) d. 0,7 kg   (g)
      0,75 kg (g)   8,02 t (kg)   1,5 g   (mg)   0,007 t (kg)
      0,075 kg (g)   0,2 t   (kg)   1,05 g (mg)   1,005 g (mg)

10. Schreibe mit Komma in der in Klammern angegebenen Maßeinheit.

    a. 700 kg (t)   b. 300 kg (t)
       250 g (kg)   480 mg (g)
       7 g (kg)   70 g (kg)
       20 mg (g)   700 g (kg)

11. Männer und Frauen stoßen mit unterschiedlich schweren Kugeln. Wandle die Gewichte im Bild in Angaben mit mehreren Maßeinheiten um.

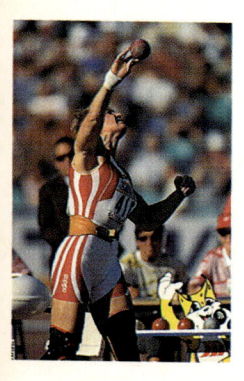

    (7,257 kg / 4 kg)

Rechnen mit Gewichten

Addition und Subtraktion von Gewichten

1. a. Daniels Mutter hat ein Obst- und Gemüsegeschäft. Sie verkauft an einem Vormittag 147 kg Äpfel und am Nachmittag 232 kg. Wie viel kg hat sie zusammen verkauft? **Aufgabe**

b. Daniels Mutter hatte einen Vorrat von 762 kg Äpfeln. Wie viel kg Äpfel hat sie übrig?

Lösung

a. *Rechnung:*
```
  147 kg
+ 232 kg
--------
  379 kg
```
Ergebnis: Daniels Mutter hat zusammen 379 kg verkauft.

b. *Rechnung:*
```
  762 kg
− 379 kg
   1 1
--------
  383 kg
```
Ergebnis: Daniels Mutter hat noch 383 kg übrig.

2. a. 3 784 kg + 9 728 kg **b.** 3 746 t + 9 876 t **c.** 4 756 g + 4 755 g **d.** 8 275 kg − 7 985 kg **e.** 7 487 t − 6 624 t **f.** 47 529 g − 46 589 g   **Übungen**

Mögliche Zahlenwerte: 9 511, 13 622, 863, 780, 13 512, 290, 13 612, 940.

3. a. 87 543 kg + 75 438 kg + 28 434 kg + 39 475 kg **b.** 82 765 g + 27 349 g + 47 826 g + 98 743 g **c.** 214 t + 518 t + 293 t + 314 t **d.** 92 476 kg − 9 843 kg − 1 985 kg − 8 976 kg **e.** 138 456 g − 47 285 g − 24 219 g − 14 936 g

4. Verenas Vater kauft 5 kg Kartoffeln, 2,5 kg Braten und 4,5 kg Obst. Wie viel kg muss er nach Hause tragen?

5. Ein Lkw hat 5 t Tragfähigkeit. Auf ihm befinden sich bereits Ladungen mit den Gewichten 380 kg, 785 kg und 2 t 10 kg. Wie viel kg darf noch zugeladen werden?

Multiplikation und Division bei Gewichten

1. a. Daniels Mutter verkauft an einem Tag 24 Beutel mit je 5 kg Kartoffeln. Wie viel kg hat sie insgesamt verkauft? **Aufgabe**

b. Am Morgen hat sie 200 kg Kartoffeln im Großmarkt eingekauft. Diese werden in 5-kg-Beutel umgefüllt. Wie viele Beutel sind das?

c. An einem anderen Tag hat sie für 200 kg Kartoffeln nur 8 große Beutel zur Verfügung. Sie verteilt die Kartoffeln gleichmäßig. Wie viel kg sind in jedem Beutel?

Lösung

a. *Rechnung:* Da alle Beutel gleich schwer sind, gilt: 24 · 5 kg = 120 kg
   Ergebnis: Daniels Mutter hat insgesamt 120 kg verkauft.

b. *Rechnung:* Da eine Zerlegung in Teile zu je 5 kg erfolgt, gilt: 200 kg : 5 kg = 40
   Ergebnis: Man erhält 40 Beutel.

c. *Rechnung:* Da eine Zerlegung in 8 gleich schwere Teile erfolgt, gilt:
   200 kg : 8 = 25 kg
   Ergebnis: In jedem Beutel sind 25 kg.

Zum Festigen und Weiterarbeiten

2. Die Bilder zeigen Schachteln und Kisten. Schreibe und rechne wie im Beispiel.

   a.   b.

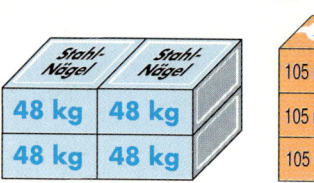

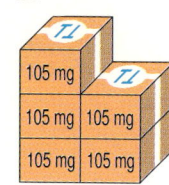

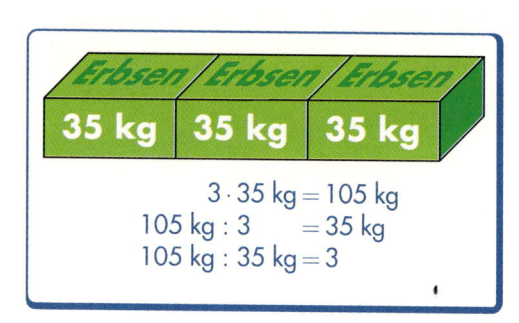

   3 · 35 kg = 105 kg
   105 kg : 3   = 35 kg
   105 kg : 35 kg = 3

Übungen

3. a. Rechne im Kopf.

   (1) 8 · 19 kg   (2) 18 · 6 t   (3) 413 g : 7   (4) 385 kg : 5 kg   (5) 1 860 mg : 12
       4 · 27 g   5 · 23 g   456 t : 8   522 t : 9 t   1 050 t : 15

   b. Rechne schriftlich.

   (1) 339 · 712 kg   (2) 738 t : 9   (3) 28 704 kg : 32   (4) 23 868 g : 52 g
       526 · 953 mg   858 g : 6   54 264 t : 57   39 644 mg : 68 mg

   Mögliche Zahlenwerte: 94, 897, 143, 474, 952, 352 639, 82, 501 278, 459, 627, 241 368, 583.

4. Ein Schiff soll mit Koks aus 38 Güterwagen beladen werden. Jeder Wagen fasst 12 t. Der Laderaum des Schiffes fasst 500 t. Kann der gesamte Koks verladen werden?

5. Jennifers Vater lädt zum Abendessen ein. Am Essen nehmen 8 Personen teil. Für jede Person rechnet er mit 150 g Fleisch. Wie viel kg Fleisch muss er einkaufen?

6. In einem Aufzug ist das nebenstehende Schild angebracht. Wie viel kg wird dabei für eine einzelne Person gerechnet?

7. Eine Zementfabrik stellt täglich
   a. 570 t Zement,
   b. 730 t Zement her.

   Er wird in Säcke von je 50 kg verpackt.

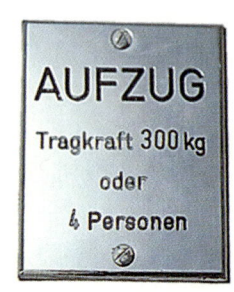

8. a. Ein Kaufmann füllt 5 kg Tee in Tüten zu je 250 g. Wie viele Tüten erhält er?
   b. Es sind 190 Tüten mit je 250 g Tee vorrätig. Wie viel kg Tee ist das zusammen?
   c. 40 kg sollen auf 160 Tüten gleichmäßig verteilt werden. Wie viel g enthält dann jede Tüte?

Zeitspannen – Zeitpunkte – Rechnen mit Zeitspannen

Zeitmessung – Zeitdauer, Zeitpunkt

Aufgabe

1. a. Anne fährt jeden Tag mit dem Fahrrad zur Schule. Sie möchte wissen, wie viel Zeit sie für den Schulweg braucht. Wie kann sie ihr Problem mit der Stoppuhr lösen? Wie kann sie ihr Problem mit der Armbanduhr lösen?

b. Anne fährt um 7.35 Uhr zu Hause ab. Wegen einer Reifenpanne trifft sie erst um 8.07 Uhr in der Schule ein. Wie lange hat sie heute für den Schulweg gebraucht?

Lösung

a. Anne möchte die *Zeitdauer (Zeitspanne)* für den Schulweg bestimmen.
  (1) *Mit der Stoppuhr:*
      Man startet die Stoppuhr zu Beginn des Schulwegs und hält sie bei Beendigung des Schulweges an. Die Stoppuhr misst die dazwischen gelegene Zeitdauer.
  (2) *Mit der Armbanduhr:*
      Man liest zwei Uhrzeiten (Zeitpunkte) an der Armbanduhr ab: die Uhrzeit am Anfang des Schulweges und die Uhrzeit am Ende des Schulweges. Dazwischen liegt die gesuchte Zeitdauer (Zeitspanne). Diese ist dann zu berechnen.

b. *Berechnung der Zeitdauer in Schritten:*

7.35 Uhr bis 8.00 Uhr:	25 Minuten
8.00 Uhr bis 8.07 Uhr:	7 Minuten
7.35 Uhr bis 8.07 Uhr:	32 Minuten

Ergebnis: Anne hat heute für den Schulweg 32 min gebraucht.

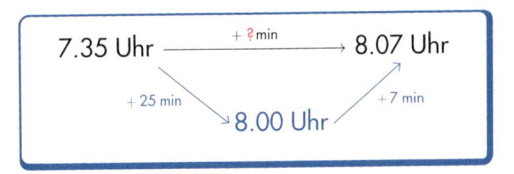

Information

(1) Zeitpunkt und Zeitdauer (Zeitspanne)

An einer Uhr kann man **Zeitpunkte** (Uhrzeiten) ablesen. Zwischen zwei Zeitpunkten liegt eine **Zeitdauer (Zeitspanne).**

(2) Bestimmen von Zeitspannen

Zum Messen der Zeitdauer eines Vorgangs liest man an einer Uhr den Zeitpunkt am Beginn und den Zeitpunkt am Ende des Vorgangs ab und berechnet den Unterschied.
Mit einer Stoppuhr kann man eine Zeitdauer direkt messen.

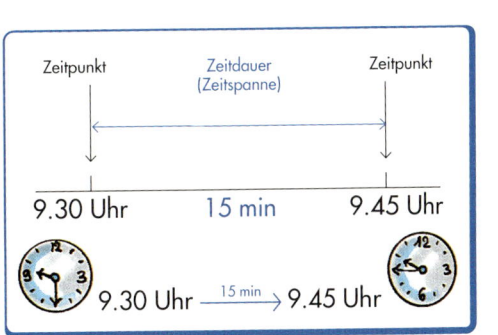

(3) Maßeinheiten für Zeitspannen und ihr Zusammenhang

Man muss einen **Zeitpunkt** (Uhrzeit, Datum) von einer **Zeitspanne** (Zeitdauer) unterscheiden. Zwischen zwei Zeitpunkten liegt eine Zeitspanne.

7.58 Uhr $\xrightarrow{+\,15\,\text{min}}$ 8.13 Uhr

Eine Zeitdauer (Zeitspanne) wird in den Maßeinheiten Sekunde (s), Minute (min), Stunde (h) und Tag (d) gemessen (h von hora, hour; d von dies, day).

1 d = 24 h,   1 h = 60 min,   1 min = 60 s

$$7\ \text{h}$$
↗   ↖
Maßzahl   Maßeinheit

Zum Festigen und Weiterarbeiten

2. a. Der Spielfilm „Ein Turbo räumt den Highway auf" beginnt um 20.15 Uhr und endet um 21.38 Uhr. Wie viel min dauert der Spielfilm?

b. Bestimme die Zeitdauer:

9.18 Uhr ⟶ 9.47 Uhr   17.24 Uhr ⟶ 17.53 Uhr   15.48 Uhr ⟶ 16.12 Uhr
17.48 Uhr ⟶ 17.46 Uhr   9.24 Uhr ⟶ 10.04 Uhr   18.29 Uhr ⟶ 20.05 Uhr

3. Schreibe in der Maßeinheit, die in der Klammer steht.

a. 5 min (s)
18 min (s)
47 min (s)

b. 480 s (min)
720 s (min)
960 s (min)

c. 3 h (min)
14 h (min)
28 h (min)

d. 360 min (h)
480 min (h)
5 d (h)

e. 24 d (h)
17 d (h)
144 h (d)

f. 7 min (s)
180 s (min)
2 h (min)

g. $\frac{1}{2}$ h (min)
$\frac{3}{4}$ h (min)

h. $\frac{1}{2}$ min (s)
$1\frac{1}{2}$ h (min)

> 7 min (s)
> 7 min = 420 s

4. Wandle in die kleinere Maßeinheit um.

a. 8 min 12 s
14 min 8 s
9 min 49 s

b. 9 h 12 min
7 h 18 min
3 h 55 min

c. 1 d 9 h
4 d 18 h
5 d 23 h

d. 9 min 54 s
21 h 53 min
7 d 7 h

> 8 min 42 s = 480 s + 42 s
>   = 522 s

5. Schreibe mit zwei Maßeinheiten (in der Klammer angegeben).

a. 85 s (min; s)
90 s (min; s)
43 h (d; h)

b. 73 min (h; min)
89 min (h; min)
52 h (d; h)

c. 144 s (min; s)
34 h (d; h)
137 min (h; min)

d. 246 h (d; h)
3120 s (min; s)
4213 min (h; min)

> 83 s (min; s):
> 83 s = 1 min 23 s

Teamarbeit

6. So kannst du dein „Zeitgefühl" testen:
Klatsche einmal mit den Händen. Warte!
Wenn du meinst, dass 1 min vergangen ist, klatsche noch einmal.
Dein Nachbar misst die Zeitspanne zwischen dem ersten und dem zweiten Klatschen.
Um wie viel Sekunden hast du dich verschätzt?
Wer hat das beste Zeitgefühl?

7. Bestimme die Zeitdauer.

	a.	b.	c.	d.	e.	f.	g.
Anfang	7.25 Uhr	8.45 Uhr	9.23 Uhr	12.50 Uhr	15.20 Uhr	18.12 Uhr	19.46 Uhr
Ende	9.47 Uhr	9.53 Uhr	10.05 Uhr	14.24 Uhr	17.14 Uhr	20.05 Uhr	22.15 Uhr

8. Ein Flugzeug startet in Frankfurt um 8.38 Uhr und landet auf Kreta um 11.15 Uhr. Wie lange dauert der Flug?

9.

690 Koblenz — Trier   Moselstrecke

Zug			RE 3967	RB 7442	D 1629	IR 2336	RB 7450	RE 3971
Koblenz Hbf 470, 471			14 17	14 33	14 59	15 19	15 33	16 17
Koblenz-Moselweiß				14 37			15 37	
Güls (Kreis Koblenz)				14 39			15 39	
Winningen (Mosel)				14 43			15 43	
Kobern-Gondorf				14 49		15 14	15 49	
Lehmen				14 51			15 51	
Kattenes				14 55			15 55	
Löf				14 59			15 59	
Hatzenport				15 02			16 02	
Moselkern				15 06			16 06	
Müden (Mosel)				15 09			16 09	
Treis-Karden			14 42	15 13			16 13	16 42
Pommern (Mosel)				15 16			16 16	
Klotten				15 20			16 20	
Cochem (Mosel)	3	o	14 50	15 23	15 37	15 51	16 23	16 50
Cochem (Mosel)			14 51	15 24		15 52	16 24	16 51
Ediger-Eller				15 28			16 28	
Neef				15 31			16 31	
Bullay (DB)	691	3 o	14 59	15 34		16 00	16 34	16 59
Bullay (DB)			15 00	15 35		16 01	16 35	17 00
Bengel				15 41			16 41	
Ürzig (DB)				15 46			16 46	
Wittlich Hbf		3 o	15 11	15 50		16 13	16 50	17 11
Wittlich Hbf			15 12	15 51		16 14	16 51	17 12
Salmrohr				15 57			16 57	
Sehlem (Kreis Wittlich)				16 00			17 00	
Hetzerath				16 04			17 04	
Föhren				16 08			17 08	
Schweich (DB)				16 11			17 11	
Quint				16 15			17 15	
Ehrang	474	3		16 18			17 18	
Pfalzel				16 21			17 21	
Trier Hbf ▶	474	4 o	15 35	16 26		16 38	17 26	17 35

Manche Fahrpläne sind nicht leicht zu überblicken. Oben siehst du einen Ausschnitt aus dem Kursbuch der Deutschen Bahn AG.

Carmen wohnt in Koblenz. Sie möchte ihre Tante in Trier besuchen. Sie fährt um 14.17 Uhr mit dem Regionalexpress aus Koblenz ab.

a. Auf welchen Bahnhöfen zwischen Koblenz und Trier hält der Zug?
Wie viel min hält er auf jedem Bahnhof?

b. Wann wird Carmen in Trier ankommen?
Vom Bahnhof Trier bis zur Wohnung ihrer Tante braucht Carmen 15 min zu Fuß.
Wann wird Carmen bei der Tante klingeln?

c. Wie lange ist der Zug von Koblenz bis Trier unterwegs?

d. Suche aus dem Fahrplan den Zug, der von Koblenz bis Trier am wenigsten [am meisten] Zeit braucht.

Kapitel 5

10. Drücke in der in Klammern angegebenen Maßeinheit aus.

- **a.** 24 h (min)
  21 h (min)
  18 min (s)
- **b.** 7 d (h)
  30 d (h)
  120 h (d)
- **c.** 1 440 s (min)
  3 060 s (min)
  360 min (h)
- **d.** 3 480 min (h)
  168 h (d)
  288 h (d)
- **e.** 7 200 s (h)
  69 120 min (d)
  14 400 min (h)
- **f.** 2 d (min)
  5 d (min)
  2 h 30 min (s)
- **g.** 5 d 7 h (min)
  10 800 min (d)
  64 800 s (h)
- **h.** 2 d (s)
  4 d 18 h (s)
  777 600 s (d)

11. Schreibe in der kleineren Maßeinheit.

> 12 min 11 s = 731 s

- **a.** 6 min 24 s
  9 min 12 s
  47 min 52 s
- **b.** 9 h 18 min
  13 h 37 min
  18 h 45 min
- **c.** 2 d 17 h
  8 d 12 h
  25 d 10 h
- **d.** 2 h 10 s
  8 h 20 s
  4 h 45 s

12. Schreibe mit zwei Maßeinheiten (in der Klammer angegeben).

- **a.** 74 min (h ; min)
  110 min (h ; min)
  200 min (h ; min)
- **b.** 80 s (min ; s)
  115 s (min ; s)
  241 s (min ; s)
- **c.** 30 h (d ; h)
  45 h (d ; h)
  64 h (d ; h)
- **d.** 317 s (min ; s)
  80 h (d ; h)
  522 min (h ; min)

13.
- **a.** Für einen 800-m-Lauf braucht ein Läufer 1 min 45 s. Wie viel Sekunden sind das?
- **b.** Für einen 1 500-m-Lauf benötigt eine Läuferin 4 min 39 s.
  Wie viel Sekunden sind das?
- **c.** Für einen Marathonlauf (42,195 km) benötigt ein Läufer 2 h 37 min.
  Wie viel min sind das?

14.
- **a.** 1 Woche hat 7 Tage. Wie viel Stunden sind das? Wie viel Minuten sind das?
- **b.** 1 Jahr hat 365 Tage. Wie viel Stunden sind das? Wie viel Minuten sind das?

15. In Kalendern werden häufig die Uhrzeiten für Sonnenaufgang und Sonnenuntergang angegeben. Da diese Uhrzeiten von der Lage der Orte abhängen, hat man sich für die Kalenderangaben auf eine Stadt in der Mitte Deutschlands, nämlich Kassel, geeinigt.

- **a.** Das Bild unten zeigt, wann am 2. September 1996 Sonnenaufgang und Sonnenuntergang war. Berechne die Zeitspanne zwischen Sonnenaufgang und -untergang.
- **b.** Die längste Zeitspanne zwischen Sonnenaufgang und -untergang ist am Sommeranfang, die kürzeste Zeitspanne am Winteranfang. Für 1996 galt in Mainz:

  Sommeranfang 21. Juni: Sonnenaufgang 5.18 Uhr, Sonnenuntergang 21.40 Uhr
  Winteranfang 21. Dezember: Sonnenaufgang 8.22 Uhr, Sonnenuntergang 16.28 Uhr

  Berechne für beide Tage die Zeit zwischen Aufgang und -untergang. Vergleiche.
- **c.** Sieh in einem Kalender oder in einer Tageszeitung nach, wann am heutigen Tag die Sonne aufgeht und wann sie untergeht. Wie viel Zeit liegt dazwischen?

6.37 Uhr   **20.05 Uhr**

16. a. In einer Schule beginnt der Unterricht um 7.50 Uhr. Die erste Stunde dauert 40 min. Um wie viel Uhr endet sie?

b. Die erste Pause dauert 5 min und die anschließende Stunde 45 min. Wann endet die zweite Stunde?

c. Die zweite Pause dauert 15 min. Wann beginnt die dritte Stunde?

17. a. Eine Raumkapsel ist 1 000 h im Weltall. Wie viel Wochen, Tage, Stunden sind das?

b. Wie viel Jahre ist man alt, wenn man 100 000 h gelebt hat?

18.

Wie viel Jahre alt sind folgende berühmte Personen geworden? Sie sind auf den DM-Geldscheinen (gültig bis 2002) abgebildet.

a. Bettina v. Arnim: 4.4.1785 bis 20.1.1859 (Schriftstellerin; 5 DM-Schein)
b. Carl Friedrich Gauß: 30.4.1777 bis 23.2.1855 (Mathematiker; 10 DM-Schein)
c. Anette v. Droste-Hülshoff: 10.1.1797 bis 24.5.1848 (Dichterin; 20 DM-Schein)
d. Balthasar Neumann: 30.1.1687 bis 19.8.1753 (Baumeister; 50 DM-Schein)
e. Clara Schumann: 13.9.1819 bis 20.5.1896 (Pianistin; 100 DM-Schein)
f. Paul Ehrlich: 14.3.1854 bis 20.8.1915 (Mediziner; 200 DM-Schein)

Addition und Subtraktion von Zeitspannen

1. Ein Läufer will bei einem 5 000-m-Lauf unter 13 min bleiben. Er legt die ersten 3 000 m in 8 min 29 s zurück.

Aufgabe

a. Schafft er es, wenn er die letzten 2 000 m in 4 min 34 s zurücklegt?

b. Die Gesamtzeit des Läufers beträgt 13 min 11 s. In welcher Zeit ist er die letzten 2 000 m gelaufen?

Lösung

a. *Rechnung:* 8 min 29 s + 4 min 34 s = 12 min 63 s
= 13 min 3 s
Ergebnis: Er schafft es nicht, da er 3 s mehr als 13 min braucht.

b. *Rechnung:* 13 min 11 s − 8 min 29 s = 12 min 71 s − 8 min 29 s
= 4 min 42 s
Ergebnis: Er ist die letzten 2 000 m in 4 min 42 s gelaufen.

Kapitel 5

Übungen

2. Bei einer 4 × 400-m-Staffel benötigen die einzelnen Läuferinnen 52 s, 54 s, 51 s, 56 s. Welche Zeit wurde für die Staffel benötigt? (Wandle in Minuten um.)

3. Eine Filmszene besteht aus drei Teilen.
Für die einzelnen Teile sind vorgesehen: 108 s; 1 min 52 s; 2 min 5 s.
Die gesamte Szene soll auf 3 min gekürzt werden und zwar jeder Teil um die gleiche Zeitspanne.
Wie lange dauern dann die einzelnen Teile?

4. a. Berechne mithilfe des Fahrplans für den IR 2539 die gesamte reine Fahrzeit von Saarbrücken nach Münster und die Gesamtdauer der Aufenthalte.

Saarbrücken	ab 16.15	Cochem	ab 18.03	Düsseldorf	ab 20.13
Saarlouis	an 16.29	Koblenz	an 18.37	Duisburg	an 20.25
Saarlouis	ab 16.30	Koblenz	ab 18.45	Duisburg	ab 20.27
Merzig	an 16.40	Andernach	an 18.57	Oberhausen	an 20.33
Merzig	ab 16.41	Andernach	ab 18.59	Oberhausen	ab 20.36
Trier	an 17.15	Remagen	an 19.11	Gelsenkirchen	an 20.45
Trier	ab 17.17	Remagen	ab 19.12	Gelsenkirchen	ab 20.46
Wittlich	an 17.40	Bonn	an 19.23	Wanne-Eickel	an 20.51
Wittlich	ab 17.41	Bonn	ab 19.25	Wanne-Eickel	ab 20.52
Bullay	an 17.53	Köln	an 19.45	Recklinghausen	an 20.58
Bullay	ab 17.54	Köln	ab 19.48	Recklinghausen	ab 20.59
Cochem	an 18.02	Düsseldorf	an 20.11	Münster	an 21.28

b. Sieh im Atlas nach, welchen Weg der Zug fährt.

Multiplikation und Division bei Zeitspannen

Aufgabe

1. Sina, Christoph und Janina trainieren für die Stadtmeisterschaften im Schwimmen. Im Training durchschwimmen sie die Bahnen sehr gleichmäßig.

a. Sina benötigt für eine Bahn 37 s. Sie schwimmt 8 Bahnen im gleichen Tempo.
Wie viel Sekunden benötigt sie dafür?

b. Janina schwimmt die gleiche Strecke in 5 min 36 s.
Wie viel Sekunden benötigt sie für eine Bahn?

c. Christoph benötigt für eine Bahn 32 s.
Wie viele Bahnen schwimmt er in 6 min 24 s?

Lösung

a. *Rechnung:* 8 · 37 s = 296 s = 4 min 56 s
Ergebnis: Sina benötigt 4 min 56 s für 8 Bahnen.

b. *Rechnung:* 5 min 36 s : 8 = 336 s : 8 = 42 s
Ergebnis: Janina benötigt 42 s für eine Bahn.

c. *Rechnung:* 6 min 24 s : 32 s = 384 s : 32 s = 12
Ergebnis: Christoph schwimmt 12 Bahnen.

2. Ein Satellit macht um die Erde 12 Umläufe in 24 Stunden.

a. Wie viel Stunden benötigt er für einen Umlauf, wie viel Stunden für 7 Umläufe?

b. Wie viele Umläufe schafft er in 50 Stunden?

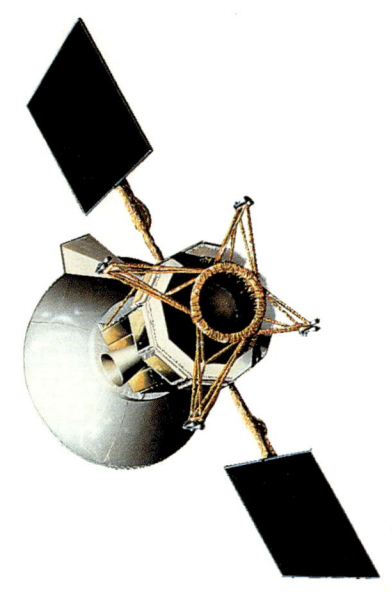

Übungen

3. a. Marina läuft eine Sportplatzrunde (siehe Bild Seite 148) in 72 s. Sie rechnet sich aus, wie viel Sekunden sie für 5 Runden benötigt.
Wie viel Sekunden sind das? Rechne auch in min um.
Wird sie diese Zeit auch einhalten können?

b. Tim läuft 4 Runden in 4 min 32 s.
Wie viel hat er im Durchschnitt für 1 Runde benötigt?

c. Kirsten ist mehrere Runden in 16 min gelaufen. Für eine Runde braucht sie 2 min.
Wie viele Runden ist sie gelaufen?

4. a. Ein Rennfahrer durchfährt eine Rennstrecke. Für jede Runde benötigt er durchschnittlich 3 min 47 s.
Welche Zeit benötigt er für 25 [für 30; für 50] Runden?

b. Nach 3 h wird das Rennen abgewinkt.
Wie viele volle Runden ist er gefahren?
In der wie vielten Runde befindet er sich?

c. Ein anderer Rennfahrer benötigt für 20 Runden 1 h 15 min.
Ist er schneller oder langsamer als der erste Rennfahrer?

5. Ein 10 000-m-Läufer benötigt für seinen Lauf 29 min 10 s.
Wie lange benötigt er im Durchschnitt für 1 Runde (400 m)?

6. Eine Langstreckenläuferin läuft im Training eine Strecke von 5 000 m in 20 min.
Wie lange braucht sie im Durchschnitt für 1 Runde (400 m)?

Vermischte Übungen

1. Bei einer Werbesendung im Fernsehen kostet 1 s Sendezeit 47,75 €. Eine Sendung läuft am Montag 1 min, am Dienstag $\frac{1}{2}$ min und am Donnerstag $\frac{1}{4}$ min.
   a. Wie teuer sind die drei Sendungen zusammen?
   b. Die Sendungen werden 18 Wochen ausgestrahlt. Wie teuer war die Werbung insgesamt?

2. a. Eine Radfahrerin macht 325 Pedalumdrehungen. Wie weit kommt sie damit in den einzelnen Gängen?
   b. Wie viele Pedalumdrehungen braucht man in den einzelnen Gängen um 1 km zurückzulegen?

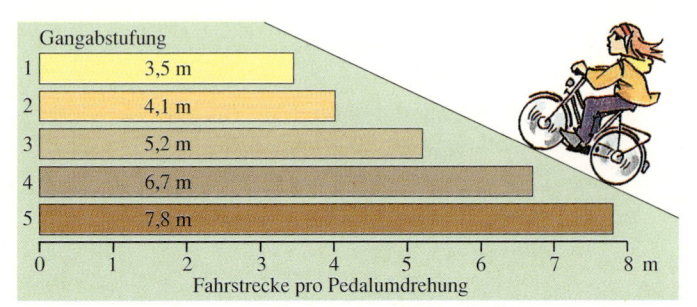

Gangabstufung
Gang	Fahrstrecke pro Pedalumdrehung
1	3,5 m
2	4,1 m
3	5,2 m
4	6,7 m
5	7,8 m

3. a. Lies folgende Entfernungen ab.
   (1) Braunschweig–Hannover
   (2) Bremen–Emden
   (3) Emden–Hannover
   (4) Bremen–Hannover
   (5) Koblenz–München
   (6) Hamburg–Berlin
   Warum sind die Kästchen in der Diagonalen von links oben nach rechts unten leer?
   b. Lies folgende Entfernungen ab.
   (1) Paris–London
   (2) Madrid–Rom
   (3) Berlin–Oslo
   (4) Bonn-Brüssel
   (5) Kopenhagen–Rom
   (6) Amsterdam–Paris

Entfernungstabelle in Kilometern
Kürzeste Entfernung über die Straße

	Berlin	Bonn	Braunschweig	Bremen	Düsseldorf	Emden	Hamburg	Hannover	Koblenz	München	Entfernungen in Deutschland in km
Amsterdam		598	277	377	572	524	289	282	612	584	Berlin
Berlin	685		383	349	77	405	459	324	63	564	Bonn
Bonn	279	598		167	351	303	196	61	453	625	Braunschweig
Brüssel	198	789	191		317	138	119	125	419	753	Bremen
Kopenhagen	803	461	766	968		373	427	292	158	621	Düsseldorf
London	344	996	565	374	1147		255	261	475	891	Emden
Madrid	1735	2360	1747	1556	2539	1725		154	529	782	Hamburg
Oslo	1397	1040	1360	1562	594	1741	3133		388	639	Hannover
Paris	475	1100	487	296	1279	465	1260	1873		489	Koblenz
Rom	1766	1529	1489	1545	2019	1902	2086	2613	1437		München
Entfernungen in Europa in km	Amsterdam	Berlin	Bonn	Brüssel	Kopenhagen	London	Madrid	Oslo	Paris	Rom	

   c. Ein Lkw-Fahrer fährt folgende Route: Emden–Bremen–Hamburg–Berlin–Hannover. Wie viel km legt er zurück?
   d. Herr Behnke aus Koblenz macht eine Fahrt über Brüssel, London, Amsterdam und wieder zurück nach Koblenz. Wie viel km hat er zurückgelegt?
   e. Familie Singer aus Berlin verbringt ihren Urlaub in der Nähe von Madrid. Auf der Hinfahrt fahren sie über Bonn und Paris, auf der Rückfahrt über Paris, Brüssel, Amsterdam. Wie viel km legt sie auf der Hinfahrt, wie viel auf der Rückfahrt zurück?

Bist du fit?

1. Schreibe mit der in Klammern angegebenen Maßeinheit.

a. 9 m (dm)	**b.** 7 000 m (km)	**c.** 3,5 km (m)	**d.** 38 kg (g)	**e.** 12 000 g (kg)
14 m (dm)	130 dm (m)	7,8 cm (mm)	14 t (kg)	7 000 mg (g)
37 km (m)	70 mm (cm)	0,57 m (cm)	900 g (mg)	4 000 kg (t)
400 cm (m)	70 cm (mm)	4,7 m (cm)	80 g (mg)	9 000 g (kg)

2. Schreibe mit zwei Maßeinheiten und mit Komma.

a. 4 780 m	**b.** 19 mm	**c.** 753 mm	**d.** 2 575 g	**e.** 5 900 mg	**f.** 12 g
475 cm	7 500 m	4 823 mm	8 473 kg	3 500 kg	41 kg

3. Schreibe mit der in Klammern angegebenen Maßeinheit.

a. 32 min (s)	**b.** 10 min 36 s (s)	**c.** 1 980 s (min)	**d.** 780 min (h)
18 h (min)	22 h 18 min (min)	192 h (d)	4 d (h)

4. Rechts siehst du den Zeitplan für den Unterricht einer Schule.

  a. Wie lange dauern die einzelnen Pausen?

  b. Überprüfe, ob alle Unterrichtsstunden 45 min dauern.

  c. Wie lang ist die gesamte Pausenzeit?

  d. Wie lang ist die gesamte Unterrichtszeit?

Stundenplan

1. Stunde	7:50 Uhr – 8:35 Uhr	Deut
2. Stunde	8:40 Uhr – 9:25 Uhr	Math
3. Stunde	9:45 Uhr – 10:30 Uhr	Biol
4. Stunde	10:35 Uhr – 11:20 Uhr	Erd
5. Stunde	11:40 Uhr – 12:25 Uhr	Spor
6. Stunde	12:30 Uhr – 13:45 Uhr	Spor

5. 12 Saugbagger entladen ein Schiff mit 28 800 t Getreide in 24 Stunden.

  a. Wie viel Tonnen Getreide schafft ein Saugbagger in 24 Stunden?

  b. Wie viel Tonnen schafft ein Saugbagger in 1 Stunde?

6. a. Manuels Vater nimmt für 1 Tasse Kaffee 4 g Kaffeemehl. Für wie viele Tassen reicht dann eine 500-g-Packung?

  b. Manuels Mutter nimmt für 1 Tasse 3,5 g Kaffeemehl. Wie viele Tassen erhält sie?

  c. Wie viel g darf man für 1 Tasse nehmen, damit man 200 Tassen erhält?

7. Im Verkehrsfunk wird gemeldet: Vor der Anschlussstelle A-Stadt 11 km Stau. Wie viele Autos sind ungefähr auf einem zweispurigen Autobahnabschnitt im Stau? Rechne mit 6 m Länge pro Auto einschließlich Abstand zwischen zwei Autos.

8. Aus einem Supermarkt sollen folgende Restbestände abtransportiert werden:
288 Beutel mit je 125 g Nudeln, 335 Dosen Milch zu je 350 g, 266 Dosen mit je 275 g Fisch.
Welches Gewicht ist zu bewegen? Gib das Ergebnis in der nächsthöheren Maßeinheit an.

Fernsehgewohnheiten

Im Blickpunkt

1. Tims Mutter schimpft: „Du sitzt zu oft vor dem Fernseher, zu viel Fernsehen ist schädlich." Daraufhin führt Tim eine Woche lang genau Buch über seine Fernsehzeiten.

   Hier seine Ergebnisse:
Sa:	11.30 – 12.00	Spin's tierische Welt
	18.00 – 20.00	Ran-Fußball
So:	14.10 – 15.08	Alf
	18.15 – 18.45	Rudis Hundeshow
	19.00 – 20.00	Ranissimo-Fußballshow
Mo:	14.55 – 15.05	Logo Kindernachrichten
	16.30 – 17.00	Tom und Jerry
Di:	16.05 – 16.30	Die Schlümpfe
	17.00 – 17.30	Familie Feuerstein
Mi:	16.05 – 17.00	Ein Heim für Tiere
	17.00 – 17.30	Junior Jeopardy
Do:	15.05 – 16.05	Unsere kleine Farm
	18.00 – 18.30	Die Sendung mit der Maus
Fr:	18.30 – 19.00	Eine schrecklich nette Familie
	20.15 – 21.15	Mini Playback Show

   a. Wie viel Zeit nehmen alle Fernsehsendungen in Anspruch?

   b. Manchmal liegen zwischen den einzelnen Sendungen Pausen, in denen Tim das Fernsehgerät nicht abgestellt hat. Um wie viel Minuten erhöht sich dadurch seine Fernsehzeit?
   Wie viel Zeit hat Tim insgesamt vor dem Fernsehgerät verbracht?

   c. Wie viel Minuten (Stunden) hat Tim durchschnittlich an einem Tag ferngesehen?

2. **a.** Bringt ein Fernsehprogramm der letzten Woche mit und berechnet für jedes Gruppenmitglied
   (1) die Fernsehzeit pro Woche (mit Zwischenzeiten),
   (2) die durchschnittliche Fernsehzeit pro Tag.

   b. Fachleute empfehlen: „Kinder sollen nicht mehr als eine Stunde täglich fernsehen." Vergleicht eure Ergebnisse mit dieser Empfehlung. Schreibt auch Gründe auf, warum Kinder nicht zu viel fernsehen sollten.

Kapitel 5

3. Schreibt eine Woche lang auf, wie viel Zeit jedes Gruppenmitglied täglich
   (1) insgesamt für seine Hausaufgaben, (2) für seine Mathematikaufgaben gebraucht hat.
   Berechnet für jedes Gruppenmitglied die Gesamtzeit pro Woche und die durchschnittliche Arbeitszeit pro Tag. Rechnet mit 5 Schultagen pro Woche.

4. Tim hat eine Woche lang aufgeschrieben, womit er seine Zeit verbringt (siehe Tabelle).

   a. Wie viel Zeit hat Tim durchschnittlich pro Tag für die einzelnen Bereiche aufgewandt?
      Stellt diese Durchschnittszeiten in einem Säulendiagramm (Seite 24) dar.

   b. Legt für jeden von euch eine Tabelle an. Wie viel Zeit wendet jeder von euch in einer Woche für die einzelnen Bereiche etwa auf?
      Zeichnet ein Säulendiagramm auf ein Zeichenblatt und stellt es in der Klasse aus.

Schlafen	70 H
Schule mit Pausen und Schulweg	35 H
Spielen mit Freunden	14 H
Freizeit mit Eltern (Ausflüge, Spiele)	10 H 30 Min
Fernsehen	10 H 30 Min
Hausaufgaben	7 H
Pflichten in der Familie (z.B. Einkaufen)	3 H 30 Min
Sonstiges	17 H 30 Min

5. Private Fernsehanstalten unterbrechen ihre Sendungen oft um Werbung einzublenden.

   a. Michaela hat diese Werbezeiten bei „ihren" Fernsehsendungen eine Woche lang mitgestoppt.

Mo	Di	Mi	Do	Fr	Sa	So
15 min	12 min 30 s	9 min 15 s	13 min	7 min 15 s	16 min	23 min 50 s

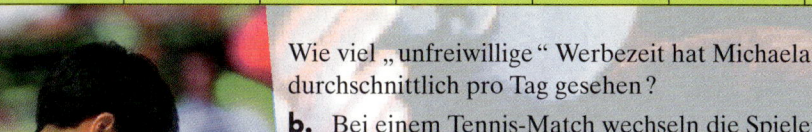

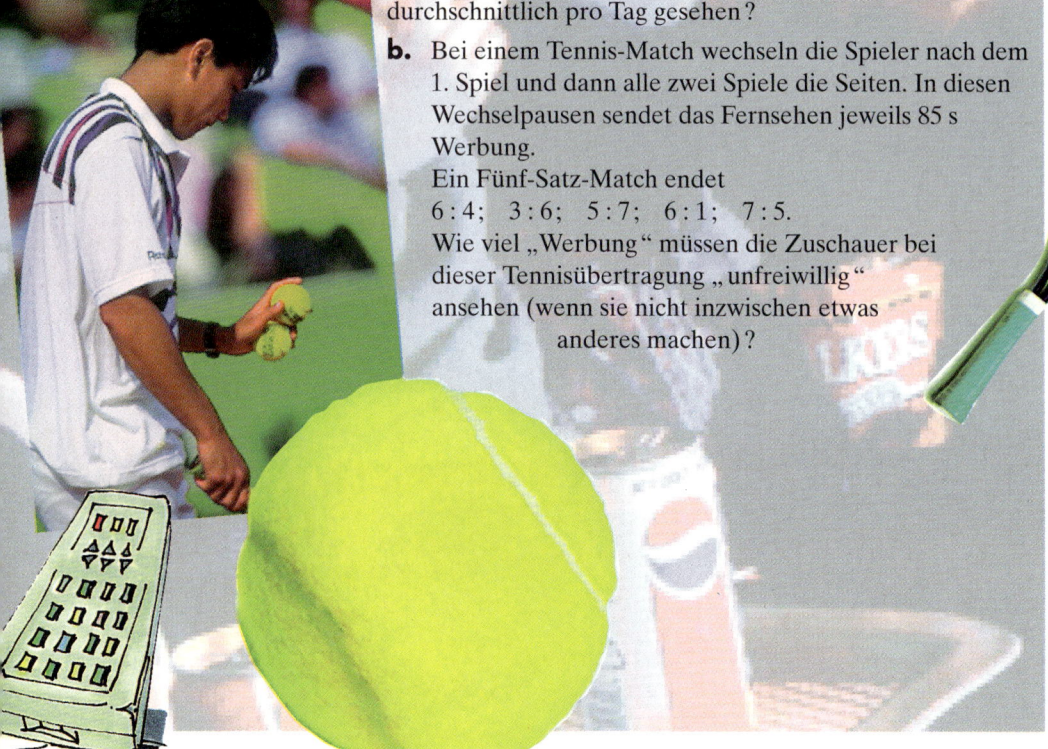

   Wie viel „unfreiwillige" Werbezeit hat Michaela durchschnittlich pro Tag gesehen?

   b. Bei einem Tennis-Match wechseln die Spieler nach dem 1. Spiel und dann alle zwei Spiele die Seiten. In diesen Wechselpausen sendet das Fernsehen jeweils 85 s Werbung.
      Ein Fünf-Satz-Match endet
      6:4; 3:6; 5:7; 6:1; 7:5.
      Wie viel „Werbung" müssen die Zuschauer bei dieser Tennisübertragung „unfreiwillig" ansehen (wenn sie nicht inzwischen etwas anderes machen)?

Flächeninhalte

Das Wort *Geometrie* stammt aus dem Griechischen und bedeutet wörtlich übersetzt „Erdvermessung", gemeint ist die Kunst der Landvermessung. Sie entwickelte sich vor über 3000 Jahren in Ägypten. In den fruchtbaren Flusstälern des Nils war bereits damals jedes Fleckchen Land bewirtschaftet.

Bei der Entwicklung der Landvermessung hat der Nil ein gutes Stück mitgeholfen. Mit seinen jährlichen Überschwemmungen überdeckte er die niedrigen Flusstäler mit einer schwarzen Schlammschicht. Das war ein hervorragender Dünger für die Felder und sorgte für eine gute Ernte. Doch die alten Grenzen zwischen den Feldern waren durch die Schlammschicht nicht mehr zu erkennen.

Um Streit zwischen den Besitzern von angrenzenden Feldern zu vermeiden, mussten die Flächen neu vermessen werden. Hierzu benötigte man Landvermesser mit geometrischen Kenntnissen. Sie konnten schon damals die Größe von vielen verschiedenen Flächen bestimmen. Einiges hiervon lernst du in diesem Kapitel.

Ein Rätsel aus dem alten Ägypten:
Drei Monate ist es eine schimmernde Perle,
drei Monate eine schwarze Haut,
dann ein grüner Edelstein
und drei Monate leuchtendes Gold.

Kannst du das Rätsel lösen?

Flächenvergleich – Messen von Flächen
Größenvergleich bei Flächen – Flächeninhalt

Aufgabe

1.

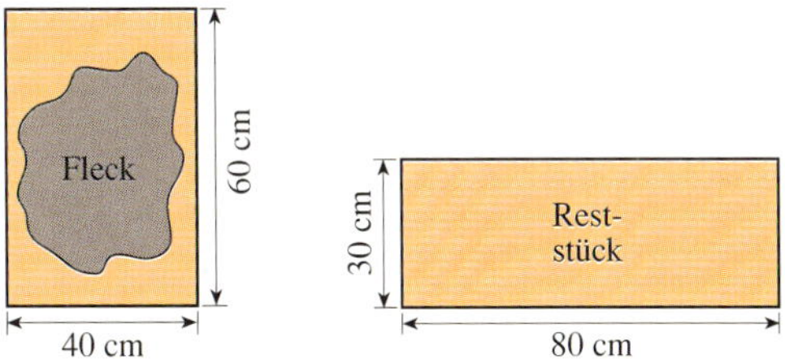

Auf dem Teppichboden ist ein großer Fleck entstanden. Tanjas Vater will den Teppichboden ausbessern. Er besitzt noch ein Reststück.
Der Fleck ist jedoch zu breit.
Wie kann er sich helfen?

Lösung

Tanjas Vater schneidet aus dem Teppichboden ein Rechteck mit den Seitenlängen 40 cm und 60 cm heraus. Dann passt das Reststück genau in die Lücke. Es muss nur in der Mitte zerschnitten werden.

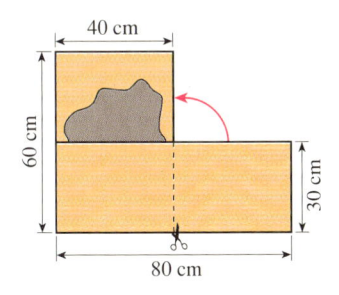

Information

(1) Flächeninhalt

Reststück und Lücke sind Rechtecke. Sie haben zwar verschiedene Abmessungen, sie haben aber dieselbe Größe. In der Mathematik sagt man: Sie haben denselben *Flächeninhalt*.

> Diese Flächen bestehen aus denselben Teilflächen. Sie haben denselben **Flächeninhalt**.

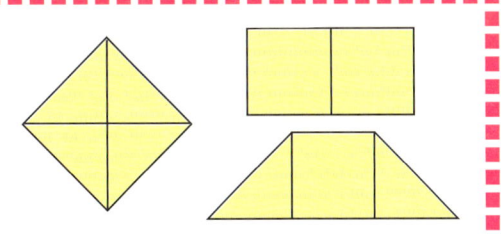

(2) Zur Unterscheidung Flächeninhalt – Umfang

Du musst den Flächeninhalt einer Fläche von ihrem Umfang unterscheiden.
Reststück und Teppichlücke in Aufgabe 1 haben denselben Flächeninhalt, ihre Umfänge sind jedoch verschieden.

Umfang des Reststückes: 80 cm + 30 cm + 80 cm + 30 cm = 220 cm
Umfang der Teppichlücke: 60 cm + 40 cm + 60 cm + 40 cm = 200 cm

Der Umfang ist eine Länge und wird daher z. B. in cm gemessen.
Der Flächeninhalt ist eine neue Größe.
Später (Seite 173) werden wir sehen, wie man den Flächeninhalt auch messen kann.

Unterscheide Flächeninhalt und Umfang – Der Umfang ist eine Länge.

Zum Festigen und Weiterarbeiten

2. Die Flächen A bis E sind mit Teppichfliesen ausgelegt.

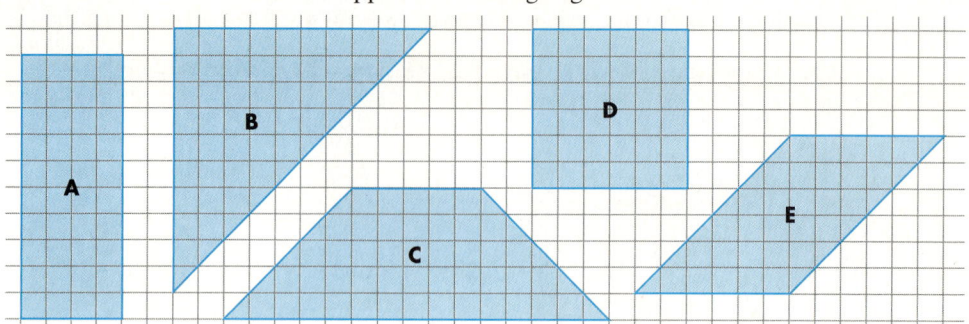

a. Schätze, welche Fläche am größten, welche am kleinsten ist.

b. Welche Flächen sind gleich groß? Du kannst dazu die Flächen abzeichnen, Linien einzeichnen, ausschneiden oder die Fliesen zählen usw.

Teamarbeit

3. Tangram ist ein altes chinesisches Formenspiel. Ihr könnt es euch aus einem Stück fester Pappe leicht selbst herstellen:
Zeichnet ein Quadrat mit der Seitenlänge 10 cm auf Pappe. Unterteilt wie im nebenstehenden Bild und schneidet die Teile aus.
Mit den entstandenen Teilen kann man viele Figuren legen. Partner 1 legt mit einigen Teilen des Tangramspiels eine Figur. Partner 2 soll dann eine Figur legen, die

a. den gleichen Flächeninhalt hat;

b. einen kleineren Flächeninhalt hat;

c. einen größeren Flächeninhalt hat.

Übungen

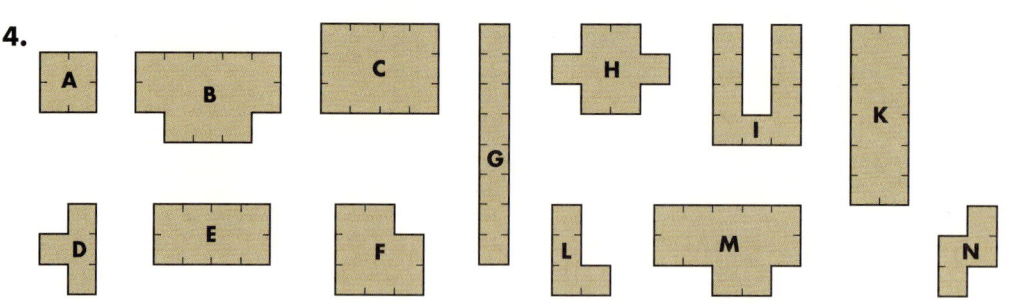

4.

a. Welche Flächen haben den gleichen Flächeninhalt?
Du kannst zeichnen, ausschneiden, zählen und vergleichen.

b. Gib zu jeder Fläche den Umfang an.

c. Gib die Flächen an, die denselben Umfang, aber verschiedene Flächeninhalte haben.

d. Gib die Flächen an, die verschiedene Umfänge, aber denselben Flächeninhalt haben.

5. Entscheide, ob die blauen Flächen L und M den gleichen Flächeninhalt haben.
(Zeichne ab, schneide aus und zerlege.)

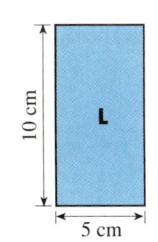

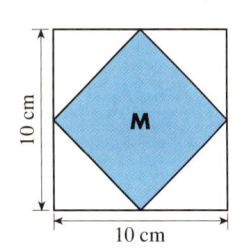

Messen des Flächeninhalts in der Maßeinheit cm²

1. Was bedeutet die Angabe 5 cm², die in der Bastelanleitung vorkommt?
Zeichne auf Millimeterpapier mehrere Flächen (nicht nur Rechtecke) mit dem Flächeninhalt A = 5 cm².
Bestimme auch den Umfang u der Flächen.

Aufgabe

Lösung

(1) Ein Quadrat mit der Seitenlänge 1 cm (ein Zentimeterquadrat) hat den Flächeninhalt **1 cm²** (gelesen: *1 Zentimeter hoch 2* oder *1 Quadratzentimeter*).
Alle anderen Figuren, die man durch Zerschneiden und erneutes Zusammensetzen eines Zentimeterquadrates erhält, haben auch den Flächeninhalt 1 cm².

(2) In die Fläche rechts passen 5 Quadrate von 1 cm Seitenlänge.
Die Fläche hat den Flächeninhalt 5 cm².

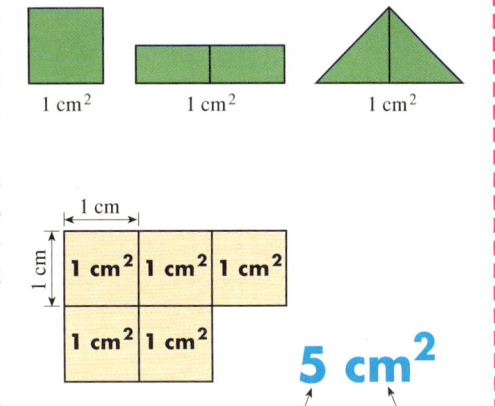

5 cm²
↑ ↑
Maßzahl Maßeinheit

Weitere Beispiele für Flächen mit A = 5 cm²

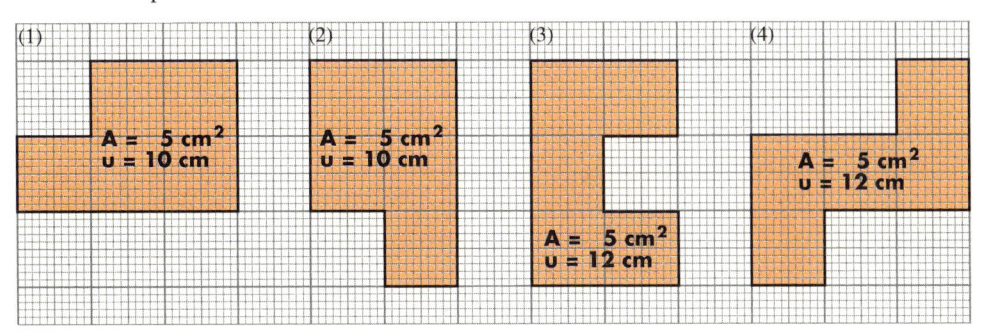

(1) A = 5 cm², u = 10 cm
(2) A = 5 cm², u = 10 cm
(3) A = 5 cm², u = 12 cm
(4) A = 5 cm², u = 12 cm

Zum Festigen und Weiterarbeiten

2. a. Bestimme den Flächeninhalt in cm².

(1) (2) (3) (4)

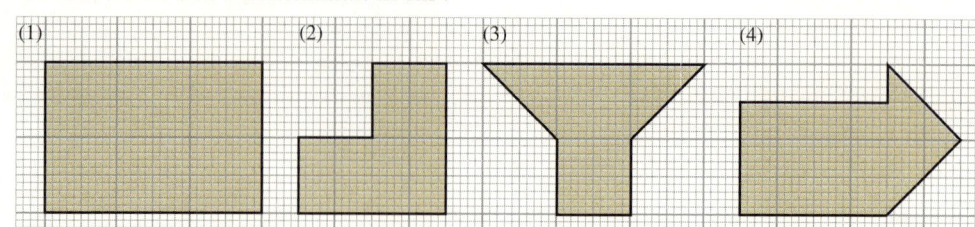

b. Denke dir die Fläche (1) von Teilaufgabe a. ausgeschnitten, zerlegt und neu zu einer anderen Fläche zusammengesetzt. Welchen Flächeninhalt hat die neue Fläche? (Du darfst zeichnen und ausschneiden, zerschneiden und neu mit Klebestreifen zusammenheften.) Miss jeweils den Umfang.

3. Zeichne drei verschiedene Flächen mit dem folgenden Flächeninhalt.

    a. 7 cm²   **b.** 80 cm²   **c.** 10 cm²   **d.** 100 cm²   **e.** 120 cm²   **f.** 160 cm²

4. a. Welchen Flächeninhalt hat dieses Rechteck?
Anleitung: Stelle fest, aus wie vielen Zentimeterquadraten es besteht. Zähle zeilen- oder spaltenweise ab. Wie viele Zeilen sind es? Wie viele Quadrate sind in jeder Zeile? Gib auch den Umfang des Rechtecks an.

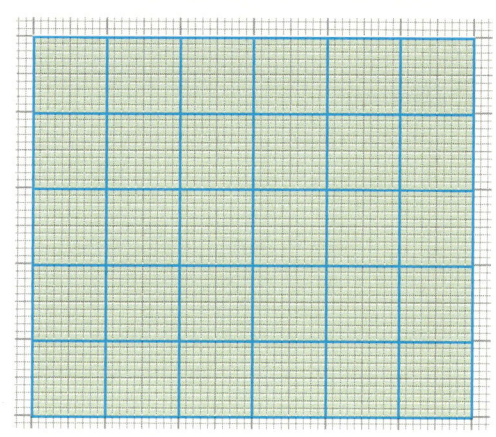

b. Zeichne auf Karopapier ein Rechteck mit den folgenden Seitenlängen. Gib Flächeninhalt und Umfang an.

(1) $a = 4$ cm; $b = 5$ cm   (2) $a = 2$ cm; $b = 6$ cm

Übungen

5. (1) (2)

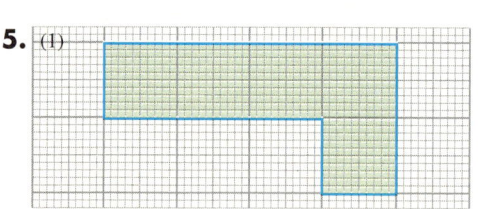

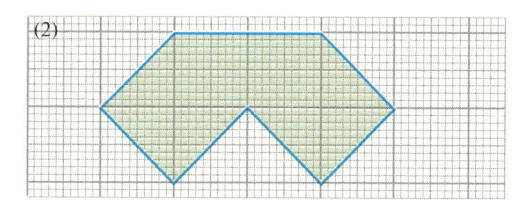

    a. Gib den Flächeninhalt in cm² an.   **b.** Miss den Umfang auf Millimeter genau.

6. a. Zeichne vier verschiedene Flächen, die jeweils aus 24 Zentimeterquadraten bestehen.
b. Wie groß ist der Flächeninhalt einer jeden Fläche?
c. Gib jeweils den Umfang an.

7. Zeichne ein Rechteck mit folgenden Seitenlängen. Gib den Flächeninhalt und den Umfang an.

    a. $a = 3$ cm; $b = 5$ cm   **b.** $a = 2$ cm; $b = 6$ cm   **c.** $a = 4$ cm; $b = 4,5$ cm

8. Zeichne zwei Rechtecke mit dem angegebenen Flächeninhalt. Gib auch den Umfang an.

    a. 18 cm²   **b.** 20 cm²   **c.** 16 cm²   **d.** 28 cm²

9. Für Skilangläufer gibt es Vorschriften über die Größe der Werbe-Logos auf ihren Skianzügen. Ein einzelnes Logo darf nicht größer als 50 cm² sein. Alle Logos zusammen dürfen höchstens 160 cm² groß sein.

  a. Fertige aus Papier eine Fläche von 50 cm² an.

  b. Stelle 4 Logos her, die zusammen den Vorschriften entsprechen.

10. Schneidet aus drei verschiedenfarbigen Buntpapierblättern Rechtecke. Sie sollen die Seitenlängen 8 cm und 10 cm haben.

  Teamarbeit

  a. Welchen Flächeninhalt hat jedes Rechteck? Welchen Flächeninhalt haben alle drei zusammen?

  b. Zerschneidet die bunten Rechtecke und setzt sie zu einer Collage zusammen. Alle Teile sollen verwendet werden. Achtet darauf, dass ihr sie nicht übereinander klebt. Wie groß ist die bunte Fläche?

  c. Stellt mit den Rechtecken mehrerer Kinder eine große Collage her. Wie groß ist diese?

Maßeinheiten für Flächeninhalte und ihr Zusammenhang

1. Jedes Kind der Klasse fertigt Quadrate mit der Seitenlänge 10 cm = 1 dm an. Sie werden in 1 cm²-Kästchen aufgeteilt und bunt ausgemalt. (Ihr könnt euch auch Muster ausdenken.) Wenn die Klasse 100 Quadrate fertig gestellt hat, werden sie auf ein großes Plakat geklebt: jeweils 10 in eine Reihe. Wie lang ist eine Seite des entstehenden Quadrats?

Aufgabe

Information

Lösung

Ihr habt ein buntes Plakat für eure Klasse erhalten, das eine gute Merkhilfe ist. Denn nun könnt ihr nachschauen:

$1\ m^2 = 100\ dm^2$

$1\ dm^2 = 100\ cm^2$

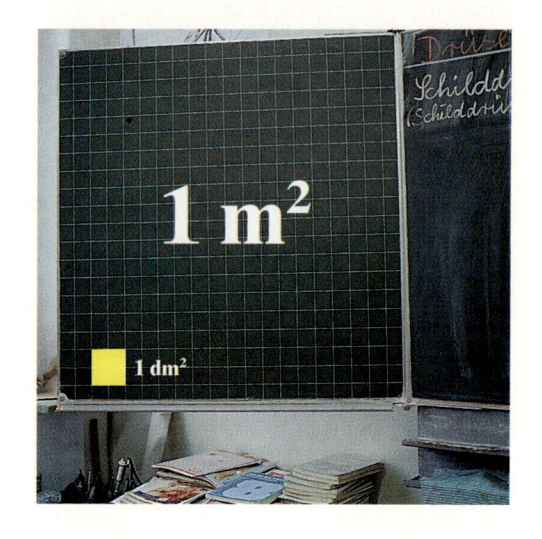

(1) Die Maßeinheit m^2

Die Tafelfläche links im Bild ist ein Quadrat mit 1 m Seitenlänge. Es ist ein Meterquadrat. Der Flächeninhalt dieses Quadrates ist **$1\ m^2$**.

Auf der Wandtafel ist ein Gitternetz gezeichnet. Dadurch entstehen 10 · 10, also 100 Dezimeterquadrate. Jedes hat die Seitenlänge 1 dm, also den Flächeninhalt $1\ dm^2$.

Es gilt: $1\ m^2 = 100\ dm^2$.

(2) Überblick über alle Flächeninhaltseinheiten

Quadrat mit der Seitenlänge	Flächeninhalt des Quadrates	gelesen
1 mm	1 mm²	1 mm hoch 2 oder 1 Quadratmillimeter
1 cm	1 cm²	1 cm hoch 2 oder 1 Quadratzentimeter
1 dm	1 dm²	1 dm hoch 2 oder 1 Quadratdezimeter
1 m	1 m²	1 m hoch 2 oder 1 Quadratmeter
10 m	1 a	1 Ar
100 m	1 ha	1 Hektar
1 km	1 km²	1 Kilometer hoch 2 oder 1 Quadratkilometer

1 mm²

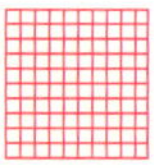

1 cm²

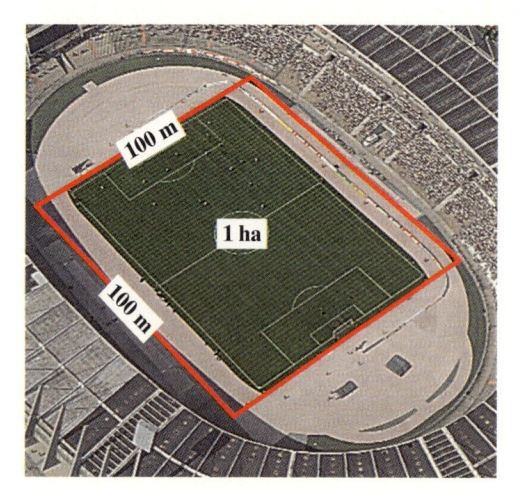

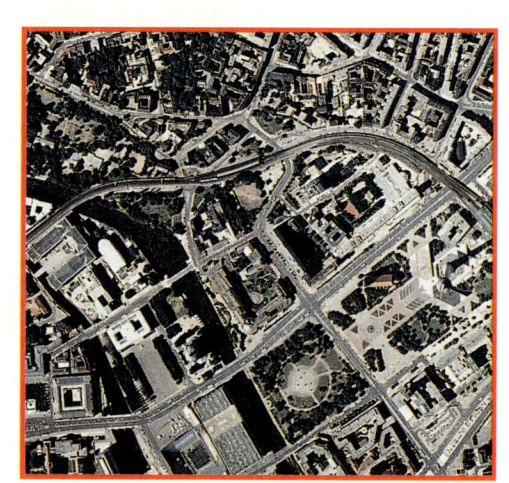

$1\ km^2$ in Berlin: Alexanderplatz – Museumsinsel

(3) Zusammenhang zwischen den Maßeinheiten

Das Quadrat im Bild rechts hat den Flächeninhalt 1 cm². Es besteht aus 10 · 10, also 100 Millimeterquadraten mit dem Flächeninhalt 1 mm².

Es gilt also: 1 cm² = 100 mm²

Entsprechend erhält man die Zusammenhänge zwischen den anderen Maßeinheiten für Flächeninhalte (vgl. auch Aufgabe 4).

$$1\text{ km}^2 \xrightarrow{:100} 1\text{ ha} \xrightarrow{:100} 1\text{ a} \xrightarrow{:100} 1\text{ m}^2 \xrightarrow{:100} 1\text{ dm}^2 \xrightarrow{:100} 1\text{ cm}^2 \xrightarrow{:100} 1\text{ mm}^2$$

1 km² = 100 ha   1 m² = 100 dm²

     1 ha = 100 a   1 dm² = 100 cm²

         1 a = 100 m²   1 cm² = 100 mm²

Die Umwandlungszahl ist 100.

Bei Flächenmaßen: Umwandlungszahl 100

(4) Alte Flächeninhaltseinheiten

Früher gab man die Größe (den Flächeninhalt) einer Ackerfläche in *Morgen* an (z. B. 70 Morgen). Hierbei war 1 Morgen die Größe einer Fläche, die ein Bauer an einem Morgen bearbeiten konnte. Eine solche Maßeinheit für Flächeninhalte erwies sich auf die Dauer als unbrauchbar, weil sie von der Schnelligkeit der Bearbeitung abhing. Später setzte man fest:

4 Morgen = 1 ha;   1 Morgen = $\frac{1}{4}$ ha.

Eine andere Maßeinheit dieser Art war *Tagewerk*.

Zum Festigen und Weiterarbeiten

2. a. Fertige aus Papier (Zeitungen, Tapeten, Packpapier) mehrere Meterquadrate (Seitenlänge 1 m) und lege damit verschiedene Flächen der Größe
(1) 3 m²;   (2) 5 m².

b. Lege auf dem Schulhof mit einem Seil ein Quadrat mit 10 m Seitenlänge. Es hat die Größe 1 a.

c. Wie viele Meterquadrate (Seitenlänge 1 m) braucht man, um ein Quadrat mit dem Flächeninhalt 1 a auszulegen?
Fülle aus: 1 a = ☐ m².

3. a. Stelle mehrere Dezimeterquadrate her. Lege damit die Fläche eines DIN-A4-Blattes aus.
Wie groß ist die Fläche dieses Blattes?

b. Stelle durch Zerschneiden und Aneinanderlegen andere Flächen als Quadrate mit dem Flächeninhalt 1 dm² her.

4. Erkläre, weshalb gilt: **a.** 1 ha = 100 a   **b.** 1 km² = 100 ha
Sieh dir dazu das Quadrat auf Seite 175 noch einmal an.

Übungen

▲ 5. *Krummlinig berandete Flächen*
Das Lederstück rechts hat einen krummen Rand. Bestimme seine Größe (seinen Flächeninhalt). Schätze ab, wie viele mm-Quadrate das Lederstück in den angeschnittenen Quadraten hat.

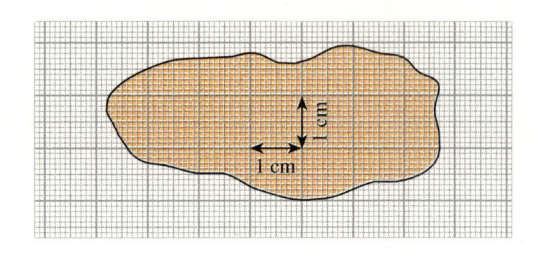

6. Übertrage die Figur in dein Heft (1 dm entspricht 2 Karolängen).
Gib den Flächeninhalt an.
Gib bei (1) auch den Umfang an.

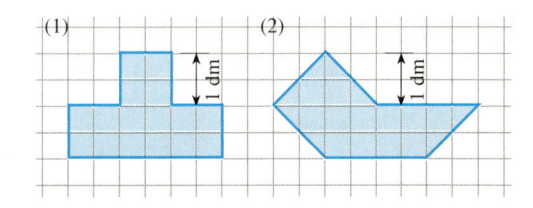

7. Betrachte die Figuren (1) und (2) rechts. Gib jeweils den Flächeninhalt in dm² an.

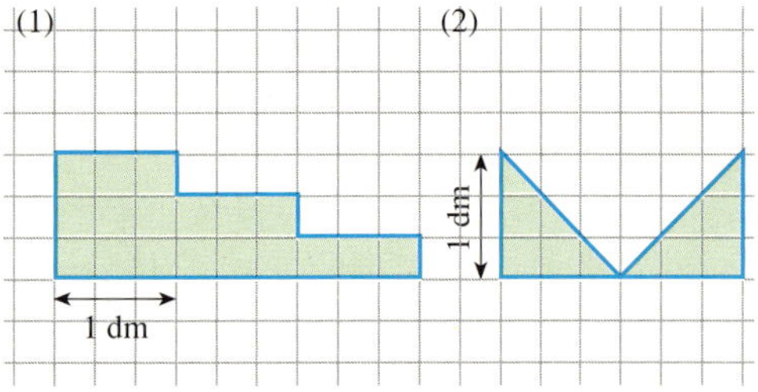

8. In welcher Maßeinheit gibt man zweckmäßig an:
Größe eines Waldgebietes, eines Weinberges, eines Gartens, eines Zimmers?

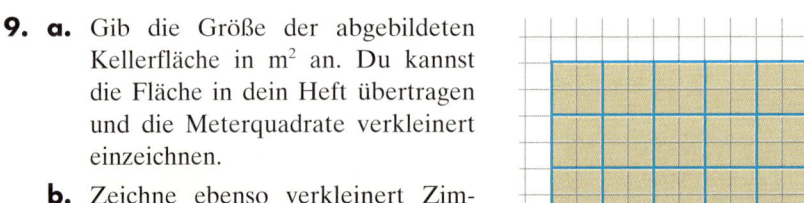

9. **a.** Gib die Größe der abgebildeten Kellerfläche in m² an. Du kannst die Fläche in dein Heft übertragen und die Meterquadrate verkleinert einzeichnen.
b. Zeichne ebenso verkleinert Zimmerflächen mit dem Flächeninhalt 30 m² [17 m²].

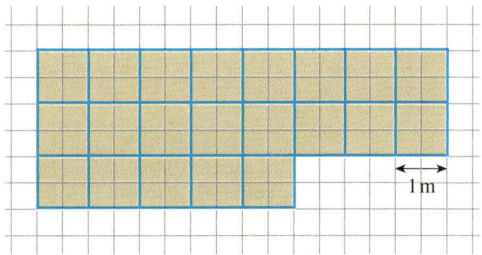

10. Welcher Flächeninhalt passt zu welchem Gegenstand?
Fingernagel, Dachfläche eines Einfamilienhauses, gerahmtes Bild, Taschenrechner, Garagentor, Taschenbuch, Briefmarke.
20 dm²; 1 cm²; 10 m²; 120 cm²; 120 m²; 3 cm²; 240 cm².

Teamarbeit

▲ 11. Schätzt die Größe der Insel Irland ab. Vergleicht mit dem genauen Wert. Ihr findet ihn z. B. in einem Lexikon.
Ihr könnt alle Ergebnisse der Klasse zusammenzählen und den Durchschnitt bilden.
Seid ihr jetzt dichter am richtigen Ergebnis?

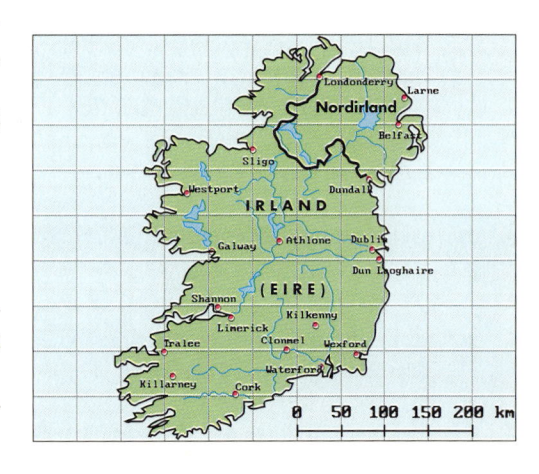

Umwandeln in andere Maßeinheiten
Kommaschreibweise

Umwandeln in andere Maßeinheiten – Einheitentabelle

Ein Grundbuch ist ein öffentliches Verzeichnis der Grundstücke eines bestimmten Gebietes, z. B. einer Gemeinde. Es wird beim Amtsgericht geführt.
In ihm sind unter anderem der Eigentümer des Grundstücks sowie Wirtschaftsart, Lage und Größe des Grundstücks eingetragen.

Auszug aus einem Grundbuch

Nr. der Grundstücke	Eigentümer	Karte		Wirtschaftsart und Lage	Größe		
		Flur	Flurstück		ha	a	m²
1	Müller, Lisa	2	15/7	Bauplatz; Fritzstraße		12	
2	Müller, Hans	2	16/1	Wiese; Helmeweg		3	47
3	Müller, Anne	2	16/2	Acker; Am Morgenhang	37	05	

1. In Grundbüchern (siehe oben) wird die Größe eines Grundstücks oft in Ar (a) angegeben. Grundstück Nr. 1 hat die Größe 12 a.
Wandele diese Angabe in m² um.
Anleitung: Stelle eine Skizze des Grundstücks mit 12 Quadraten her.

Aufgabe

Lösung

Wir denken uns das Grundstück in 12 Quadrate mit 1 a Flächeninhalt zerlegt (siehe Skizze rechts). Jedes dieser Quadrate besteht aus 100 Quadraten der Größe 1 m². Insgesamt besteht das Grundstück aus 12 · 100, also 1200 Quadraten der Größe 1 m².
Es gilt: 12 a = 1200 m².

2. Gib in der in Klammern angegebenen Maßeinheit an.
Stelle dir dabei eine Fläche (z. B. Fliese, Beet, Garten, See) mit dem jeweiligen Flächeninhalt vor.

    a.   8 dm² (cm²)   **c.**   8 a (m²)   **e.**   4 cm² (mm²)
        15 dm² (cm²)   75 a (m²)   18 cm² (mm²)
    b.   5 m² (dm²)   **d.**   2 ha (a)   **f.**   3 km² (ha)
        27 m² (dm²)   31 ha (a)   43 km² (ha)

Zum Festigen und Weiterarbeiten

4 dm² = ? cm²

4 dm² = 400 cm²

3. Drücke in der in Klammern angegebenen Maßeinheit aus.

    a. 3800 cm² (dm²)   **d.** 3000 a (ha)
        4000 cm² (dm²)   1700 a (ha)
    b. 5900 dm² (m²)   **e.** 8000 ha (km²)
        8000 dm² (m²)   400 ha (km²)
    c. 400 m² (a)   **f.** 300 mm² (cm²)
        1400 m² (a)   16000 mm² (cm²)

2300 dm² = ? m²

2300 dm² = 23 m²

4. Wandle in die in Klammern angegebene Maßeinheit um.

a. 4 dm² (cm²)
   2 m² (dm²)
   5 a (m²)
   7 cm² (mm²)

b. 23 dm² (cm²)
   5 m² (dm²)
   42 a (m²)
   18 ha (a)

c. 75 a (dm²)
   32 dm² (cm²)
   37 m² (dm²)
   25 cm² (mm²)

d. 3 ha (m²)
   65 km² (a)
   12 ha (m²)
   4 m² (cm²)

5. Drücke in zwei Maßeinheiten aus.

> 340 a = 3 ha 40 a

a. 260 ha
   4 821 ha

b. 3 250 a
   4 635 a

c. 4 823 m²
   204 m²

d. 803 a
   4 024 a

e. 846 ha
   1 024 ha

f. 5 020 m²
   305 m²

g. 6 074 dm²
h. 3 437 cm²
   809 cm²

i. 214 mm²
j. 372 dm²
   5 056 dm²

6. Gib in der kleineren Maßeinheit an.

> 4 a 25 m² = 425 m²
> 7 m² 4 dm² = 704 dm²

a. 8 a 37 m²
   9 a 14 m²
   15 a 8 m²

b. 3 ha 18 a
   24 ha 48 a
   19 ha 3 a

c. 4 km² 15 ha
   7 km² 63 ha
   19 km² 5 ha

d. 4 m² 12 dm²
   9 m² 75 dm²
   27 m² 9 dm²

e. 4 a 5 m²
   15 a 9 m²
   22 a 13 m²

f. 8 ha 9 a
   24 ha 3 a
   7 ha 45 a

g. 18 cm² 25 mm²
   8 dm² 3 cm²
   23 cm² 85 mm²

Information

Eine Hilfe beim Umwandeln in andere Maßeinheiten ist auch die **Einheitentabelle.**
Da die Umwandlungszahl 100 ist, müssen bei jeder Maßeinheit Einer (E) und Zehner (Z) unterschieden werden.

km²		ha		a		m²		dm²		cm²		mm²		Schreibweisen
Z	E	Z	E	Z	E	Z	E	Z	E	Z	E	Z	E	
								4	0	0				4 m² = 400 dm²
					7	5	8							7 a 58 m² = 758 m²
										8	0	2		8 dm² 2 cm² = 802 cm²

Übungen

7. Gib in der in Klammern angegebenen Maßeinheit an.

a. 14 m² (dm²)
   18 dm² (cm²)
   37 a (m²)
   75 ha (a)

b. 9 km² (ha)
   2 cm² (mm²)
   53 m² (dm²)
   73 a (m²)

c. 4 dm² (cm²)
   5 km² (ha)
   4 a (m²)
   9 ha (a)

d. 18 ha (m²)
   5 km² (a)
   2 m² (cm²)
   17 km² (m²)

8. Gib in der in Klammern angegebenen Maßeinheit an.

a. 200 dm² (m²)
   300 cm² (dm²)
   1 400 m² (a)
   800 a (ha)
   3 700 ha (km²)

b. 2 500 ha (km²)
   8 400 m² (a)
   2 000 dm² (m²)
   70 000 dm² (m²)
   43 000 a (ha)

c. 200 a (km²)
   4 700 ha (km²)
   900 m² (a)
   1 900 m² (a)
   300 ha (km²)

d. 40 000 dm² (a)
   800 000 a (km²)
   900 000 dm² (a)
   170 000 dm² (a)
   80 000 cm² (m²)

9. Gib in der in Klammern angegebenen Maßeinheit an.

a. 43 dm² (cm²)
   73 m² (dm²)
   2 dm² (cm²)
   5 km² (ha)

b. 400 m² (a)
   2 800 a (ha)
   8 900 ha (a)
   200 ha (km²)

c. 2 000 a (ha)
   19 a (m²)
   7 km² (ha)
   3 a (m²)

d. 7 ha (m²)
   5 km² (a)
   30 000 m² (ha)
   40 000 a (km²)

10.
a. 5 m² (dm²)
   600 dm² (m²)
   7 cm² (mm²)
   900 mm² (cm²)
   300 cm² (dm²)

b. 8 ha (a)
   900 a (ha)
   2 a (m²)
   600 m² (dm²)
   500 ha (km²)

c. 2 300 cm² (dm²)
   2 300 cm² (mm²)
   800 dm² (m²)
   800 dm² (cm²)
   48 000 dm² (m²)

d. 125 ha (a)
   30 km² (ha)
   57 dm² (cm²)
   3 200 mm² (cm²)
   7 300 cm² (dm²)

$$4785 \text{ m}^2 = 47 \text{ a } 85 \text{ m}^2$$

11. Schreibe in zwei Maßeinheiten.

a. 2 753 m²
   885 m²
   4 732 m²
   172 ha

b. 8 405 a
   3 005 m²
   280 m²
   54 008 m²

c. 181 a
   9 320 ha
   7 305 ha
   108 m²

d. 594 cm²
   7 323 mm²
   9 070 cm²
   608 mm²

e. 482 cm²
   8 964 mm²
   314 dm²
   4 241 cm²

12. Gib in der kleineren Maßeinheit an.

a. 5 ha 14 m²
   17 ha 3 a
   19 a   2 m²
   2 km² 6 ha

b. 84 m² 6 dm²
   3 km² 20 ha
   2 m²   16 dm²
   8 m²   5 dm²

c. 8 ha   17 a
   8 km² 19 ha
   4 a   25 m²
   2 ha   50 a

d. 85 dm² 18 cm²
   5 dm²   2 cm²
   4 cm²   19 mm²
   62 cm² 8 mm²

13. Eine Wand ist 21 m² groß. Sie soll mit Fliesen von 1 dm² Größe gekachelt werden. Wie viele Fliesen werden benötigt?

Kommaschreibweise

1. Was bedeutet die Kommaschreibweise 8,45 a?
Wandle in m² um.

Aufgabe

Lösung
Wir tragen 8,45 a in die Einheitentabelle ein und lesen ab:
8,45 a = 8 a 45 m² = 845 m²

Vor dem Komma	Nach dem Komma	
a	m²	
8	4	5

2. Gib in zwei Maßeinheiten an. Wandle dann in die kleinere Maßeinheit um. Die Einheitentabelle kann dir helfen.

$$8,35 \text{ a} = 8 \text{ a } 35 \text{ m}^2 = 835 \text{ m}^2$$

Zum Festigen und Weiterarbeiten

a. 2,49 km²
   37,53 km²
   8,06 km²
   5,4 km²

b. 0,54 km²
   2,04 km²
   2,4 km²
   0,4 km²

c. 2,54 m²
   59,09 m²
   3,5 m²
   0,45 m²

d. 4,7 m²
   0,04 m²
   0,4 m²
   64,5 m²

e. 7,65 a
   98,23 a
   0,42 a
   23,5 a

3. Schreibe mit Komma. Die Einheitentabelle kann dir helfen.

$618\ m^2 = 6\ a\ 18\ m^2 = 6{,}18\ a$

	a.	b.	c.	d.	e.	f.
	714 m²	380 m²	144 ha	440 ha	344 a	730 dm²
	312 m²	7 m²	219 ha	40 ha	40 a	39 dm²
	9 780 m²	5 m²	5 240 ha	4 ha	4 a	700 dm²
	2 496 m²	50 m²	8 390 ha	400 ha	176 a	6 dm²

4.

km²		ha		a		m²		dm²		cm²		mm²		drei Schreibweisen
H	Z	E	Z	E	Z	E	Z	E	Z	E	Z	E		für denselben Flächeninhalt
						7	2	3					7 a 23 m² = 7,23 a = 723 m²
	2	2			5								22 km² 5 ha = 22,05 km² = 2 205 ha
			3	7	0								3 ha 70 a = 3,7 ha = 370 a
							0	4	7				0 m² 47 dm² = 0,47 m² = 47 dm²

Trage in die Tabelle ein und lies drei Schreibweisen wie oben ab.

a.	b.	c.	d.
2 ha 17 a	2 ha 19 a	12 a	24 475 dm²
8,75 a	9 ha 55 a	4 ha 73 a	82,45 dm²
2 421 m²	3,4 a	2,07 km²	73,65 cm²
3,04 ha	8,9 a	7,2 a	4,3 m²
4 km²	3,5 km²	0,04 m²	7,05 dm²
0,5 ha	7,2 km²	56 a 7 m²	0,08 dm²

Übungen

5. Schreibe in zwei Maßeinheiten.

$4{,}2\ ha = 4\ ha\ 20\ a$

a.	b.	c.	d.	e.	f.
2,97 ha	52 km²	3,05 m²	3,04 km²	7,5 ha	3,7 cm²
18,52 a	7,6 km²	2,4 ha	0,75 a	6,7 a	7,8 dm²
37,36 ha	4,7 m²	1,97 ha	0,33 ha	4,2 ha	4,02 dm²
84,28 m²	4,9 a	0,09 km²	23,7 ha	2,8 km²	2,09 cm²
8,94 km²	2,5 ha	7,49 a	19,6 m²		

6. Schreibe mit Komma.

a.		c.		e.		g.	
7 m²	12 dm²	2 km²	97 ha	27 ha	32 a	7 ha	
5 dm²	16 cm²	7 a	83 m²	2 a	9 m²	8 m²	
12 a	16 m²	4 dm²	6 cm²	5 cm²	8 mm²	20 a	
84 ha	13 a	8 km²	7 ha	38 dm²	7 cm²	30 a	
b. 72 a	19 m²	**d.** 14 a	9 m²	**f.** 41 m²		**h.** 4 ha	
5 ha	43 a	7 m²	2 dm²	50 a		40 ha	
3 cm²	54 mm²	3 a	7 m²	3 dm²		6 dm²	
27 ha	32 a	53 m²	72 dm²	4 cm²		60 dm²	

7. Trage in eine Einheitentabelle ein. Lies drei Schreibweisen ab.

a.	c.	e.	g.	i.
29,14 a	2,5 a	3,7 ha	3,7 m²	2,09 km²
3,50 ha	3,7 ha	4,8 km²	2,9 km²	0,2 m²
5,45 km²	4,3 km²	7,5 a	4,03 dm²	0,02 m²
31,8 m²	6,9 m²	2,6 ha	0,64 cm²	0,90 km²
b. 328 a	**d.** 0,45 a	**f.** 3,62 cm²	**h.** 7,5 a	**j.** 3,748 ha
735 ha	0,28 ha	0,47 dm²	2,6 ha	2,402 a
574 m²	0,37 km²	8,04 cm²	0,8 km²	0,004 km²
219 dm²	0,46 m²	5,7 dm²	0,3 ha	0,024 ha

Rechnen mit Flächeninhalten

Addition und Subtraktion bei Flächeninhalten

Aufgabe

1. Ein Reiterhof hat einen 842 m² großen Turnierplatz.

  a. Da der Turnierplatz zu klein ist, wird das Nachbargrundstück von 715 m² hinzugekauft.
  Wie groß ist jetzt der Turnierplatz?

  b. Leider muss der Turnierplatz wegen des Baus einer neuen Straße um 188 m² verkleinert werden.
  Wie groß ist er jetzt noch?

Lösung

a. *Rechnung:*
```
     842 m²
  +  715 m²
     1
   1 557 m²
```

Ergebnis: Das Grundstück ist 1 557 m² groß.

b. *Rechnung:*
```
   1 557 m²
  −  188 m²
      1 1
   1 369 m²
```

Ergebnis: Das Grundstück ist dann nur noch 1 369 m² groß.

Zum Festigen und Weiterarbeiten

2. Berechne. Wandle gegebenenfalls in eine andere Maßeinheit um.

  a. 847 a + 958 a
  b. 450 ha − 338 ha
  c. 937 m² − 788 m²
  d. 314 dm² + 497 dm²
  e. 8,75 m² + 48,2 m²
  f. 9,47 ha − 8,36 ha

  Mögliche Zahlenwerte: 112; 56,95; 419; 1 805; 59,65; 1,11; 811; 149.

```
      6 350 a
  +   7 469 a
      1 1
     13 819 a
   = 138 ha 19 a
```

3. a. Herr Mertens will den Fußboden in seinem Keller mit einer Kautschuk-Farbe streichen. Er misst:
Heizungskeller: 9 m²; Vorratskeller: 16 m²; Hobbyraum: 46 m²; Vorraum: 12 m².
Für wie viel Quadratmeter muss er Farbe kaufen?

  b. Ein Ferienhaus soll verputzt werden. Die beiden Seitenflächen sind zusammen 54 m² groß. Die Vorder- und Rückseite des Ferienhauses haben eine Größe von je 21,45 m². Das Ferienhaus hat eine 3,50 m² große Tür und eine 35 m² große Fensterfläche.
Wie viel Quadratmeter müssen verputzt werden?

4. Schreibe und rechne wie im Beispiel.

  a.   **b.**

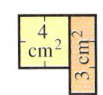

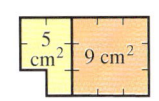

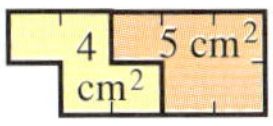

```
4 cm² + 5 cm² = 9 cm²
9 cm² − 4 cm² = 5 cm²
9 cm² − 5 cm² = 4 cm²
```

Kapitel 6

Übungen

5.
a. 4753 a + 2875 a
b. 3928 ha + 4739 ha
c. 8439 ha + 2679 ha
d. 4753 m² − 2854 m²
e. 6804 a − 5905 a

6.
a. 7653 m² + 2149 m² + 4735 m² + 6843 m²
b. 7523 a + 2149 a + 3904 a + 6210 a
c. 3465 ha + 2199 ha + 4124 ha + 3098 ha
d. 9846 m² − 2654 m² − 3769 m²
e. 8504 a − 3476 a − 4921 a

Mögliche Zahlenwerte: 107, 3289, 19786, 4472, 897, 21380, 955, 3423, 18876, 1276, 12886, 2467, 679.

7. Einer Gemeinde gehört eine Fläche von 2735 ha. Davon sind 481 ha Weideland, 510 ha Ackerland, 618 ha Wald und 22 ha Wohngebiete. 12 ha entfallen auf Straßen und Wege. Der Rest ist Brachland. Wie groß ist dieses?

8. Auf Bestreben einer Bürgerinitiative sollen ein 12 a großes Sumpfgebiet und ein angrenzendes 3,4 ha großes Waldstück unter Naturschutz gestellt werden.
a. Wie groß ist die Fläche, die unter Naturschutz gestellt werden soll?
b. Leider lassen sich die Pläne nicht vollständig verwirklichen. 1,8 ha des Waldgebietes werden weiter zur Holzerzeugung genutzt und nicht unter Naturschutz gestellt. Wie groß wird die geschützte Fläche?

9. Bei einer Flurbereinigung soll das Land neu aufgeteilt werden. Landwirt Schulte hatte vorher Ackerflächen mit folgenden Größen: 3 ha; 2,6 ha; 1,8 ha; 3,9 ha; 24 ha; 12,5 ha. Nach der Flurbereinigung hat er zwei Stücke von 31 ha und 17 ha. Vergleiche.

10. Die Landfläche der Erde verteilt sich auf sechs Kontinente:

Europa	10 010 000 km²
Amerika	41 850 000 km²
Asien	44 130 000 km²
Australien	8 900 000 km²
Afrika	29 830 000 km²
Antarktis	14 170 000 km²

a. Wie groß ist die Gesamtfläche aller Kontinente?
b. Die Gesamtfläche der Erde beträgt 509 890 000 km². Wie groß ist die Gesamtwasserfläche unserer Erde?

11. Die Länder der Bundesrepublik Deutschland haben folgende Größe:

Baden-Württemberg	35 751 km²	Niedersachsen	47 439 km²
Bayern	70 553 km²	Nordrhein-Westfalen	34 068 km²
Berlin	883 km²	Rheinland-Pfalz	19 848 km²
Brandenburg	27 061 km²	Saarland	2 569 km²
Bremen	404 km²	Sachsen	16 910 km²
Hamburg	755 km²	Sachsen-Anhalt	24 657 km²
Hessen	21 114 km²	Schleswig-Holstein	15 728 km²
Mecklenburg-Vorpommern	22 954 km²	Thüringen	15 598 km²

a. Wie groß ist die Bundesrepublik Deutschland?
b. Ordne die Länder nach ihrer Größe.

Multiplikation und Division bei Flächeninhalten

Aufgabe

1. Für 5 Familien werden Gärten vermessen. Jede Familie bekommt einen rechteckigen Garten von 450 m².
   a. Wie groß ist das Grundstück insgesamt?
   b. Wie viele Gärten kann man bekommen, wenn jeder Garten nur 250 m² groß sein soll?
   c. Das Grundstück wird gleichmäßig an 6 Familien verteilt. Wie groß ist dann ein Kleingarten?

Lösung

a. 5 Flächen von je 450 m² werden zu einer Fläche zusammengefasst.
   Rechnung: 5 · 450 m² = 2 250 m²
   Ergebnis: Das Grundstück ist insgesamt 2 250 m² groß.

b. Die Gesamtfläche wird in 250 m² große Teilflächen zerlegt.
   Rechnung: 2 250 m² : 250 m² = 9
   Ergebnis: Man erhält 9 Gärten.

c. Die Gesamtfläche wird in 6 gleich große Teilflächen zerlegt.
   Rechnung: 2 250 m² : 6 = 375 m²
   Ergebnis: Jeder Kleingarten ist 375 m² groß.

Zum Festigen und Weiterarbeiten

2. Schreibe und rechne wie im Beispiel.
   a.   b.

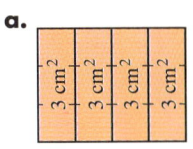

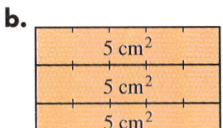

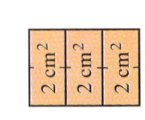

   Beispiel:
   3 · 2 cm² = 6 cm²
   6 cm² : 3 = 2 cm²
   6 cm² : 2 cm² = 3

3. a. Rechne im Kopf.
   (1) 7 · 18 cm²   (2) 8 · 9 ha   (3) 8 · 47 m²   (4) 49 a : 7   (5) 90 m² : 5 m²
       12 · 7 ha   7 · 6 km²   9 · 42 a   95 dm² : 5   39 ha : 3 ha

   b. Rechne schriftlich.
   (1) 48 · 243 a   (2) 219 · 314 a   (3) 7 104 ha : 4   (4) 2 576 m² : 56 m²
       62 · 780 m²   104 · 211 ha   5 008 m² : 8   2 646 a : 42 a

   Mögliche Zahlenwerte: 46, 324, 502, 11 664, 21 944, 37 572, 626, 63, 68 766, 36, 1 776, 48 360, 1 614.

4. a. Eine Baugesellschaft sucht ein Grundstück für den Bau von 5 Reihenhäusern. Für jedes Reihenhaus ist ein Bauplatz von 280 m² vorgesehen. Wie groß muss das Grundstück sein?
   b. In einem anderen Fall steht ein Grundstück von 6 720 m² zur Verfügung. Es wird in 7 gleich große Bauplätze zerlegt. Wie groß ist jeder Bauplatz?
   c. Wie viele Bauplätze bekommt man, wenn jeder Bauplatz 1 120 m² groß ist?

Kapitel 6

Übungen

5. Rechne im Kopf; achte besonders darauf, ob das Ergebnis ein Flächeninhalt ist (also eine Maßeinheit hat) oder ob das Ergebnis eine Zahl (ohne Maßeinheit) ist.

a. $7 \cdot 41\ m^2$ b. $8 \cdot 102\ m^2$ c. $126\ a : 6$ d. $168\ m^2 : 8\ m^2$
    $8 \cdot 52\ ha$ $25 \cdot 44\ ha$ $405\ ha : 5$ $135\ a : 9\ a$
    $4 \cdot 24\ km^2$ $12 \cdot 52\ km^2$ $147\ m^2 : 3$ $188\ ha : 4\ ha$

6. Rechne schriftlich; achte auf die Maßeinheit.

a. $241 \cdot 47\ m^2$ b. $5\,488\ a : 7\ a$ c. $2\,842\ m^2 : 29$ d. $820 \cdot 715\ km^2$
    $28 \cdot 346\ ha$ $4\,212\ ha : 6\ ha$ $2\,107\ a : 43$ $259 \cdot 562\ a$
    $59 \cdot 942\ m^2$ $6\,786\ m^2 : 9\ m^2$ $5\,628\ m^2 : 84$ $706 \cdot 850\ m^2$

Mögliche Zahlenwerte: 9 688, 754, 98, 463, 11 327, 784, 67, 89, 600 100, 19 868, 55 578, 49, 145 558, 702, 586 300.

7. Ein bestimmter Mähdrescher kann in einer Stunde ein 53 a großes Feld abernten.

    a. Der Mähdrescher ist 13 Stunden im Einsatz. Wie groß ist die Fläche, die er aberntet?

    b. Wie viele Stunden benötigt er für ein 424 a großes Feld?

8. Frau Sorp kauft Rasendünger. Frau Sorps Rasenfläche ist 24 m² groß. Wie viel mal kann sie düngen?

9. Die Pausenhalle ist 175 m² groß. Dort soll ein Flohmarkt stattfinden.

    a. Die Schulverwaltung möchte Stände zu je 4 m² verteilen. Für den Durchgang müssen 55 m² frei bleiben.

    b. 43 Schülerinnen und Schüler möchten mitmachen. Jeder Schüler soll eine Fläche von 3 m² bekommen. Reicht die Pausenhalle?

10. a. Die Stellfläche für ein Auto ist 9 m² groß. Ein Parkplatz hat 500 solcher Stellflächen und 200 m² Wegfläche. Wie groß ist der Parkplatz?

    b. Für jedes Auto ist in einem Parkhaus eine Fläche von 9 m² vorgesehen. 220 Autos können dort abgestellt werden. Dazu kommen noch 350 m² Wegfläche. Wie groß ist die Gesamtfläche des Parkhauses?

    c. Wie viele Autos können im Parkhaus parken, wenn man die Fläche für ein Auto auf 10 m² vergrößert?

Vermischte Übungen

11. Ein Klassenzimmer ist 50 m² groß. Darin stehen 14 Tische, jeder hat eine Fläche von 1 m², sowie 16 schmale Schränke, die je 50 dm² einnehmen. Im Klassenraum arbeiten 26 Schülerinnen und Schüler.
Wie viel freie Fläche steht (rechnerisch) dann für jedes Kind noch zur Verfügung?

12. Die sechs Klassen eines Jahrgangs 5 arbeiten im Biologieunterricht im Schulgarten. Jede Klasse hat ein 18 m² großes Beet angelegt.
  a. Die Beete werden zum Winter mit Stroh abgedeckt. Für 12 m² rechnet man einen Ballen Stroh.
  Wie viele Ballen müssen für die Klassen bestellt werden?
  b. Im Frühjahr soll der Boden mit Hornspänen verbessert werden. Im Gartenbuch finden sie die Angabe: 7 g pro m².
  Wie viel Hornspäne werden für alle Beete benötigt?

13. Eine durchschnittliche Buchseite ist rund 5 dm² groß. Ein Buch hat im Schnitt 170 Seiten. In einer Bücherei stehen 5000 Bücher.
Wie viel a könnten mit den Seiten dieser Bücher bedeckt werden?

14. Betrachte das Bild rechts. Wandle in m², ha und km² um.

Hier entsteht ein Gewerbepark der Gemeinde Birke
Größe: 16 000 a

15. *Kreuzzahlrätsel.*
Notiert jeweils das Ergebnis in einer Flächeninhaltseinheit, die möglichst groß ist und keine Kommaschreibweise erfordert.
Tragt nur die Maßzahl ein.

waagerecht:
a. 9 · 24 cm²
c. 1 dm² : 10
d. 110 · 410 mm²
f. 3,77 m² · 895
i. 1 m² − 3 000 cm²
j. 80 · 290 m²
k. 2,27 cm² · 225
m. 1,86 dm² + 22 cm²
n. 1 ha : 2

senkrecht:
a. 30 cm² − 63 mm²
b. 7 ha − 53 a
c. 89,1 m² : 8
e. 53 a + 120 m²
g. 122 dm² · 25
h. 21 km² : 40
l. 18 cm² · 100

Teamarbeit

Berechnungen am Rechteck

Aufgabe

1. Gegeben sind zwei Rechtecke mit den Seitenlängen:

(1) a = 4 cm; b = 3 cm
(2) a = 5 m; b = 4 m

a. Bestimme den Flächeninhalt der Rechtecke und leite daraus allgemein ein Verfahren ab, wie man aus den beiden Seitenlängen a und b eines Rechtecks den Flächeninhalt A des Rechtecks berechnen kann.

b. Bestimme den Umfang der Rechtecke und gib eine Formel an, mit der man aus den beiden Seitenlängen a und b eines Rechtecks den Umfang u des Rechtecks berechnen kann.

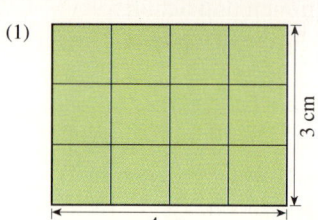

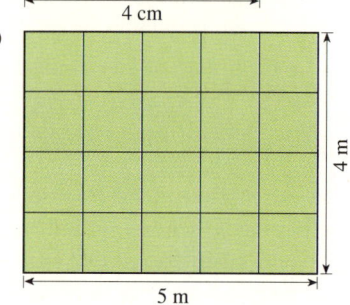

Lösung

a. (1) Zerlege das Rechteck in Quadrate mit dem Flächeninhalt 1 cm².

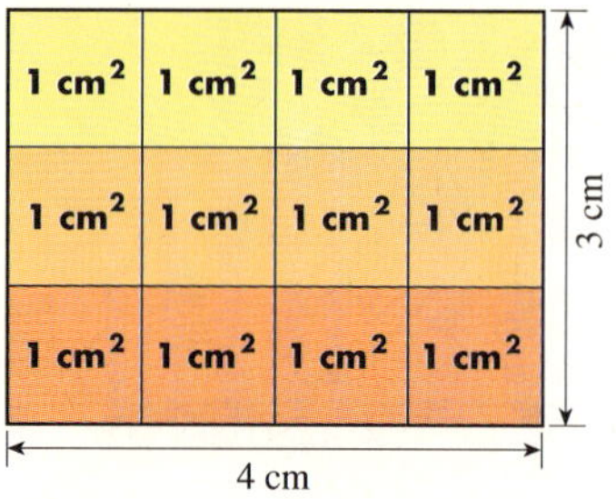

(2) Zerlege das Rechteck in Quadrate mit dem Flächeninhalt 1 m².

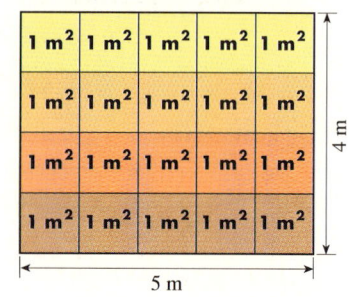

3 · 4, also 12 Quadrate
Flächeninhalt: (3 · 4) cm² = 12 cm²

4 · 5, also 20 Quadrate
Flächeninhalt: (4 · 5) m² = 20 m²

Sind die Seitenlängen eines Rechtecks in *derselben* Längeneinheit angegeben, dann erhält man den **Flächeninhalt A des Rechtecks,** indem man die Maßzahlen der Seitenlängen miteinander multipliziert und mit der entsprechenden Flächeninhaltseinheit versieht.

Beispiel:
Seitenlängen: a = 7 dm; b = 5 dm

Flächeninhalt: A = (7 · 5) dm² = 35 dm²

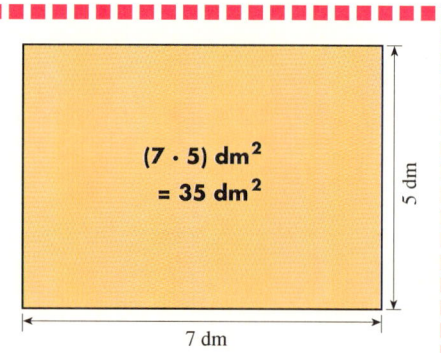

(7 · 5) dm² = 35 dm²

b.

(1) 4 cm × 3 cm rectangle
$u = 2 \cdot 4 \text{ cm} + 2 \cdot 3 \text{ cm}$
$= 8 \text{ cm} + 6 \text{ cm}$
$= 14 \text{ cm}$

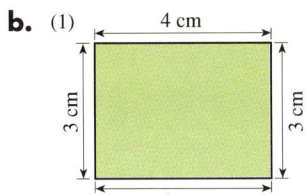

(2) 5 m × 4 m rectangle
$u = 2 \cdot 5 \text{ m} + 2 \cdot 4 \text{ m}$
$= 10 \text{ m} + 8 \text{ m}$
$= 18 \text{ m}$

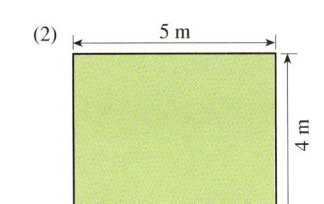

(3) a × b rectangle
$u = 2 \cdot a + 2 \cdot b$

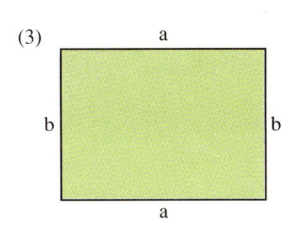

Für den **Umfang u eines Rechtecks** mit den Seitenlängen a und b gilt die Formel: **u = 2 · a + 2 · b**

Beispiel: a = 8 dm $u = 2 \cdot 8 \text{ dm} + 2 \cdot 12 \text{ cm}$
b = 12 dm $= 16 \text{ dm} + 24 \text{ dm}$
  $= 40 \text{ dm} = 4 \text{ m}$

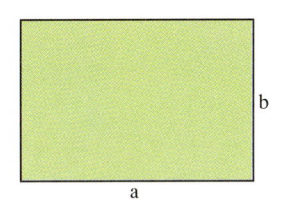

Formel für den Flächeninhalt eines Rechtecks

Information

Für den Umfang eines Rechtecks mit den Seitenlängen a und b haben wir eine Formel aufgestellt. Das ist auch für den Flächeninhalt möglich.
Die Formel lautet: $A = a \cdot b$
Auch im täglichen Leben wird die Größe von Flächen mit *mal* angegeben:
Größe eines Teppiches: 83 cm mal 145 cm
Größe eines Zimmers: 8 m mal 3 m

Die Formel für den **Flächeninhalt A eines Rechtecks** mit den Seitenlängen a und b lautet: **A = a · b**

Beispiel: a = 7 dm; b = 9 dm
$A = a \cdot b$
$= 7 \text{ dm} \cdot 9 \text{ dm}$
$= 63 \text{ dm}^2$

Flächeninhalt = Länge · Breite

Bei 7 dm · 9 dm werden zwei Längen multipliziert. Das Ergebnis ist ein Flächeninhalt, nämlich 63 dm².

---

2. Gib den Flächeninhalt A und den Umfang u des Rechtecks an.

Zum Festigen und Weiterarbeiten

	a.	b.	c.	d.	e.	f.	g.
a	3 cm	4 cm	7 cm	2 cm	7 dm	4 m	8 dm
b	5 cm	6 cm	8 cm	3 cm	6 dm	6 m	2,5 dm

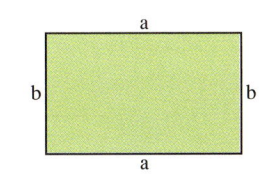

3. a. Ein Quadrat hat die Seitenlänge a = 7 m [a = 3 m]. Wie groß sind Flächeninhalt und Umfang?

b. Ein Quadrat habe die Seitenlänge a. Stelle eine Formel für den Umfang u und eine Formel für den Flächeninhalt A des Quadrates auf.

Übungen

4. Zeichne ein Rechteck mit den angegebenen Seitenlängen; bestimme dann den Flächeninhalt A. Gib auch den Umfang u an.

    a. a = 7 cm   **b.** a = 5 cm   **c.** a = 6 cm   **d.** a = 75 mm
        b = 5 cm   b = 4 cm   b = 6 cm   b = 35 mm

5. Bestimme den Flächeninhalt A und den Umfang u des Rechtecks mit den Seitenlängen a und b. Wandle gegebenenfalls in eine größere Maßeinheit um.

a.

a	8 cm	9 cm	40 dm	84 cm
b	12 cm	24 cm	70 dm	16 cm

b.

a	4 cm	75 mm	35 mm	7 dm	12 m
b	6 cm	45 mm	63 mm	4 dm	12 m

6. Ein Grundstück ist 60 m lang und 20 m breit. Wie viel m² ist es groß?

7. Bestimme den Flächeninhalt des Rechtecks. Wandle das Ergebnis in eine höhere Maßeinheit um.

    a. a = 24 m   **b.** a = 226 m   **c.** a = 421 m   **d.** a = 419 m   **e.** a = 897 m
        b = 63 m   b = 87 m   b = 329 m   b = 256 m   b = 1 302 m

8. Lars und Tim gehören verschiedenen Sportvereinen an. Sie streiten, welcher Verein das größere Fußballfeld hat.

Unser Feld ist 90 m lang. Euer Feld ist nur 85 m lang. Daher ist unser Feld größer.

Euer Feld ist nur 65 m breit, unseres dagegen 72 m. Unser Feld ist größer.

9. Berechne die fehlende Größe.

	a.	b.	c.	d.	e.	f.	g.	h.
Seitenlänge a	8 cm		11 cm	18 dm		45 m		2 km
Seitenlänge b	7 cm	9 cm		37 cm	18 dm	27 m	30 m	500 m
Flächeninhalt A		45 cm²	88 cm²		306 dm²		9 000 m²	

10. Berechne die fehlende Größe.

	a.	b.	c.	d.	e.	f.	g.	h.
Seitenlänge a	12 cm	10 cm	8 cm			32 m	59 mm	
Seitenlänge b	9 cm			30 m	17 m		43 mm	13 km
Umfang u		28 cm	36 cm	120 m	98 m	112 m		56 km

11. Von einem Quadrat ist die Seitenlänge a gegeben. Berechne den Flächeninhalt und den Umfang.

    a. a = 12 cm   **b.** a = 24 cm   **c.** a = 48 m   **d.** a = 143 m   **e.** a = 309 m

12. Ein Quadrat hat den Umfang u. Berechne die Seitenlänge a.

    a. u = 48 cm   **b.** u = 60 cm   **c.** u = 88 cm   **d.** u = 156 cm   **e.** u = 10 cm.

13. Ein rechteckiges Beet, das 74 cm lang und 42 cm breit ist, soll mit Randsteinen eingefasst werden.
Wie lang ist diese Einfassung?

14. Ein Garten (25 m breit; 35,50 m lang) erhält einen neuen Maschendrahtzaun.
Wie lang ist dieser?

15. Die Fußleiste eines Zimmers soll erneuert werden. Das Zimmer ist 4,50 m breit und 5,20 m lang. Die Tür ist 1,20 m breit.
Wie lang ist die Fußleiste?

16. Tarek hat ein Quadrat mit Streichhölzern (Länge 4 cm) gelegt, jede Seite ist 5 Streichhölzer lang.
Wie groß sind Umfang und Flächeninhalt des Quadrates?

17. Hasim legt mit Streichhölzern ein Rechteck, es ist zwei Streichholzlängen lang und 3 Streichholzlängen breit. Jedes Streichholz ist 4 cm lang.
Wie groß sind der Flächeninhalt und der Umfang des Rechtecks?

18. Kannst du mit Streichhölzern (4 cm Länge) ein Rechteck mit 64 cm Umfang und 240 cm² Flächeninhalt legen?
Hinweis: Überlege zuerst, wie viele Streichhölzer du verwenden kannst.

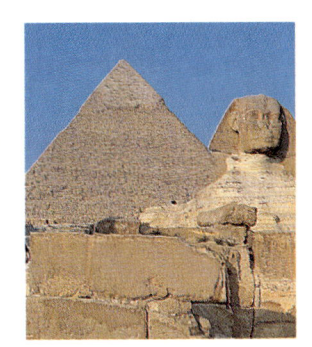

19. Die Cheopspyramide hat eine quadratische Grundfläche.
  a. Wie viel ha ist die Grundfläche groß?
  b. Wie viele Fußballfelder (105 m × 80 m) sind etwa genauso groß wie diese Grundfläche? Schätze zuerst.

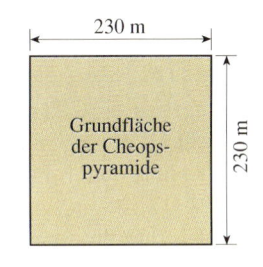

20. Die meisten Klassenräume sind rechteckig. Wie ist es mit eurem?
Messt ihn aus und fertigt eine maßstabsgetreue Zeichnung an.
Berechnet die Fläche eures Klassenraums.
Zeichnet auch die Tische und Schränke in eure Zeichnung ein und berechnet ihre Fläche. Welche Freifläche steht euch zur Verfügung?
Berechnet auch, welche Fläche für jedes Kind frei sein müsste.
Vergleicht eure Ergebnisse mit Aufgabe 11, Seite 187.

Teamarbeit

21. Aus 12 Streichhölzern werden vier gleich große Quadrate gelegt, dabei bildet sich ein großes Quadrat. Drei Streichhölzer sollen umgelegt werden, sodass drei gleich große Quadrate entstehen.

Zum Knobeln

Vermischte Übungen

1. Eine Wohnung besteht aus folgenden Räumen:
Küche (12 m²), Wohnzimmer (24 m²), Schlafzimmer (20 m²), Kinderzimmer (16 m²) und Flur (7 m²).

  a. Wie groß ist die Wohnung?

  b. Die Miete beträgt 5 € pro m². Wie hoch ist diese für die ganze Wohnung?

  c. Eine andere Wohnung ist 108 m² groß. Sie ist auch für 5 € pro m² vermietet. Wie viel m² ist diese Wohnung größer? Wie viel € ist sie teurer?

2. In einem Jugendheim schlafen die Kinder im Dachgeschoss von kleinen Häusern auf dem Boden. Dort ist ein rechteckiger Bereich (3,20 m lang und 1,90 m breit) abgeteilt. Hier sollen 4 Matratzen untergebracht werden. Wie lang und wie breit müssen sie sein? Welche Liegefläche steht für jedes Kind zur Verfügung?
Wie lang ist die Umrandung?

3. Sabrina hat eine rechteckige Sperrholzplatte (34 cm lang, 53 cm breit) vor sich liegen. Daraus will sie rechteckige Steine für ein Dominospiel sägen. Die Steine sollen 4 cm mal 6 cm groß werden. Natürlich will sie möglichst viele Plättchen aus dem Sperrholz ausschneiden.

  a. Wie muss sie die Platte einteilen? Zeichne dazu.

  b. Wie viel Verschnitt (Reststücke) hat sie mindestens?

4. Karina hat einen Bogen Tonkarton vor sich liegen, der 54 cm lang und 33 cm breit ist.
Sie hat ausgerechnet, dass die Fläche 1 782 cm² beträgt, das sind 17 dm² und 82 cm². Also müsste man auch 17 Dezimeterquadrate ausschneiden können.
Fertige eine Zeichnung an (1 cm des Tonkartons soll 1 mm in der Zeichnung entsprechen).
Kannst du das Problem erklären?

5. Jan und Ari streiten sich, ob der Aletsch-Gletscher in der Schweiz oder der Jostedalsbreen in Norwegen der größte Gletscher auf dem europäischen Festland ist.
Was meinst du dazu?

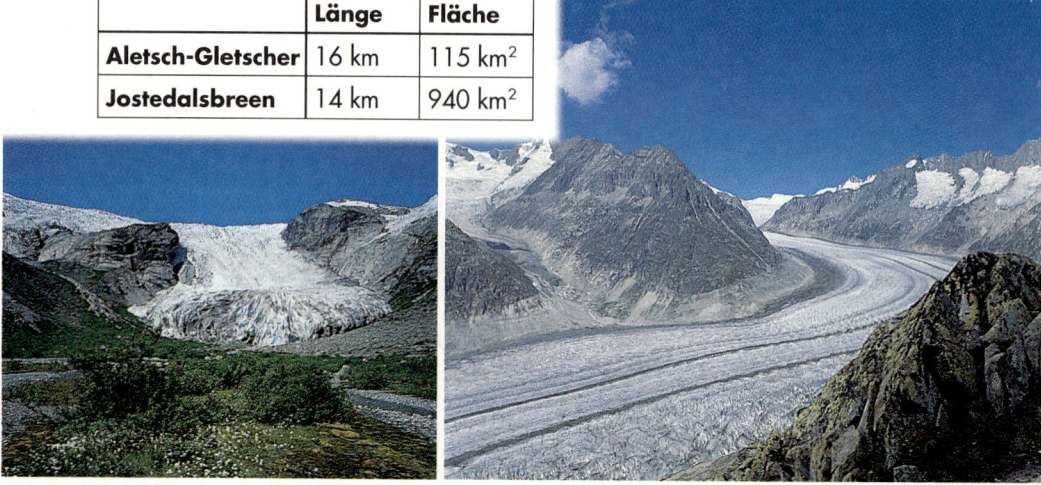

	Länge	Fläche
Aletsch-Gletscher	16 km	115 km²
Jostedalsbreen	14 km	940 km²

Jostedalsbreen, Norwegen

großer Aletsch-Gletscher, Schweiz

Bist du fit?

1. a. Bestimme den Flächeninhalt beider Flächen. Miss auch den Umfang (auf mm genau).

(1)   (2)

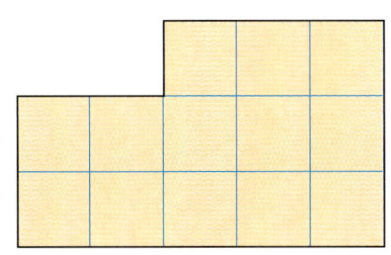

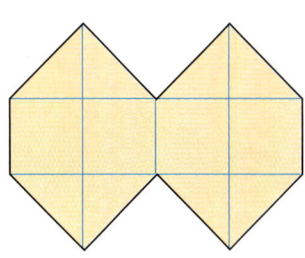

b. Zeichne eine Fläche mit folgendem Flächeninhalt:
(1) 18 cm²   (2) 21 cm²   (3) 0,25 cm²

2. Gib in der in Klammern angegebenen Maßeinheit an.

a. 120 ha (a)
2 400 m² (a)
3 600 ha (km²)

b. 900 a (m²)
400 ha (a)
400 ha (km²)

c. 900 cm² (dm²)
4 500 m² (dm²)
3 000 dm² (mm²)

d. 200 m² (a)
700 a (ha)
700 a (m²)

e. 29 km² (a)
2 400 m² (cm²)
30 000 m² (ha)

f. 4 cm² (mm²)
7 km² (ha)
12 ha (a)

3. a. Gib in zwei Maßeinheiten an. Wandle dann in die kleinere der beiden Maßeinheiten um.

(1) 3,75 ha
7,52 a
16,59 km²

(2) 23,5 ha
17,05 a
4,7 km²

(3) 0,85 ha
3,75 dm²
8,04 cm²

(4) 37,09 m²
9,4 cm²
0,07 dm²

b. Schreibe mit Komma.

(1) 7 ha 75 a
12 a 19 m²
49 m² 55 dm²
3 km² 50 ha

(2) 2 ha 5 a
61 a 7 m²
3 km² 9 ha
4 m² 4 dm²

(3) 3 dm² 17 cm²
28 cm² 53 mm²
12 dm² 4 cm²
3 cm² 3 mm²

(4) 18 ha
43 m²
5 m²
7 a

4. Ein Rechteck hat die Seitenlängen a und b. Bestimme seinen Flächeninhalt und seinen Umfang.

a. a = 9 cm; b = 7 cm
b. a = 12 cm; b = 9 m
c. a = 14 m; b = 17 m
d. a = 25 m; b = 30 m
e. a = 7,4 m; b = 3 m
f. a = 2,5 m; b = 5 m
g. a = 240 m; b = 70 m
h. a = 142 m; b = 78 m
i. a = 303 m; b = 120 m

5. In einem Schulgebäude sind auf einer Etage 8 Klassenzimmer, die jeweils 80 m² groß sind. Dazwischen sind 44 m² Flur.

a. Wie groß ist die Gesamtfläche?

b. Die Etage wird umgestaltet. Die Flure werden zu einer Aufenthaltsfläche von 114 m² erweitert, ein Lehrerzimmer mit 60 m² wird eingerichtet. Es sollen noch 6 Klassenzimmer Platz finden.
Wie groß kann jedes höchstens werden?

Volumina (Rauminhalte)

Früher wurden Flüssigkeiten in Kannen, Krügen oder Kübeln verkauft. Das Einkaufen war damals nicht so einfach wie heute. Dies zeigt unsere folgende Geschichte aus dem alten Orient:

Ali-Baba möchte von einem Ölhändler 4 Liter Öl kaufen. Der Händler hat einen 8-Liter-Krug, der bis an den Rand mit Öl gefüllt ist. Außerdem hat er noch zwei leere Krüge, einen 3-Liter-Krug und einen 5-Liter-Krug. Wie kann man durch mehrmaliges Umfüllen erreichen, dass in einem der Krüge genau 4 Liter sind?

Eine Möglichkeit ist die folgende:
Man füllt zunächst den 5-Liter-Krug (1. Umfüllen).
Dann füllt man mit dem 5-Liter-Krug den 3-Liter-Krug (2. Umfüllen), usw.

	Ausgangssituation:	1. Umfüllen	2. Umfüllen	3. Umfüllen	usw.
8-Liter-Krug	8 Liter	3 Liter	3 Liter		
5-Liter-Krug	–	5 Liter	2 Liter		
3-Liter-Krug	–	–	3 Liter		

Es ist möglich die gewünschte Ölmenge in acht Schritten zu erhalten.
Kannst du die Aufgabe lösen?

Volumen (Rauminhalt) eines Körpers – Angabe durch Zahlenwert und Maßeinheit

Volumenvergleich von Körpern – Volumen

Aufgabe

1. a. Riko will seine Videokassetten ordentlich in einem Regal verstauen. Er will sie nach Sport und Musik ordnen.
Braucht er für beide Stapel gleich viel Platz im Regal?

b. Hier siehst du verschiedene Regalformen für Videokassetten. Vergleiche sie.
Warum ist der Stauraum bei allen Regalen gleich groß?

c. Baue aus vier Videokassetten (du kannst auch Mathebücher oder Streichholzschachteln nehmen) jeweils verschiedene Körper. Vergleiche die Körper.
Was ist bei allen Körpern, die du gebaut hast, gleich und was ist verschieden?

Lösung

a. Der Stapel der Sportkassetten enthält mehr Kassetten als der Stapel der Musikkassetten. Daher braucht man für die Sportkassetten mehr Platz im Regal.

b. Jedes der Regale hat Platz für acht Kassetten, die alle gleiche Abmessungen haben. Alle drei Regale enthalten daher einen gleich großen Stauraum.
Sie haben das gleiche Volumen (den gleichen Rauminhalt).

c. Alle drei Körper haben das gleiche Volumen (den gleichen Rauminhalt, sie haben aber verschiedene Form (Gestalt)). Auch Körper, die nicht hohl sind, haben ein Volumen.

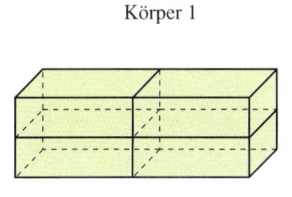

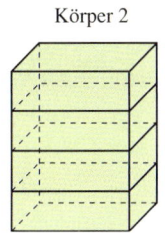

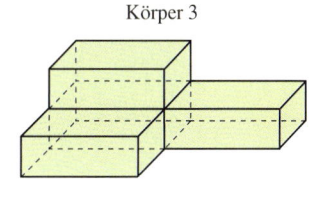

Körper 1   Körper 2   Körper 3

Kapitel 7

Information

Körper, die man aus derselben Anzahl von Körpern mit jeweils gleichen Abmessungen aufbauen kann, sind gleich groß. Sie haben dasselbe **Volumen** (denselben **Rauminhalt**). Verschiedene Körper können dasselbe Volumen (denselben Rauminhalt) haben.
Verwechsle nicht *Volumen* (Rauminhalt) und *Gewicht* eines Körpers.

Zum Festigen und Weiterarbeiten

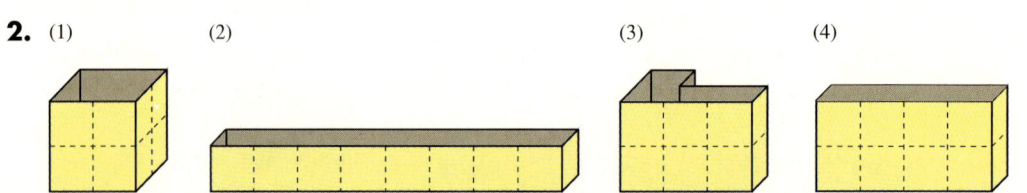

2. (1) (2) (3) (4)

Behälter (1) ist mit Sand gefüllt. Vergleiche mit den anderen Behältern.
Welche Behälter fassen mehr, welche weniger Sand?
Welcher Behälter hat das größte Volumen, welcher hat das kleinste Volumen?

3. Vergleiche die Körper.

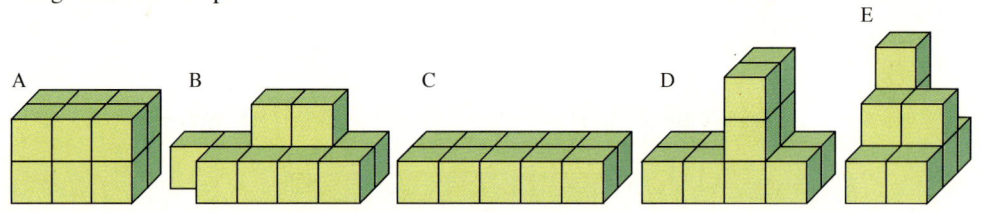

A B C D E

a. Welche haben das gleiche Volumen (den gleichen Rauminhalt)?
b. Ordne die Körper nach der Größe ihres Volumens (Rauminhaltes).

4. Denke dir einen Quader. Zerschneide ihn in Teilkörper. Setze die entstandenen Teilkörper zu immer neuen Körpern zusammen.
Vergleiche die Volumina (Rauminhalte) der entstehenden Körper.

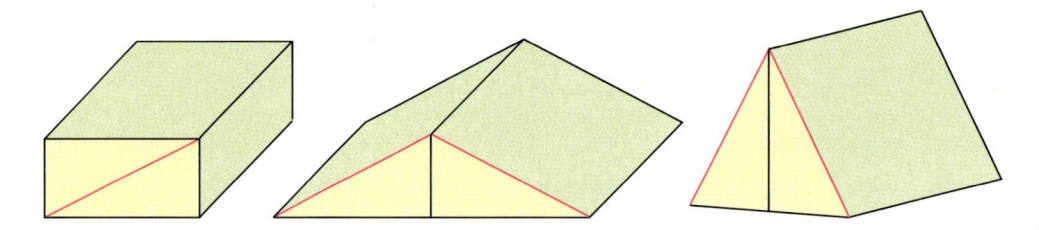

5. *Volumen von Körpern, die nicht quaderförmig sind*
   a. Stelle aus 3 gleichartigen Quadern (z.B. Schachteln mit Tintenpatronen oder Streichholzschachteln oder Mathematikbüchern) neue Körper her. Zwei aneinander grenzende Quader sollen immer eine ganze Seitenfläche gemeinsam haben.
   Vergleiche ihre Volumina (Rauminhalte).
   b. Wie viele Körper kannst du auf diese Weise erhalten?

Kapitel 7

Übungen

6.

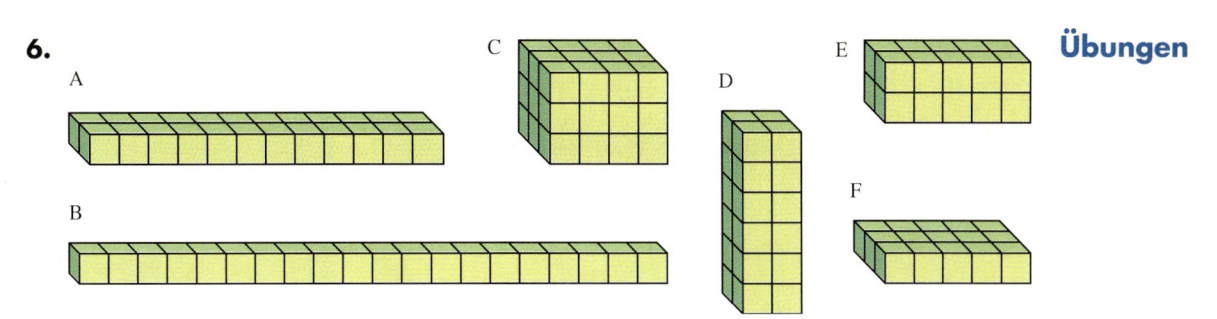

a. Welche der Körper A bis F haben das gleiche Volumen (denselben Rauminhalt)?
b. Ordne die Körper A bis D nach der Größe ihres Volumens (Rauminhalts).

7. Ordne die Behälter nach der Größe ihres Volumens (Rauminhaltes).

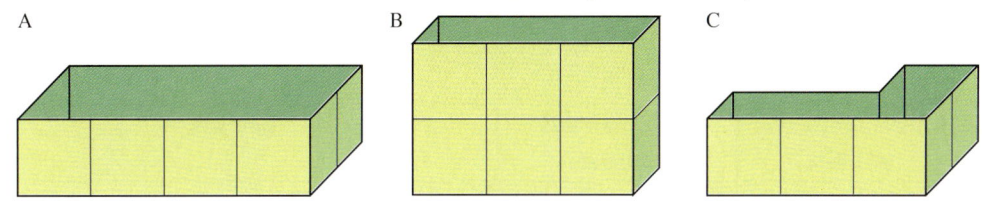

Messen von Volumina (Rauminhalten) – Maßeinheiten

Aufgabe

1. Das Volumen (der Rauminhalt) des Körpers rechts beträgt 5 cm³.
Erkläre diese Angabe.

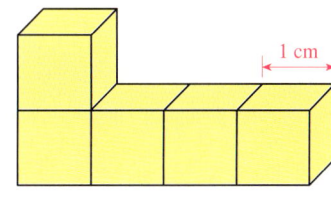

Lösung

Der Körper besteht aus 5 Würfeln. Jeder einzelne Würfel hat die Kantenlänge 1 cm. (Jeder dieser Würfel heißt daher auch Zentimeterwürfel.) Er hat das Volumen 1 cm³. Der ganze Körper hat daher das Volumen 5 cm³.

Information

Ein Würfel mit der Kantenlänge 1 cm (Zentimeterwürfel) hat das Volumen (den Rauminhalt) **1 cm³** (gelesen: *1 Zentimeter hoch 3* oder *1 Kubikzentimeter*).
Alle anderen Körper, die man durch Zerschneiden und erneutes Zusammensetzen eines Zentimeterwürfels erhält, haben auch das Volumen 1 cm³.
Ein Körper hat das Volumen 5 cm³, wenn er dasselbe Volumen hat wie 5 Zentimeterwürfel zusammen.

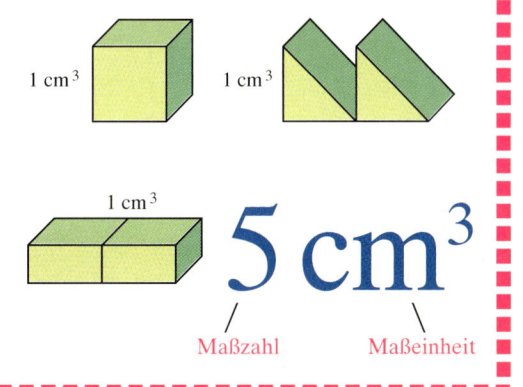

5 cm³
/ \
Maßzahl Maßeinheit

Information

(1) Maßeinheiten für Volumina (Rauminhalte)

Maßeinheiten für Volumina (Rauminhalte) sind: mm^3, cm^3, dm^3, m^3.

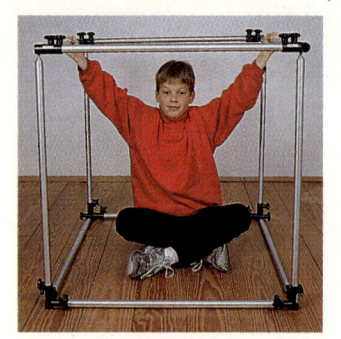

Meterwürfel
Kantenlänge 1 m
Volumen (Rauminhalt)
$1 m^3$

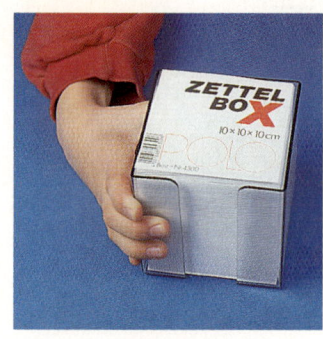

Dezimeterwürfel
Kantenlänge 1 dm
Volumen (Rauminhalt)
$1 dm^3$ bzw. $1 l$

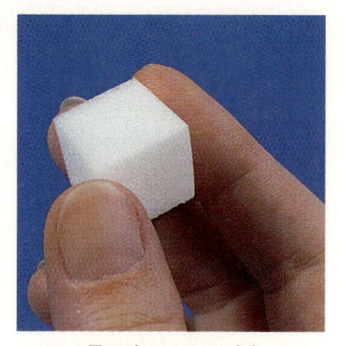

Zentimeterwürfel
Kantenlänge 1 cm
Volumen (Rauminhalt)
$1 cm^3$ bzw. $1 ml$

Kantenlänge des Würfels	Volumen des Würfels	gelesen
1 mm	$1 mm^3$	1 Millimeter hoch 3 oder 1 Kubikmillimeter
1 cm	$1 cm^3$	1 Zentimeter hoch 3 oder 1 Kubikzentimeter
1 dm	$1 dm^3$	1 Dezimeter hoch 3 oder 1 Kubikdezimeter
1 m	$1 m^3$	1 Meter hoch 3 oder 1 Kubikmeter

(2) Die Maßeinheiten Liter (l), Milliliter (ml) und Hektoliter (hl)

Man verwendet zum Messen des Volumens (des Rauminhalts) von Gefäßen wie Töpfe, Eimer, Kannen, Fässer die Maßeinheit Liter (l). Es gilt:

$$1\,l = 1\,dm^3$$

Das Volumen der Flüssigkeit in Flaschen (z.B. in Arzneimittelflaschen, Mineralwasserflaschen) wird oft in Milliliter (ml) angegeben. Es gilt:

$$1\,ml = 1\,cm^3$$

Außerdem gibt es noch die Maßeinheit Hektoliter (hl). Man verwendet sie für das Volumen größerer Fässer und Tanks. Es gilt:

$$1\,hl = 100\,l$$

$1\,ml = 1\,cm^3$ $1\,l = 1\,dm^3$ $1\,hl = 100\,l = 100\,dm^3$
$1\,ml$ Wasser wiegt $1\,g$ $1\,l$ Wasser wiegt $1\,kg$

Eine Filzstiftkappe fasst $1\,ml$ Wasser

Messbecher für $1\,l$

Weinfass für $100\,l = 1\,hl$

2. Nicht nur Würfel mit der Kantenlänge 1 dm haben das Volumen (den Rauminhalt) 1 dm³. Denke dir den Würfel zerschnitten.
Erkläre das Bild rechts.

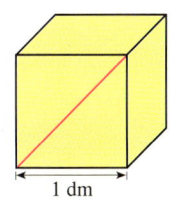

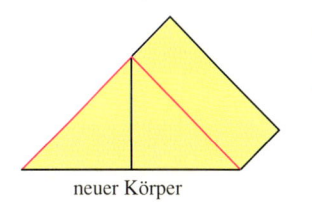

Zum Festigen und Weiterarbeiten

1 dm   neuer Körper

3. Bestimme das Volumen (den Rauminhalt) des Körpers.

a. 1 dm   b. 1 cm   c. 1 m

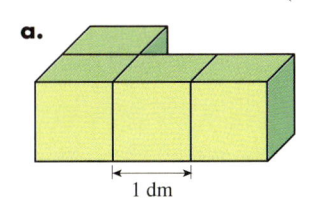

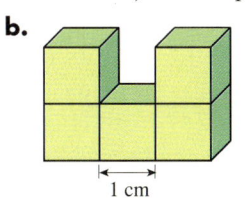

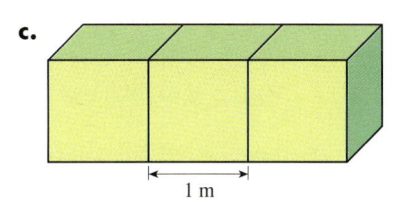

4. Bestimme das Volumen (den Rauminhalt) der Körper (Quader). Hierbei sei für die Kantenlänge der einzelnen Würfel angenommen:

a. 1 cm   **b.** 1 dm   **c.** 1 m

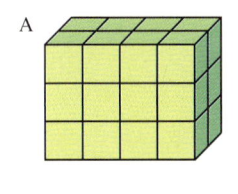

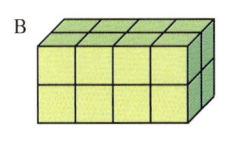

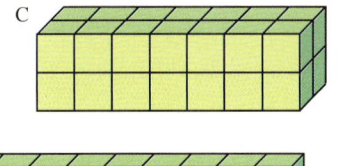

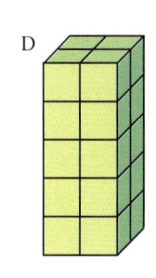

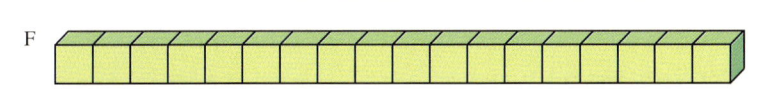

A   B   C   D   E   F

Anleitung: Fülle die Tabelle aus. (Du kannst auch mit Bauklötzen bauen.)

Bezeichnung des Quaders	A	B	C	D	E	F
Anzahl der Würfel in einer Reihe						
Anzahl der Reihen in einer Schicht						
Anzahl der Schichten						
Gesamtzahl der Würfel						

5. Jeder der einzelnen Würfel hat die Kantenlänge   (1) 1 cm;   (2) 1 dm;   (3) 1 m.

  a. Bestimme das Volumen (den Rauminhalt) des Körpers.
  b. Ergänze den Körper dann (mit möglichst wenig Würfeln) zu einem Quader.
  Welches Volumen (welchen Rauminhalt) hat der Ergänzungskörper und welches Volumen (welchen Rauminhalt) hat der Quader?

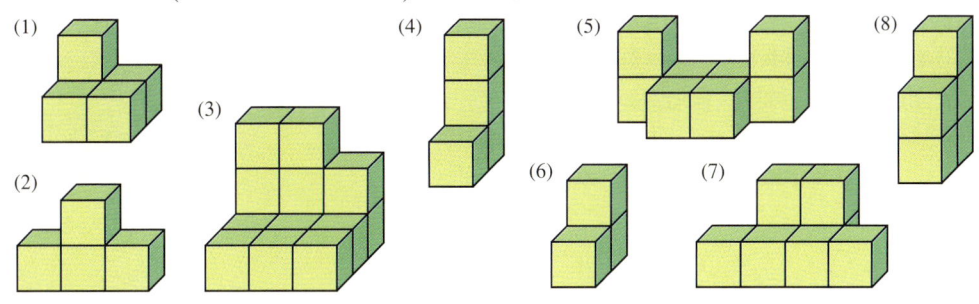

(1)   (4)   (5)   (8)
(3)
(2)   (6)   (7)

Übungen

6. a. Gib das Volumen (den Rauminhalt) an.

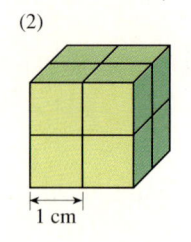

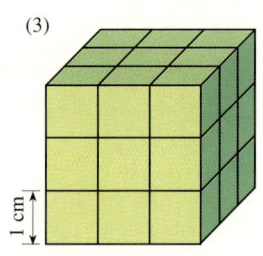

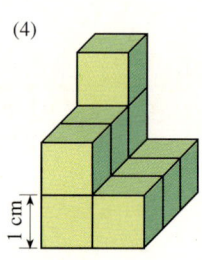

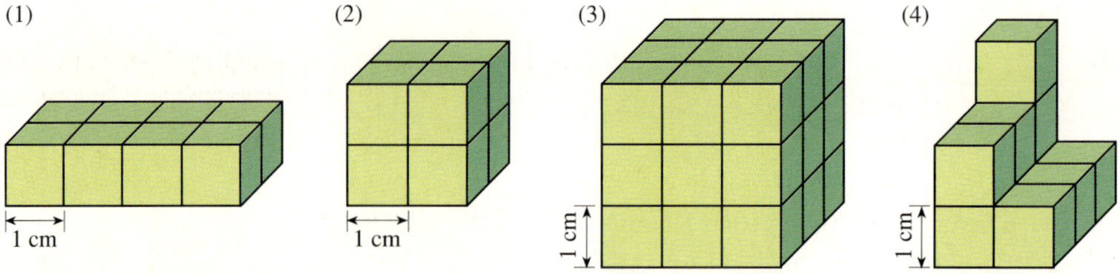

(1) (2) (3) (4)

b. Nimm an, die Kantenlänge der einzelnen Würfel sei nicht 1 cm, sondern 1 dm [1 m]. Wie groß ist jetzt das Volumen (der Rauminhalt) des Körpers?

7. Bestimme das Volumen (den Rauminhalt) der Körper von Übungsaufgabe 3, Seite 199. Nimm an, die Kantenlänge der einzelnen Würfel sei (1) 1 cm; (2) 1 dm; (3) 1 m.

8. Bestimme das Volumen der Körper in Aufgabe 6, Seite 197. Nimm an, die Kantenlänge der Teilwürfel sei (1) 1 cm; (2) 1 dm; (3) 1 m.

9. Zeichne ein Schrägbild eines Quaders mit folgendem Volumen (Rauminhalt). Trage die Maße ein.

    a. 18 cm^3 **b.** 30 dm^3 **c.** 49 cm^3

10. Auf manchen Gläschen oder Flaschen findest du die Volumenangabe in c*l* (1 Zentiliter):   1 c*l* = 10 m*l*.

    a. Wie viel cm^3 ist 1 c*l*?
    b. Wie viel cm^3 sind 10 c*l*?

11. a. Gib das Gewicht des Wassers an:
    (1) 3 *l*   (2) 200 m*l*   (3) 500 m*l* (also $\frac{1}{2}$ *l*)

  b. Wie viel *l* bzw. m*l* Wasser wiegen
    (1) 5 kg;   (3) 2000 g;
    (2) 750 g;   (4) 4,5 kg?

▲ **12.** *Weitere (gegenwärtig verwandte) Volumeneinheiten sowie alte Volumeneinheiten*

In der Erdölindustrie wird heute weltweit das Volumen von Erdöl in der Maßeinheit Barrel angegeben.

In den USA und in Großbritannien wird Benzin an den Tankstellen nicht in Liter, sondern in der Maßeinheit Gallone verkauft.

Eine alte Volumeneinheit für trockenes Schüttgut, wie z. B. Getreide, war der Scheffel.
In Preußen galt im 19. Jahrhundert: 1 Scheffel = 50 *l*.
Gib in der Einheit *l* (Liter) an:

  a. 4000 Barrel   **c.** 40 Scheffel   **e.** 235 Barrel
  b. 10 Gallonen   **d.** 300 Gallonen   **f.** 115 Scheffel

---

1 Barrel = 159 *l*

in Großbritannien:
1 Gallone = $4\frac{1}{2}$ *l*
in USA:
1 Gallone = $3\frac{3}{4}$ *l*

Zusammenhang zwischen den Volumeneinheiten

Aufgabe

1. Der Dezimeterwürfel rechts wird mit Zentimeterwürfeln (Kantenlänge 1 cm) ausgelegt.
   a. Bestimme die Anzahl der Würfel in einer Reihe.
      Welches Volumen (welchen Rauminhalt) hat eine Reihe?
   b. Bestimme die Anzahl der Würfel in einer Schicht.
      Welches Volumen (welchen Rauminhalt) hat eine Schicht?
   c. Wie viele Schichten werden benötigt?
      Wie viele Würfel werden insgesamt benötigt?
      Welches Volumen (welchen Rauminhalt) hat der Dezimeterwürfel?

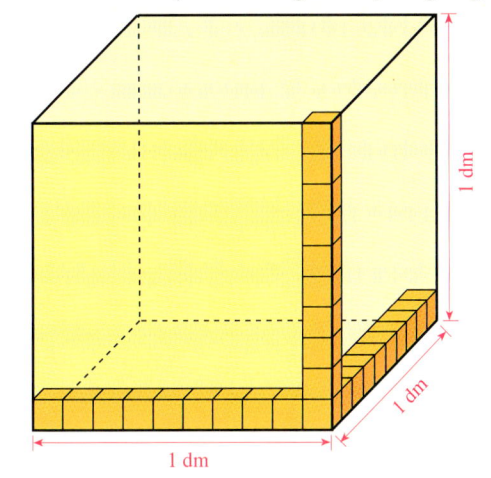

Lösung

a. In einer Reihe sind 10 Würfel.
   Eine Reihe hat das Volumen (den Rauminhalt) 10 cm^3.

b. Eine Schicht besteht aus 10 Reihen. Eine Schicht hat 10 · 10, also 100 Würfel.
   Ihr Volumen (Rauminhalt) ist 100 cm^3.

c. Es werden 10 Schichten benötigt, also 10 · 100, d. h. 1 000 Würfel.
   Der Dezimeterwürfel hat das Volumen 1 000 cm^3. Es gilt also:
   1 dm^3 = 1 000 cm^3

Zum Festigen und Weiterarbeiten

2. a. Ein Meterwürfel (Kantenlänge 1 m) soll mit Dezimeterwürfeln ausgelegt werden.
      Wie viele Dezimeterwürfel benötigt man?
      Welches Volumen (welchen Rauminhalt) hat der Meterwürfel?
   b. Denke dir einen Millimeterwürfel. Wie viele Millimeterwürfel benötigst du, um damit einen Zentimeterwürfel auszufüllen?
      Welches Volumen hat der Zentimeterwürfel?

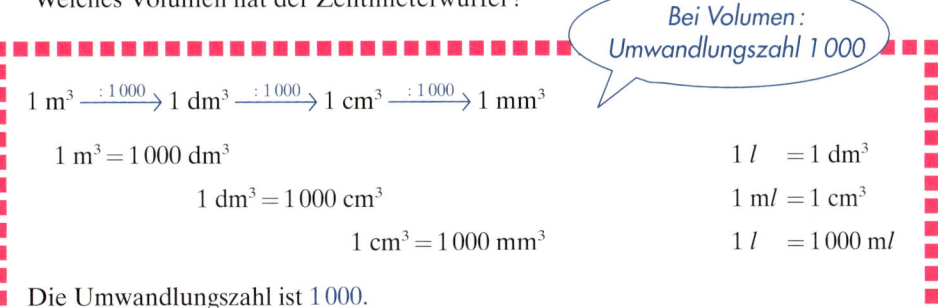

> Bei Volumen:
> Umwandlungszahl 1 000

1 m^3 $\xrightarrow{: 1\,000}$ 1 dm^3 $\xrightarrow{: 1\,000}$ 1 cm^3 $\xrightarrow{: 1\,000}$ 1 mm^3

1 m^3 = 1 000 dm^3 1 l = 1 dm^3
1 dm^3 = 1 000 cm^3 1 ml = 1 cm^3
1 cm^3 = 1 000 mm^3 1 l = 1 000 ml

Die Umwandlungszahl ist 1 000.

Übungen

3. a. Ein Körper hat das Volumen   (1) 1 dm^3;   (2) 8 dm^3.
      Er ist aus Zentimeterwürfeln zusammengesetzt. Wie viele sind das?
   b. Ein Körper hat das Volumen   (1) 1 m^3;   (2) 12 m^3.
      Er ist aus Dezimeterwürfeln zusammengesetzt. Wie viele sind das?

Umwandlung in andere Volumeneinheiten – Kommaschreibweise

Umwandlung in andere Volumeneinheiten

Aufgabe

1. Drücke das Volumen 37 m³ in dm³ aus.

   Lösung

   37 Meterwürfel haben zusammen das Volumen 37 m³. Jeder Meterwürfel besteht aus 1 000 Dezimeterwürfeln. Das sind zusammen 37 000 Dezimeterwürfel. Es gilt also:
   37 m³ = 37 000 dm³

Zum Festigen und Weiterarbeiten

2. Drücke in der in Klammern angegebenen Maßeinheit aus. Stelle dir dabei einen Körper mit dem jeweiligen Volumen vor.

   > 9 dm³ = ? cm³
   > 9 dm³ = 9 000 cm³

   a. 3 dm³ (cm³)   b. 5 m³ (dm³)   c. 3 cm³ (mm³)
      18 dm³ (cm³)   28 m³ (dm³)   68 cm³ (mm³)
      319 dm³ (cm³)   413 m³ (dm³)   148 cm³ (mm³)   d. 8 l (ml)   e. 15 m³ (l)
      700 dm³ (cm³)   30 m³ (dm³)   70 cm³ (mm³)   24 l (ml)   3 m³ (l)
      210 dm³ (cm³)   300 m³ (dm³)   600 cm³ (mm³)   37 l (ml)   4 m³ (l)

   > 1 000 cm³ = 1 dm³

3. Schreibe in der in Klammern angegebenen Maßeinheit.

   > 4 000 cm³ = ? dm³
   > 4 000 cm³ = 4 dm³

   a. 2 000 cm³ (dm³)   b. 180 000 dm³ (m³)
      41 000 cm³ (dm³)   52 000 dm³ (m³)
      200 000 cm³ (dm³)   4 000 000 dm³ (m³)
      40 000 ml (l)   73 000 l   (m³)

4. Schreibe in zwei Maßeinheiten.

   > 2 319 cm³ = 2 dm³ 319 cm³

   a. 3 742 cm³   b. 68 540 dm³   c. 1 047 cm³
      48 046 cm³   8 039 dm³   32 008 cm³   d. 2 219 ml   e. 23 003 ml

   > 4 m³ 275 dm³ = 4 275 dm³

5. Drücke in der kleineren Maßeinheit aus.

   a. 2 m³ 150 dm³   b. 18 dm³ 280 cm³   c. 28 cm³ 750 mm³   d. 19 l 30 ml
      4 m³   14 dm³   41 dm³   50 cm³   4 cm³   17 mm³   2 l 75 ml
      63 m³   2 dm³   4 dm³   5 cm³   19 cm³   4 mm³   9 l   4 ml
      7 m³   90 dm³   40 dm³ 200 cm³   17 cm³   40 mm³   23 l 48 ml

Übungen

6. Schreibe in der in Klammern angegebenen Maßeinheit.

   a. 7 dm³ (cm³)   c. 5 l (ml)   e. 2 l   (ml)
      9 dm³ (cm³)   17 l (ml)   3 m³ (l)
      18 dm³ (cm³)   23 l (ml)   4 l   (ml)

   b. 4 m³ (dm³)   d. 4 m³ (l)   f. 3 m³ (cm³)
      18 m³ (dm³)   11 m³ (l)   7 m³ (cm³)
      24 m³ (dm³)   12 m³ (l)   2 dm³ (mm³)

7. Schreibe in der in Klammern angegebenen Maßeinheit.

a. $7000\,dm^3$ (m^3) c. $31000\,cm^3$ (dm^3) e. $3000\,l$ (m^3) g. $5000\,dm^3$ (m^3)
   $12000\,dm^3$ (m^3) $40000\,cm^3$ (dm^3) $4000\,ml$ (l) $24000\,l$ (m^3)

b. $14000\,l$ (m^3) d. $4000\,ml$ (l) f. $1000000\,ml$ (m^3) h. $10000\,cm^3$ (dm^3)
   $19000\,l$ (m^3) $15000\,ml$ (l) $70000\,mm^3$ (cm^3) $8000\,ml$ (l)

8. Schreibe in der in Klammern angegebenen Maßeinheit.

a. $4000\,m^3$ (l) b. $9000\,cm^3$ (dm^3) c. $1000\,ml$ (l) d. $2000\,ml$ (l)
   $7000\,l$ (ml) $2000\,ml$ (l) $4000\,dm^3$ (m^3) $7000\,l$ (ml)
   $8000\,dm^3$ (m^3) $6000\,l$ (m^3) $3000\,l$ (ml) $10000\,dm^3$ (m^3)

9. Schreibe in zwei Maßeinheiten.

a. $2759\,dm^3$ b. $38537\,ml$ c. $8249\,cm^3$ d. $49307\,dm^3$ e. $2031\,mm^3$
   $54928\,l$ $4045\,ml$ $62049\,cm^3$ $3018\,dm^3$ $87906\,mm^3$
   $2041\,l$ $87005\,ml$ $3007\,cm^3$ $70090\,dm^3$ $12070\,mm^3$

10. Schreibe in der kleineren Maßeinheit.

> $3\,m^3\ 459\,l = 3459\,l$

a. $64\,m^3\ 59\,l$ b. $18\,l\ 250\,ml$
   $9\,m^3\ 274\,l$ $2\,l\ 25\,ml$ c. $9\,dm^3\ 175\,cm^3$ d. $7\,m^3\ 50\,dm^3$
   $8\,m^3\ 7\,l$ $73\,l\ 5\,ml$ $19\,dm^3\ 5\,cm^3$ $19\,m^3\ 8\,dm^3$

Wiederholung

11. Drücke in der in Klammern angegebenen Maßeinheit aus.
Wie heißt die Umwandlungszahl bei Längen, wie bei Flächeninhalten?

a. $31\,m$ (dm) b. $720\,dm$ (m) c. $17\,m^2$ (dm^2) d. $3\,dm^2$ (cm^2)
   $210\,cm$ (dm) $18\,cm$ (mm) $3\,km^2$ (ha) $14\,ha$ (a)
   $37\,km$ (m) $12\,m$ (cm) $2400\,dm^2$ (m^2) $1200\,m^2$ (a)
   $2100\,cm$ (m) $8000\,m$ (km) $1800\,ha$ (km^2) $2800\,cm^2$ (dm^2)

Kommaschreibweise – Einheitentabelle

Aufgabe

1. Tanjas Mutter liest den Gaszähler ab.
Tanja fragt:
„Was bedeutet die Schreibweise $4623{,}082\,m^3$ mit Komma?"
Versuche die Frage zu beantworten.

Lösung

An der nebenstehenden Einheitentabelle erkennst du:
$4623{,}082\,m^3 = 4623\,m^3\ 82\,dm^3$
Es sind bisher $4623\,m^3$ und $82\,dm^3$ Gas verbraucht worden.

Vor dem Komma				Nach dem Komma		
m^3				dm^3		
4	6	2	3	0	8	2

Information

Die Einheitentabelle von Seite 203 lässt sich zu einer größeren Tabelle ergänzen.
Sie ist für das Verständnis der Kommaschreibweise hilfreich.
Beachte: Bei Volumina (Rauminhalten) ist die Umwandlungszahl 1000. Daher gehören zu jeder Maßeinheit 3 Stellen: H, Z, E.

m^3			dm^3 (= l)			cm^3 (= ml)			mm^3			Schreibweisen
H	Z	E	H	Z	E	H	Z	E	H	Z	E	
		5			8							$5\,m^3\ 8\,dm^3 = 5{,}008\,m^3 = 5008\,dm^3$
				3	2		4	3				$32\,dm^3\ 43\,cm^3 = 32{,}043\,dm^3 = 32043\,cm^3$
				3	7			2				$37\,l\ 20\,ml = 37{,}02\,l = 37020\,ml$
								0			4	$0\,cm^3\ 400\,mm^3 = 400\,mm^3 = 0{,}4\,cm^3$
		0			6							$0\,m^3\ 60\,dm^3 = 60\,dm^3 = 0{,}06\,m^3$

Zum Festigen und Weiterarbeiten

Als Hilfe kannst du die Einheitentabelle verwenden.

2. Gib in zwei Maßeinheiten an.

a. $3{,}754\,m^3$	**b.** $12{,}456\,l$	**c.** $2{,}55\,m^3$	**d.** $18{,}4\,l$
$24{,}259\,m^3$	$3{,}55\,l$	$43{,}7\,m^3$	$9{,}2\,l$

$2{,}5\,l = 2\,l\ 500\,ml$
$4{,}7\,m^3 = 4\,m^3\ 700\,l$

3. Schreibe mit Komma.

a. $2431\,dm^3$	**c.** $7200\,dm^3$	**e.** $2000\,ml$
$7419\,dm^3$	$200\,dm^3$	$200\,ml$
$18704\,dm^3$	$75\,dm^3$	$20\,ml$
b. $4500\,dm^3$	**d.** $2500\,ml$	**f.** $2\,ml$
$5732\,dm^3$	$33850\,ml$	$202\,ml$
$48400\,dm^3$	$253\,ml$	$220\,ml$

$4739\,dm^3 = 4{,}739\,m^3$
$3500\,ml = 3{,}5\,l$

4. Trage in eine Einheitentabelle ein und lies drei Schreibweisen ab.

a. $18\,m^3\ 453\,dm^3$	**b.** $3{,}7\,l$	**c.** $8{,}45\,m^3$	**d.** $2{,}457\,dm^3$	**e.** $8\,m^3\ 25\,cm^3$
$54\,dm^3\ 800\,cm^3$	$2{,}8\,m^3$	$28{,}533\,cm^3$	$3000\,mm^3$	$12{,}04\,dm^3$
$87\,m^3\ 200\,dm^3$	$4{,}4\,l$	$0{,}45\,m^3$	$0{,}05\,dm^3$	$0{,}007\,m^3$
$18\,dm^3\ 300\,cm^3$	$7{,}5\,m^3$	$0{,}2\,cm^3$	$0{,}005\,dm^3$	$0{,}41\,cm^3$

Übungen

5. Gib in zwei Maßeinheiten an.

a. $27{,}485\,m^3$	**b.** $8{,}256\,l$	**c.** $42{,}043\,dm^3$	**d.** $0{,}075\,m^3$	**e.** $9{,}708\,dm^3$
$68{,}73\,l$	$9{,}24\,dm^3$	$8{,}07\,l$	$12{,}406\,l$	$0{,}79\,l$
$8{,}9\,dm^3$	$14{,}5\,m^3$	$74{,}5\,m^3$	$5{,}098\,dm^3$	$23{,}011\,m^3$
$0{,}4\,m^3$	$2{,}4\,m^3$	$18{,}002\,l$	$0{,}4\,m^3$	$2{,}06\,l$
$4{,}02\,ml$	$6{,}07\,dm^3$	$7{,}8\,l$	$0{,}703\,dm^3$	$4{,}005\,m^3$

6. Schreibe mit Komma.

a. $44873\,l$	**b.** $8470\,dm^3$	**c.** $7039\,l$	**d.** $418\,ml$	**e.** $3027\,ml$
$8240\,dm^3$	$19400\,ml$	$71506\,dm^3$	$500\,dm^3$	$709\,dm^3$
$31941\,ml$	$8040\,l$	$9070\,ml$	$7250\,l$	$340\,dm^3$
$2147\,ml$	$846\,l$	$30548\,l$	$702\,ml$	$40\,l$
$803\,ml$	$3\,l$	$214\,ml$	$763\,dm^3$	$35\,dm^3$

7. Trage in eine Einheitentabelle ein und lies zwei weitere Schreibweisen ab.

a.	b.	c.	d.	e.	
$34,857\,m^3$	$12,1\,l$	$175\,580\,l$	$0,5\,m^3$	$14\,m^3$	$275\,dm^3$
$2,453\,dm^3$	$3,75\,m^3$	$250\,dm^3$	$2,05\,cm^3$	$4\,cm^3$	$15\,mm^3$
$48,73\,l$	$0,34\,dm^3$	$180\,ml$	$0,05\,dm^3$	$25\,dm^3$	$8\,cm^3$
$8,45\,cm^3$	$3,4\,dm^3$	$18\,000\,dm^3$	$2,5\,m^3$	$7\,l$	$35\,ml$

8.

Tag	m^3	dm^3	Wasserverbrauch bis
1.5.		166	■ m^3 ■ dm^3 = ■ dm^3
1.6.	25	456	■ m^3 ■ dm^3 = ■ dm^3
1.7.	51	837	■ m^3 ■ dm^3 = ■ dm^3
1.8.			■ m^3 ■ dm^3 = ■ dm^3

Frau Monske überträgt am 1. eines jeden Monats den Stand des Wasserzählers in die Tabelle.

a. Vergleiche den Stand des Wasserzählers mit den Eintragungen in der Tabelle.
Um welche Eintragung handelt es sich?
Erkläre die Tabelle.

b. Wie viel Wasser wurde vom 1.5. bis zum 1.6. verbraucht?
Ergänze die Tabelle.

c. Vom 1.5. bis zum 1.8. wurden insgesamt $82\,571\,dm^3$ Wasser verbraucht.
Übertrage in die Tabelle.

9. *Gehe auf Entdeckungsreise:*

a. Suche nach Gefäßen und deren Volumen.
Welches Gefäß in eurem Haushalt hat das größte Volumen, welches das kleinste?

b. Bei welchem der Gefäße wird das Volumen in ml, bei welchem in l und bei welchem in hl angegeben?

c. Gib das Volumen eines jeden Gefäßes in   (1) ml,   (2) l,   (3) hl an.

Rechnen mit Volumina (Rauminhalten)
Addition und Subtraktion von Volumina

Aufgabe

1. Tims Vater kauft für seinen neuen Öltank zunächst 2 500 *l* Heizöl, dann während des Winters noch einmal 1 500 *l* ein. Am Ende der Heizperiode befinden sich noch 250 *l* im Tank.
   a. Wie viel Liter Heizöl wurden insgesamt eingekauft?
   b. Wie viel Liter Heizöl sind verbraucht worden?

   Lösung
   a. *Rechnung:* 2 500 *l* + 1 500 *l* = 4 000 *l*
      Ergebnis: Es wurden insgesamt 4 000 *l* eingekauft.
   b. *Rechnung:* 4 000 *l* − 250 *l* = 3 750 *l*
      Ergebnis: Es sind 3 750 *l* verbraucht worden.

Zum Festigen und Weiterarbeiten

2. Schreibe und rechne wie im Beispiel.
   a.
   b.

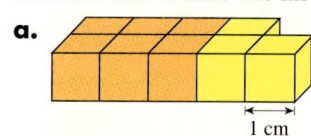

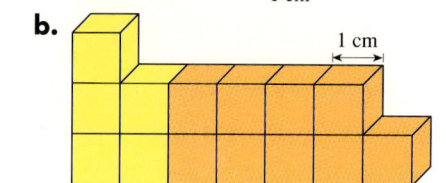

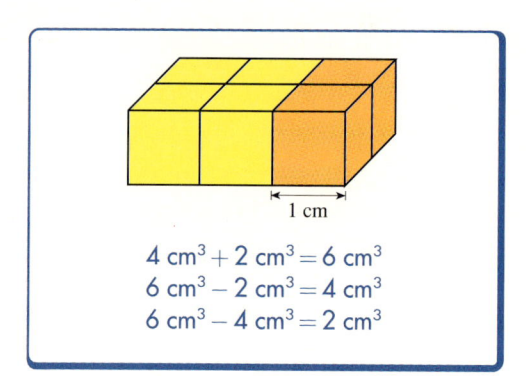

   $4\,cm^3 + 2\,cm^3 = 6\,cm^3$
   $6\,cm^3 - 2\,cm^3 = 4\,cm^3$
   $6\,cm^3 - 4\,cm^3 = 2\,cm^3$

Übungen

3.
   a. $7352\,m^3$
      $+8978\,m^3$
   b. $3870\,l$
      $+4231\,l$
   c. $7654\,ml$
      $+8466\,ml$
   d. $8947\,m^3$
      $-6948\,m^3$
   e. $2473\,l$
      $-1504\,l$

4.
   a. $8654\,m^3$
      $+7243\,m^3$
      $+4928\,m^3$
      $+2043\,m^3$
   b. $7253\,l$
      $+4853\,l$
      $+8976\,l$
      $+4209\,l$
   c. $8219\,ml$
      $+2473\,ml$
      $+4826\,ml$
      $+4654\,ml$
   d. $9241\,m^3$
      $-2476\,m^3$
      $-4156\,m^3$
      $-1473\,m^3$
   e. $8040\,l$
      $-2194\,l$
      $-3197\,l$
      $-1984\,l$

   Mögliche Zahlenwerte: 20 172, 665, 22 868, 3 197, 6 560, 25 291, 23 198, 1 136.

5. In einem Wohnhaus wurden im Monat September in den vier Wohnungen folgende Wassermengen verbraucht: $17\,m^3$, $19\,m^3$, $12\,m^3$, $9\,m^3$.
   Wie viel m^3 wurden zusammen verbraucht?

6. Für ein Wohnhaus mit mehreren Wohnungen werden im Sommer zunächst 30 700 *l* Heizöl in den leeren Tank eingefüllt und während des Winters noch einmal 15 800 *l*. Am Ende der Heizperiode waren noch 175 *l* im Tank.
   a. Wie viel *l* Heizöl sind insgesamt eingekauft worden?
   b. Wie viel *l* Heizöl sind verbraucht worden?

Multiplikation und Division bei Volumina

1. a. An einer Straße werden 7 Reihenhäuser gebaut. Jedes hat einen Rauminhalt (einen umbauten Raum) von 714 m³.
Wie groß ist das Gesamtvolumen?

b. Bei einem anderen Bau sollen 12 000 m³ Gesamtvolumen nicht überschritten werden.
Wie viele 800 m³ große Reihenhäuser können gebaut werden?

c. Es werden 16 Häuser mit einem Gesamtvolumen von 12 000 m³ gebaut.
Wie groß ist ein Haus?

Aufgabe

Lösung

a. *Rechnung*
7 · 714 m³
714m³ · 7
$\underline{4\,998\,m^3}$

b. *Rechnung*
12 000 m³ : 800 m³
120 m³ : 8 m³ = $\underline{15}$
$\underline{8}$
40
$\underline{40}$
0

c. *Rechnung*
12 000 m³ : 16 = $\underline{750\,m^3}$
112
80
$\underline{80}$
00

Ergebnis: Das Gesamtvolumen beträgt 4 998 m³.

Ergebnis: Es können 15 Häuser gebaut werden.

Ergebnis: Jedes Haus ist 750 m³ groß.

2. Schreibe und rechne wie im Beispiel.

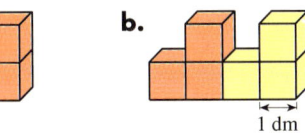

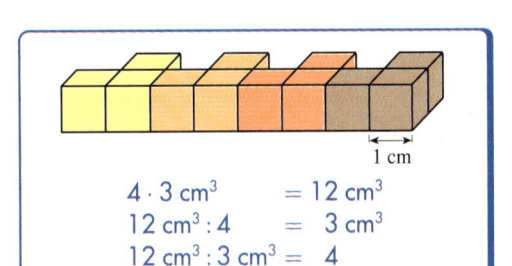

a. 1 cm   **b.** 1 dm   **c.** 1 m

4 · 3 cm³ = 12 cm³
12 cm³ : 4 = 3 cm³
12 cm³ : 3 cm³ = 4

Zum Festigen und Weiterarbeiten

3. Rechne im Kopf.

	a.	b.	c.	d.	e.
	7 · 18 l	7 · 8 l	12 · 12 l	84 l : 7	96 l : 8 l
	9 · 24 m³	4 · 9 m³	25 · 44 m³	104 m³ : 8	144 m³ : 12 m³
	3 · 42 ml	8 · 8 l	50 · 66 l	54 m³ : 3	155 l : 5 l

Übungen

4. Rechne schriftlich.

	a.	b.	c.	d.
	484 · 319 m³	29 376 m³ : 8	13 478 l : 23 l	37 076 m³ : 62 m³
	597 · 809 l	35 808 l : 6	27 591 m³ : 51 m³	29 657 m³ : 47 m³
	298 · 917 m³	50 715 m³ : 7	49 608 l : 72 l	24 882 m³ : 87 m³

5. Den Wasserverbrauch bei der Spülung einer Toilette kann man zwischen 6 *l* und 9 *l* einstellen. Angenommen, eine Toilette wird 500-mal im Monat benutzt.

  a. Wie viel *l* Wasser werden im Monat bei der Einstellung 9 *l* verbraucht?

  b. Wie viel *l* Wasser werden im Monat bei der Einstellung 6 *l* verbraucht?

  c. Wie viel *l* spart man im Monat?

6. a. Ein Müll-Großbehälter fasst 4400 *l* Müll. In einer Stadt werden an einem Tag 45 volle Großbehälter geleert. Wie viel Müll fällt daraus an?

  b. Ein Müllwagen fasst 35 200 *l* Müll.
  Wie viele Müll-Großbehälter können bei einer Fahrt entleert werden?

  c. In Müllbunkern wird Müll vorübergehend gelagert. Ein Müllbunker (483 m^3) wird mit einem anderen Müllwagen (23 m^3) entleert.
  Wie viele Fahrten sind erforderlich?

  d. Der Inhalt eines Müllbunkers (490 m^3) wird mit 14 Müllwagen abtransportiert. Wie viel m^3 muss bei gleichmäßiger Verteilung jeder Wagen aufnehmen?

Vermischte Übungen

7. In Eureka (Kalifornien, USA) nehmen zwei deutsche Schiffe Holz an Bord. Das eine Schiff lädt 4250 m^3, das andere 4550 m^3 Holz.

  a. Wie viel Kubikmeter Holz nehmen beide Schiffe auf?

  b. Die Fracht für 1 m^3 Holz kostet 21 €. Berechne die Frachtkosten für die gesamte Holzladung.

  c. Vor der Vergabe des Auftrages wurden verschiedene Angebote eingeholt. Eine Reederei forderte 99 000 € für den Transport von 4500 m^3 Holz. Warum wurde dieses Angebot abgelehnt?

8. Bei der Planung eines Hauses werden die Baukosten nach dem umbauten Raum geschätzt.

  a. Frau Baum plant ein Haus. Der umbaute Raum für Wohnhaus und Garage wird mit 974 m^3 angegeben, der des Wohnhauses allein mit 826 m^3.
  Berechne den Rauminhalt für die Garage.

  b. Die Architektin schätzt die Kosten für 1 m^3 umbauten Raum auf 285 €.
  Berechne die voraussichtlichen Kosten für das Haus, für die Garage, für Haus und Garage.

  c. Die Endkosten beliefen sich insgesamt auf 193 000 €.
  Wie hoch waren die tatsächlichen Kosten für 1 m^3 umbauten Raum?

9. Frau Wäsche ließ im Herbst ihren Tank mit 3218 *l* Heizöl füllen. Während des Winters wurden 1120 *l* und 879 *l* nachgefüllt. Im Mai waren noch 216 *l* Öl im Tank.

  a. Wie viel Heizöl wurde verbraucht?

  b. 100 *l* Öl kosten 26 €. Wie hoch waren die drei Rechnungen, die Frau Wäsche erhielt?

10. a. Das Bauunternehmen INFORM errichtet 7 Reihenhäuser. Jedes Reihenhaus hat einen Rauminhalt von 672 m³. Berechne das Gesamtvolumen.

b. Dieselbe Firma erstellte Wohnungen mit einem Gesamtvolumen von 7 688 m³. Jede Wohnung hat einen Rauminhalt von 248 m³.
Wie viele Wohnungen wurden gebaut?

11. Eine Baufirma errichtete 94 Wohnungen. Das Gesamtvolumen betrug 24 346 m³. Wie viel Kubikmeter entfielen durchschnittlich auf jede Wohnung?

12. An der Abfüllanlage einer Molkerei werden stündlich
(1) 300 1-*l*-Flaschen,
(2) 300 500-m*l*-Flaschen
abgefüllt. Die Anlage arbeitet acht Stunden am Tag.
Wie viel Liter Milch werden jeden Tag abgefüllt?

13. Das menschliche Herz drückt bei jedem Schlag 80 cm³ (Schlagvolumen) Blut in die Blutbahn.

a. Überschlage, wie oft das menschliche Herz an einem Tag schlägt; rechne mit 70 Schlägen pro Minute und runde auf Zehntausender.

b. Wie viel Liter Blut drückt das Herz jeden Tag in die Blutbahn, wie viel in einem Jahr (365 Tage)?

c. Wie viel Liter Blut wurden vom Herzen eines 85-jährigen seit seiner Geburt in die Blutbahn gedrückt?

d. Bei durchtrainierten Sportlern schlägt das Herz im Schnitt nur 55-mal pro Minute.
Wie viele Herzschläge sind das pro Tag?
Beantworte auch die Frage zu b. und vergleiche.

14. Die Kofferraumgröße bei Automobilen wird in *l* angegeben. Um die Kofferraumgröße messen zu können, werden gleich große Würfel verwendet. Jeder Würfel hat den Rauminhalt 10 *l*.
Bestimme die Größe des Kofferraums.

a.

b.

15. Der Mensch nimmt durchschnittlich pro Tag 1,5 Liter an Getränken zu sich.

a. Wie viel Liter Flüssigkeit ist das in einem Jahr?

b. Wie viel Liter hat ein 70 Jahre alter Mensch in Form von Getränken zu sich genommen?

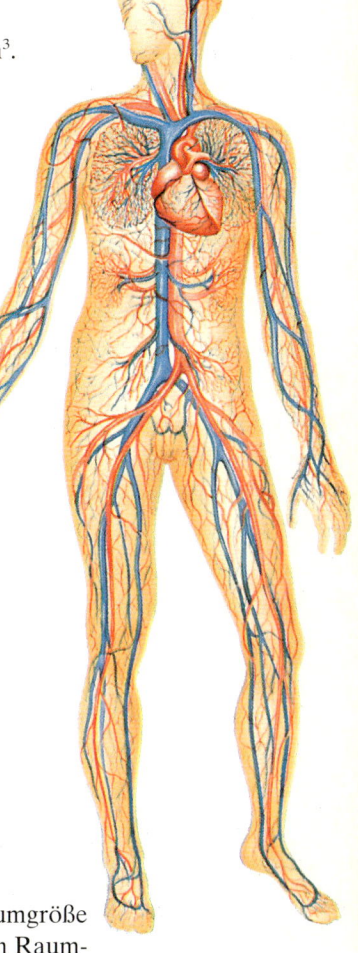

Kapitel 7

Berechnungen am Quader

Volumen eines Quaders

Aufgabe

1. Berechne das Volumen V eines Quaders mit den Kantenlängen a = 5 cm, b = 4 cm und c = 3 cm.

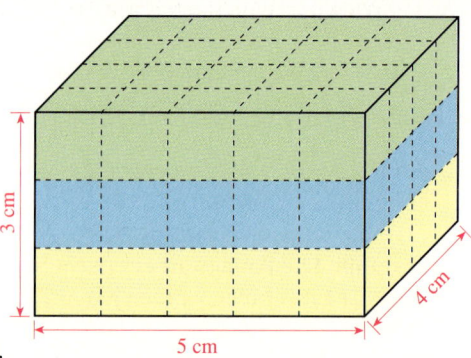

Lösung

Der Quader lässt sich in 3 aufeinander liegende Schichten zerlegen. In jeder Schicht sind 4·5, also 20 Zentimeterwürfel.
Insgesamt ist der Quader also aus 4·5·3, also 60 Zentimeterwürfeln aufgebaut.
Der Quader hat das Volumen:
V = (4·5·3) cm³ = 60 cm³
Wir schreiben kurz:
V = 4 cm · 5 cm · 3 cm = (4·5·3) cm³ = 60 cm³

Information

Volumen eines Quaders = Länge · Breite · Höhe

Volumen eines Quaders

Die Kantenlängen eines Quaders seien in derselben Längeneinheit angegeben. Dann erhält man das Volumen eines Quaders, indem man die Maßzahlen der Kantenlängen miteinander multipliziert und das Ergebnis mit der entsprechenden Volumeneinheit versieht.

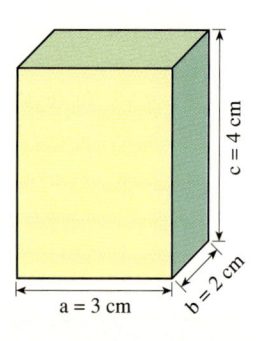

Formel:
V = a · b · c
V = 3 cm · 2 cm · 4 cm = (3·2·4) cm³ = 24 cm³

Ein solches Produkt mit drei Längen kommt auch im täglichen Leben vor.
Beispiele: Profilholz nordische Fichte: 14 mm × 121 mm × 1 000 mm
Aluminium-Werkzeugkoffer: 46 cm × 16 cm × 33 mm

Zum Festigen und Weiterarbeiten

2. Ein Quader hat die Maße a = 4 dm, b = 6 dm, c = 5 dm.
  a. In welcher Maßeinheit ist hier das Quadervolumen anzugeben?
  b. Welche Kantenlänge haben die Maßwürfel?
  c. Wie groß ist das Volumen einer Schicht? Wie groß ist das Volumen des Quaders? Wie viele Maßwürfel sind es insgesamt?

3. Berechne das Quadervolumen V aus den Kantenlängen.
  a. a = 4 cm; b = 5 cm; c = 3 cm
  b. a = 7 dm; b = 5 dm; c = 4 dm
  c. a = 2 m; b = 3 m; c = 4 m
  d. a = 27 cm; b = 34 cm; c = 19 cm

4. a. Das Volumen eines Quaders beträgt 18 cm³. Er ist in Schichten mit dem Volumen
(1) 3 cm³,   (2) 6 cm³,   (3) 9 cm³   zerlegt.
Wie viele Schichten sind das?

b. Das Volumen eines Quaders beträgt 12 dm³. Er ist in
(1) 2,   (2) 3,   (3) 4,   (4) 6   gleich große Schichten zerlegt.
Wie groß ist das Volumen einer Schicht?

Übungen

5. Berechne das Volumen V des Quaders aus den Kantenlängen.
a. $a = 7$ cm; $b = 3$ cm; $c = 9$ cm
b. $a = 4$ dm; $b = 3$ dm $c = 12$ dm
c. $a = 10$ m; $b = 5$ m; $c = 8$ m
d. $a = 15$ cm; $b = 15$ cm; $c = 12$ cm

6. Frau Brade hat in ihrem Garten eine Grube angelegt, in welcher sie Regenwasser für ihren Garten sammelt.
Die Grube ist 3 m lang, 2 m breit und 1 m tief.
Wie viel m³ Regenwasser kann sie dort speichern?

7. Ein Aquarium ist 5 dm lang und 4 dm breit. Es ist 4 dm hoch mit Wasser gefüllt.
Wie viel *l* Wasser befindet sich in dem Aquarium?

8. Miss Länge, Breite und Höhe eines Zimmers in eurer Wohnung und bestimme sein Volumen.

9. Berechne das Volumen. Vergleiche mit der Angabe auf der Verpackung.

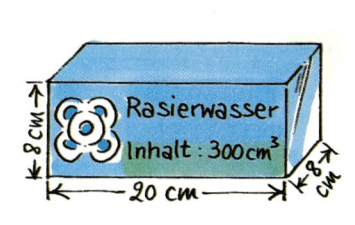

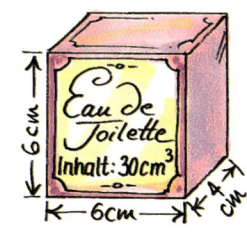

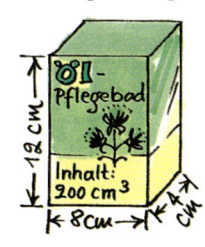

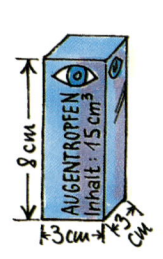

10. Ein Graben soll ausgehoben werden (200 m lang, 5 m tief, 2 m breit).
Wie viel Kubikmeter Erde müssen bewegt werden?

11. Berechne die fehlende Kantenlänge des Quaders.

		a.	b.	c.	d.	e.
Kantenlängen	a	5 cm	3 m	14 cm	9 dm	30 dm
	b	6 cm	2 m	3 cm	9 dm	150 dm
Volumen		120 cm³	24 m³	84 cm³	729 dm³	135 m³

Kapitel 7

Teamarbeit

12. Wie viel Liter Wasser fallen bei dem Unwetter auf eurem Schulhof? Wie viel cm hoch würde das Wasser stehen, wenn es nicht ablaufen könnte?

Das Wetter fiel aus dem Rahmen: 23 Liter pro Quadratmeter – Blitz und Donner.

Größe der Oberfläche eines Quaders

Aufgabe

1. Ein Quader (s. Bild) soll mit Papier beklebt werden.
Wie viel cm² Papier wird benötigt?

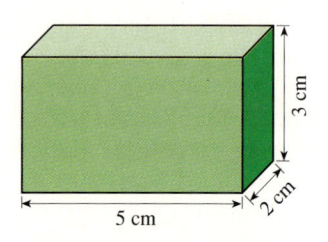

Lösung

Die sechs Flächen des Quaders zusammen bilden seine **Oberfläche**. Die Größe dieser Oberfläche gibt an, wie viel cm² Papier benötigt wird. Sie ist gleich dem Flächeninhalt des Quadernetzes.

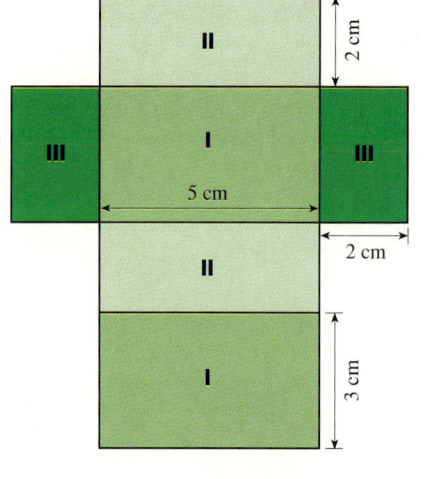

Gegenüberliegende Seitenflächen sind gleich groß. Daher gilt für die Größe der Seitenflächen:

Flächen I	5 cm · 3 cm = 15 cm²
zusammen:	2 · 15 cm² = 30 cm²
Flächen II	5 cm · 2 cm = 10 cm²
zusammen:	2 · 10 cm² = 20 cm²
Flächen III	2 cm · 3 cm = 6 cm²
zusammen:	2 · 6 cm² = 12 cm²

Für den Flächeninhalt A der gesamten Oberfläche gilt dann:
A = 30 cm² + 20 cm² + 12 cm²
A = 62 cm²

Ergebnis: Es werden 62 cm² Papier benötigt.

> Alle sechs Flächen, die zum Netz eines Quaders gehören, bilden die **Oberfläche** des Quaders.
> Die **Größe der Oberfläche** ist der Flächeninhalt dieser sechs Flächen zusammen.

Zum Festigen und Weiterarbeiten

2. a. Berechne die Größe der Oberfläche Quader (1) und (2) (Maße in cm).
b. Zeichne auch das Netz des Quaders.

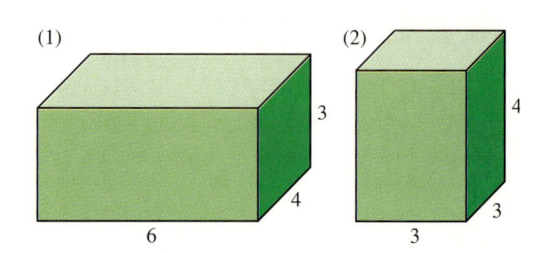

3. a. Würfel sind besondere Quader. Berechne die Größe ihrer Oberfläche (Maße in cm).

b. Zeichne auch das Netz.

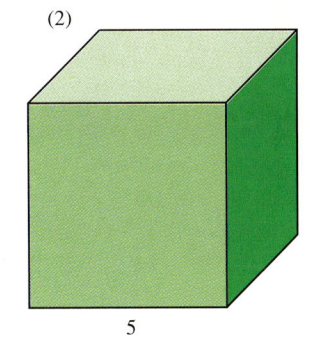

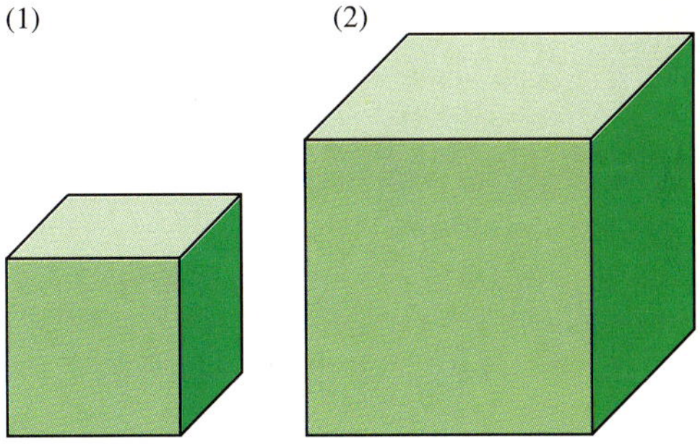

4. Berechne Volumen und Oberflächengröße der beiden Quader (1) und (2). Vergleiche.

  a. (1) 3 cm; 4 cm; 2 cm
  (2) 2 cm; 6 cm; 2 cm

  b. (1) 1 m; 3 m; 3 m (2) 7 m; 1 m; 1 m

5. Berechne die Größe der Oberfläche und das Volumen des Quaders.

  a. a = 4 cm; b = 2 cm; c = 3 cm   **b.** a = 7 cm; b = 5 cm; c = 5 cm

6. Gib Quader mit gleichem Volumen (z. B. 24 cm³), aber verschiedener Oberflächengröße an.

7. Berechne die Größe der Oberfläche des Quaders mit den angegebenen Kantenlängen.   **Übungen**

  a. a = 2 m   **b.** a = 9 m   **c.** a = 14 cm   **d.** a = 34 cm   **e.** a = 54 m
  b = 9 m   b = 7 m   b = 28 cm   b = 59 cm   b = 67 m
  c = 4 m   c = 8 m   c = 9 cm   c = 17 cm   c = 78 m

8. Berechne die Größe der Oberfläche der Quader

  a. von Aufgabe 3, Seite 210   **b.** von Aufgabe 5, Seite 211

9. Eine Kiste hat einen Rauminhalt von 24 m³. Gib 4 mögliche Kantenlängen an und berechne jeweils die zugehörige Größe der Oberfläche.

10. Berechne das Volumen und die Größe der Oberfläche. Maße in cm.   **Vermischte Übungen**

  a.   **b.**   **c.**   **d.**   **e.**   **f.**

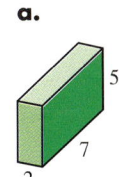

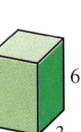

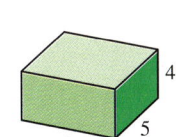

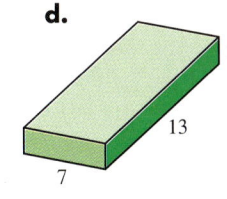

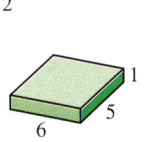

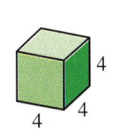

11. Ein Karton (Maße: 22 cm × 22 cm × 22 cm) soll vollständig mit Papier beklebt werden.
Wie viel cm² Papier ist erforderlich?
Wandle das Ergebnis in dm² um.

12. Frau Müller baut einen Flachdach-Bungalow, der 18 m lang, 12 m breit und 3 m hoch sein soll. Der Kubikmeter umbauten Raumes kostet 270 €.
Wie teuer wird das Haus?

13. Ein Aquarium ist 5 dm lang und 4 dm breit.
  a. Das Wasser steht 1 cm hoch.
  Wie viel dm³ (l) Wasser befinden sich in dem Aquarium?
  b. Wie hoch steht das Wasser, wenn man 50 l hineingießt?

14. Ein Schwimmbad von 50 m Länge, 20 m Breite und 2 m Tiefe soll mit Wasser gefüllt werden. Der Kubikmeter Wasser kostet 1,95 €.
Wie teuer ist die Füllung des Bades?

15. Beim Bau einer U-Bahn wird eine Grube von 20 m Tiefe, 25 m Breite und 3 km Länge ausgehoben. Ein Lkw fasst 6 m³ Erde.
Wie viele Fahrten sind zum Abtransport der Erde notwendig?

16. Das Bild zeigt den Querschnitt eines 17 m langen Holzbalkens.
  a. Wie viel m³ Holz hat der Balken?
  b. Die Oberfläche des Balkens soll durch Hobeln geglättet werden. Wie viel m² sind zu hobeln?

17. Berechne das Volumen des Quaders aus der Größe A der Grundfläche und der Kantenlänge c.
  a. A = 24 cm²;   c = 5 cm   **c.** A = 28 cm²;   c = 3 cm
  b. A = 17 cm²;   c = 4 cm

18. Julias Vater lässt im Herbst seine drei Heizöltanks auffüllen. Jeder Tank fasst 1000 l Heizöl. Ihm werden 2 854 l Heizöl in Rechnung gestellt.
  a. Wie viel Liter wurden nachgefüllt? Wie viel Liter Öl waren noch in den Tanks?
  b. 1 l Heizöl kostet 26 Cent.
  Welche Summe wurde Julias Vater in Rechnung gestellt?

19. Ein Zimmer hat folgende Maße: 4 m breit, 5 m lang, 2,50 m hoch. Das Fenster im Zimmer hat die Maße: 3 m breit, 1 m hoch. Die Tür ist 1 m breit und 2 m hoch. Die Tapete des Zimmers (ohne Decke) soll mit Farbe neu bestrichen werden. Auf dem Farbeimer steht die Angabe: Inhalt: 2,5 kg; 1 kg reicht für 4 m².
  a. Wie viel kg Farbe wird voraussichtlich benötigt?
  b. Ein Eimer Farbe kostet 12 €.
  Wie teuer ist der Anstrich, wenn die Anstreicharbeit nicht berechnet wird?

20. Ein Dromedar (einhöckriges Kamel) wiegt 800 kg. Es kommt bis zu 17 Tage ohne Wasser aus und verliert dann durch Verdunstung den vierten Teil seines Körpergewichts.
Wie viel l Wasser sind nach 17 Tagen verdunstet?
(1 l Wasser wiegt 1 kg).

21. a. Eine quaderförmige Futterkrippe in einem Stall für Zebras ist 8 dm lang, 4 dm breit und 2 dm hoch.
Wie oft muss ein Eimer (10 l Fassungsvermögen) gefüllt und umgeschüttet werden, bis die Futterkrippe gefüllt ist?

b. Ein Zebra säuft ungefähr 20 l Wasser pro Tag. In einem Gehege steht eine Tränke (8 dm lang, 6 dm breit, 3 dm hoch), die jeden Tag gefüllt wird.
Für wie viele Zebras reicht das?

22. a. Ein Kamel säuft täglich 75 l Wasser. Wie viel l benötigt es in einer Woche?

b. Ein Elefant braucht 140 l Wasser pro Tag. Wie viel ist das in einem Jahr?
Gib den Verbrauch in m^3 an.

23. Für ein Pferd sind 40 m^3 Luftraum vorgeschrieben.

a. Wie viele Pferde dürfen in einem Stall (24 m lang, 8 m breit, 5 m hoch) untergebracht werden?

b. Ein anderer Stall ist 25 m lang, 8 m breit und 6 m hoch. Es sind 20 Pferde untergebracht. Ist das gestattet?

24. Christins Mutter will feststellen, wie viel l Benzin ihr Auto auf 100 km verbraucht.
Dazu merkt sie sich den Kilometerstand beim letzten Volltanken: 38 417.
Beim nächsten Tanken beträgt der Kilometerstand 38 867.
Beim Tanken passen genau 45 l in den Tank.

25. Aus einem Wetterbericht:
„Während der letzten 24 Stunden fielen 3 mm Niederschlag."
Frau Meier überlegt, wie viel m^3 (bzw. l) Wasser sie hätte gewinnen können, wenn sie das Regenwasser vom Dach ihres Flachdachbungalows aufgefangen hätte. Die Verdunstung des Wassers berücksichtigt sie nicht.

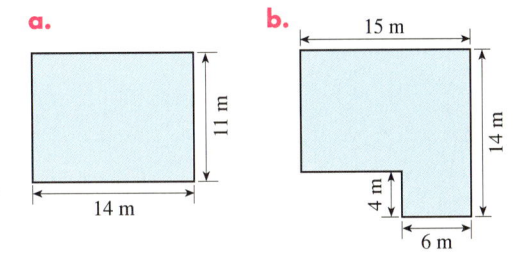

a. 14 m × 11 m

b. 15 m oben, 14 m rechts, 4 m, 6 m

26. Ein Hallenbad hat ein Becken für Schwimmer (25 m; 12 m; 2 m),
eines für Nichtschwimmer (14 m; 12 m; 1 m) und
ein Planschbecken (3 m; 4 m; 0,50 m).
1 m^3 Wasser kostet 1,95 €.

a. Wie teuer ist eine Füllung jedes einzelnen Beckens?

b. Wie lange dauert es, bis die Becken gefüllt sind, wenn man in 1 Stunde 2 400 l Wasser zulaufen lässt?

c. Man muss mit einem Verlust von täglich 7 000 l Wasser rechnen (Verdunstung usw.). Welche Kosten entstehen dadurch im Juli?

Vermischte Übungen

1. a. Liana plant zu ihrem Geburtstag ein Picknick im Wald. Ihr Vater kauft zunächst 2 Packungen mit je 10 Trinktüten. Jede Tüte enthält 190 ml Fruchtsaftgetränk.
Wie viel ml Saft hat er insgesamt eingekauft?

b. An dem Picknick nehmen voraussichtlich 8 Kinder teil.
Wie viel ml kann jedes Kind trinken?

c. Lianas Vater hat vermutlich zu wenig Fruchtsaftgetränk eingekauft. Er rechnet damit, dass jedes Kind etwa $\frac{3}{4}$ l (also 750 ml) Fruchtsaftgetränk trinkt.
Wie viel ml Fruchtsaftgetränk muss er noch einkaufen? Wie viele Tüten sind das?

2. Sarahs Großmutter hat 4 Balkonkästen (60 cm lang, 20 cm breit, 20 cm hoch). Sie werden nur bis 5 cm unter dem Rand mit Blumenerde gefüllt.
Ein Sack Blumenerde (25 l) kostet 4,10 €.
Wie viel kostet das Auffüllen der vier Kästen mit Erde?

3. a. Ein mittelgroßes Tankschiff liegt an einer Ladebrücke im Persischen Golf. Stündlich werden 7000 m³ Rohöl in die Tanks des Schiffes gepumpt. Nach 8 Stunden sind alle Tanks gefüllt.
Wie viel Kubikmeter Rohöl hat das Schiff geladen?

b. An der Löschbrücke im Wilhelmshavener Ölhafen wird die Ladung in 14 Stunden gelöscht.
Wie viel Kubikmeter Öl wurden in einer Stunde aus den Tanks gedrückt?

c. Das Schiff hat mehrere Öltanks mit je 3500 m³.
Wie viele Tanks waren gefüllt?

d. 1 m³ Rohöl wiegt 950 kg. Berechne das Gewicht der Ladung
(1) in kg; (2) in t.

▲ 4. a. Bei einem Bau soll das abgebildete Fundament gemauert werden.
Wie viel m³ ist es groß?
Achte auf die Maßeinheiten.

b. Für 1 m³ benötigt man 370 Steine. Wegen Verlust oder Beschädigung der Steine rechnet man noch den 10. Teil hinzu.
Wie viele Steine müssen bestellt werden?

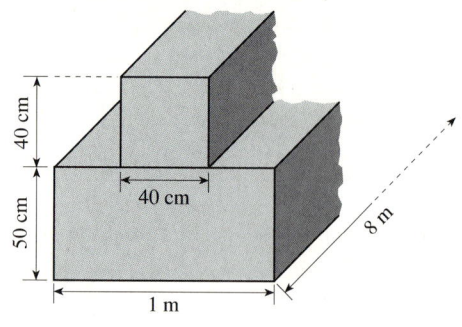

Bist du fit?

1. a. Gib das Volumen des Körpers an.
   b. Zeichne im Schrägbild Körper mit folgendem Volumen:
   (1) V = 7 cm³   (2) V = 9 cm³
   c. Gib Volumen und Größe der Oberfläche des Quaders mit folgenden Maßen an.
   (1) a = 8 cm; b = 7 cm; c = 11 cm
   (2) a = 12 m; b = 14 m; c = 9 m

2. Schreibe in der in Klammern angegebenen Maßeinheit.

a.		b.		c.		d.	
7 m³	(dm³)	8 l	(ml)	4 000 l	(m³)	3,475 m³	(dm³)
9 cm³	(mm³)	25 m³	(l)	7 000 m³	(l)	2,45 l	(ml)
4 000 dm³	(m³)	2 000 ml	(l)	8 000 cm³	(dm³)	3,5 m³	(l)
8 000 m³	(l)	4 000 l	(ml)	3 000 dm³	(cm³)	0,02 l	(ml)

3. Schreibe mit Komma.

a.	b.	c.	d.	e.
4 575 dm³	3 926 ml	7 089 cm³	210 ml	30 l
8 500 l	4 090 dm³	850 ml	7 049 cm³	300 cm³
9 840 cm³	5 700 cm³	4 007 dm³	803 l	83 ml

4. Schreibe mit zwei Maßeinheiten.

a.	b.	c.	d.	e.
2 619 cm³	9 020 ml	4 856 l	8,07 dm³	12,04 m³
7,2 m³	3,503 l	2,4 m³	9,903 l	8,09 l
85,24 dm³	7,5 l	5,027 cm³	6 002 cm³	7,003 dm³

5. a. Das Bild zeigt 26 Schwimmdach-Tanks bei Wilhelmshaven. Jeder fasst 30 000 m³ Erdöl. Wie viel fassen alle zusammen?

b. Die Seeschleuse bei Emden hat die Maße 260 m mal 46 m mal 12 m. Wie viel m³ Wasser fasst diese Schleuse?

6. Frau Lilienthals Hobby sind Zierfische.
Sie hat ein großes Aquarium (2,00 m × 0,80 m × 1,40 m) im Wohnzimmer stehen.
Wie viel cm hoch steht das Wasser im Wohnzimmer (5,60 m × 4,00 m), wenn das Wasser auslaufen sollte?
Schätze zuerst.

Im Blickpunkt

Flughäfen im Vergleich

Laura hat zum ersten Mal eine aufregende Flugreise gemacht. Seitdem interessiert sie sich besonders für alles, was mit Flughäfen und Flugzeugen zusammenhängt. Sie hat ganze Berge von Informationsschriften und Prospekten gesammelt. Diese enthalten Zahlenmaterial, wie z. B. die folgende Tabelle, zu der Laura verschiedene Fragen einfallen.

	Fluggäste	Luftfracht (in Tonnen)	Starts und Landungen
Berlin (gesamt)	11 016 467	34 715	220 641
Düsseldorf	15 145 638	103 311	184 018
Frankfurt/Main	38 179 543	1 327 857	378 388
Hamburg	8 201 463	70 957	149 011
Leipzig/Halle	2 093 522	3 222	53 530
München	14 867 922	137 019	213 951
Stuttgart	5 158 514	89 276	125 085

Macht euch zunächst mit der Tabelle vertraut.

Ordnen nach verschiedenen Gesichtspunkten

1. Lauras Vater:
 „Frankfurt ist der größte deutsche Flughafen."
 Laura:
 „Und welcher ist der zweitgrößte?"
 Hier bekommt Lauras Vater Schwierigkeiten.
 Wie würdet ihr antworten?

2. Ordnet die Flughäfen
 a. nach der Anzahl der Fluggäste;
 b. nach dem Luftfrachtaufkommen;
 c. nach der Anzahl der Starts und Landungen.

Runden für verschiedene Zwecke

Die genauen Zahlen der Tabelle können sich nur „Gedächtniskünstler" merken. Für viele Zwecke ist es ausreichend oder sogar besser, wenn man gerundete Zahlen angibt.

3. Auf welchen Stellenwert (M, HT, ZT, ...) sollte man nach eurer Meinung in den folgenden Beispielen die Zahlen zweckmäßigerweise runden?
   (1) Laura will sich die Reihenfolge der Flughäfen nach der Anzahl der Fluggäste merken.
   (2) Lauras Vater interessiert mehr die Reihenfolge nach der Anzahl der Starts und Landungen bzw. nach dem Luftfrachtaufkommen.
   (3) Die Tabelle soll in einem Erdkundebuch für das 5. Schuljahr abgedruckt werden.

4. Rundet die Zahlen der Tabelle auf die angegebenen Stellenwerte. Legt jeweils eine Tabelle an.
   (Diese Tabelle könnt ihr in den folgenden Aufgaben wieder benutzen.)
   a. Fluggäste: M, HT, T
   b. Luftfracht: ZT, T, H
   c. Flugzeugbewegungen: HT, ZT, T

Verrückte Rechnereien mit großen Zahlen – Überschlag genügt

Benutzt für die folgenden Aufgaben „geeignete" gerundete Zahlen aus Aufgabe 4.
Führt dann die folgenden Rechnungen als Überschlagsrechnungen durch. (Rechenfans dürfen auch genau rechnen.)

5. Wie viele Großraumflugzeuge des Typs Boeing B 747 (189 Passagiere) [Airbus A 300 B (345 Passagiere)] wären erforderlich, um alle Fluggäste des Flughafens Frankfurt [Düsseldorf; ...] abzutransportieren?

6. Patrick findet in Prospekten folgende Angaben über die Größe des Flughafengeländes: Rhein-Main-Flughafen Frankfurt: 613 ha
Rhein-Ruhr-Flughafen Düsseldorf: 17 ha
   a. Wie viel mal könnte man den Flughafen Düsseldorf ungefähr auf dem Gelände des Flughafens Frankfurt unterbringen?
   b. Ein Klassenraum ist ungefähr 60 m² groß. Wie oft könnte man die Fläche des Klassenraumes auf dem Gelände jedes der beiden Flughäfen abtragen?

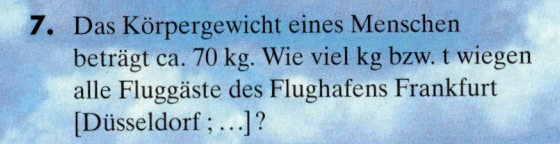

7. Das Körpergewicht eines Menschen beträgt ca. 70 kg. Wie viel kg bzw. t wiegen alle Fluggäste des Flughafens Frankfurt [Düsseldorf; ...]?

Bist du fit?

Seite 29

1. **a.** 408 092 **b.** 4 623 000 **c.** 5 054 000 **d.** 8 527 000 **e.** 4 200 750 000 **f.** 3 035 012 000
2. **a.** 50 000 000 **c.** 600 000 000 000 **e.** 4 180 000 000 000
   b. 120 000 000 **d.** 32 000 000 000 **f.** 32 040 000 000
3. **a.** 4728 **b.** 85 031
4. **a.** 789; 791 **c.** 14 888; 14 890 **e.** 299 999; 300 001
   b. 3999; 4001 **d.** 92 998; 93 000 **f.** 59 999 999; 60 000 001
5. **a.** 998; 999; 1000; 1001; 1002; 1003; 1004; 1005
   b. 8999; 9000; 9001; 9002
   c. 99 996; 99 997; 99 998; 99 999; 100 000; 100 001; 100 002; 100 003
   d. 999 998; 999 999; 1 000 000; 1 000 001; 1 000 002; 1 000 003; 1 000 004
6. 60 000; 180 000; 330 000; 410 000; 620 000; 690 000; 840 000; 1 040 000; 1 100 000
7. **a.** 500 **b.** 1700 **c.** 350 000 **d.** 950 000
8. **a.** < **b.** > **c.** < **d.** <
9. **a.** 6500; 13 700; 9600; 1500 **b.** 6000; 14 000; 10 000; 1000
10. **a.** Eiffelturm: 300 m; Kölner Dom: 160 m; Petersdom: 130 m; Empire State B.: 380 m; Moskau: 430 m
    b. Papier: 40 mm; Kunststoffe: 28 mm; Glas: 44 mm

Seite 64

1. **a.** 8228 **b.** 1234 **c.** 6126 **d.** 3333 **e.** 9999 **f.** 1717 **g.** 6789 **h.** 87 654
2. **a.** 26 179 **b.** 17 112 **c.** 59 215 **d.** 15 112 **e.** 208 346 **f.** 2 190 685 **g.** 40 650 **h.** 7 731 633 **i.** 1 246 578
3. **a.** 592 **b.** 302 **c.** 714
4. **a.** 542 **b.** 795 **c.** 393 **d.** 76 **e.** 68 **f.** 135
5. 566 €
6. 11 075 €
7. **a.** 37 005 **b.** 98 353 **c.** 1647

Seite 65

8. **a.** 6406; 111 111 **b.** 42 822; 77 777 **c.** 639 837; 17 497 116 **d.** 661; 555
9. **a.** 164 000; 47 700; 154 800; 75 **c.** 4 683 048; 75; 2 496 000; 984 R8
   b. 1 194 611; 315 512; 2 962 800; 5544 **d.** 1 444 443; 530 865; 8 862 984; 999 R132
10. **a.** 625; 625; 625 **b.** 1728; 1728; 1728 **c.** 60 025; 60 025; 60 025 **d.** 104 976; 104 976; 679 401
11. **a.** 0 < 1 < 72 < 1296 **b.** 0 < 1 < 8 < 16 < 256 **c.** 0 < 889 < 1111
12. **a.** 6120; 5880; 720 000; 50 **c.** 6794; 6708; 290 293; 157
    b. 1025; 975; 25 000; 40 **d.** 28 056; 27 722; 4 657 463; 167
13. **a.** 77 R5 **b.** 186 **c.** 67 R3 **d.** 68 R1 **e.** 54 R4 **f.** 79 R2
14. **a.** 3600; 2660; 2040 **b.** 12; 26; 13 **c.** 828; 1560; 400 **d.** 52; 11; 32
15. **a.** 5555; 12 345; 11 111 **c.** 7654; 8888; 3443 **e.** 777; 555; 345
    b. 44 844; 65 856; 97 779 **d.** 999 000; 369 630; 345 678
16. 22 Boote
17. **a.** 46 280 € **b.** 3720 €
18. **a.** 1242 **b.** 1337

Seite 90

1. **a.** 96; 61; 101; 45 **c.** 28; 52; 55; 25 **e.** 60; 36; 7; 39 **g.** 116; 78; 83; 39
   b. 27; 9; 10; 40 **d.** 2; 32; 32; 2 **f.** 189; 47; 117; 119 **h.** 24; –; 113; 266
2. **a.** 7; 51 **b.** 4; 53 **c.** 456; 8 **d.** 275; 179 **e.** 24; 0 **f.** 6; 17 **g.** 258; 128 **h.** 162; 290
3. 15 €
4. **a.** 77 € **b.** 50 € **c.** 30 € **d.** 1022 € **e.** 127 €
5. **a.** 540; 800; 10 800 **b.** 1850; 210; 720 **c.** 1677; 2482; 1521 **d.** 297 135; 60 168; 61 242

Seite 91

6. 139,97 €
7. **a.** 717; 999; 746 **c.** 240; 101; 150 **e.** 118; 1902; 300
   b. 5100; 7300; 43 000 **d.** 1600; 402; 42 000 **f.** 23 347; 7 340 000; 20 000
8. 12 Kinder
9. **a.** 960 **b.** 387 **c.** 8496 **d.** 6448 **e.** 1045 **f.** 8216
10. **a.** L = {1, 2, 3, 5, 6} **b.** L = {4, 5, 6} **c.** L = {4, 5, 6} **d.** L = {2, 4, 6} **e.** L = {2, 6} **f.** L = {2, 5}
11. **a.** L = {5} **b.** L = {1, 2, 3, 4, 5} **c.** L = {5, 6, 7, 8, 9} **d.** L = { } **e.** L = G **f.** L = {5}
12. **a.** 8 **c.** 36 **e.** 36 **g.** L = {1, 2, 3, 4, 5, 6, 7, 8} **i.** L = {15, 16, 17, …} **k.** L = {8, 9, 10, …}
    b. 8 **d.** 13 **f.** 6 **h.** L = {1, 2, 3, 4, 5, 6, 7} **j.** L = {13, 14, 15, …} **l.** L = {21, 22, 23, …}

Seite 136

1. Es ist jeweils a = b.
2. Die Geraden scheinen gebogen.
3. **a.**

Strecke	AB	BC	CD	DA	AC	BD	SD	SC	SA	SB
Länge	2,5	2,2	1,4	2,2	2,9	2,9	1	1	1,9	1,9

b.

Strecke	AB	BC	CD	DA	AC	BD	SD	SC	SA	SB
Länge	2,2	2,2	2,2	2,2	3,5	2,6	1,3	1,75	1,75	1,3

4. **c.** 2,1 cm
5. **a.** u = 16 cm **b.** u = 18 cm

Lösungen

Seite 136 **6.**

[cm]	A	B	C	D	E
A	–	33,5	20	31,5	18
B	33,5	–	18	25	36
C	20	18	–	14	18
D	31,5	25	14	–	21
E	18	36	18	21	–

Seite 137 **7. a.**

Punkt	A	B	C	D	E	F	G
Symmetriepartner	E	D	C	B	A	G	F

b.

Punkt	A	B	C	D	E	F
Symmetriepartner	A	F	E	D	C	B

c. nicht achsensymmetrisch

d.

Punkt	A	B	C	D	E	F	G	H
Symmetriepartner	G	F	E	D	C	B	A	H

8. – **9.** – **10. a.** 48 cm; 300 mm **b., c., d.** –
11. a. 36 cm **b., c.** – **12.** $D_1(5|1)$; $D_2(3|5)$

Seite 167
1. a. 90 dm; 140 dm; 37 000 m; 4 m
 b. 7 km; 13 m; 7 cm; 700 mm
 c. 3500 m; 78 mm; 57 cm; 470 cm
 d. 38 000 g; 14 000 kg; 900 000 mg; 80 000 mg
 e. 12 kg; 7 g; 4 t; 9 kg
 f. 3700 g; 500 kg; 1500 mg; 2700 kg

2. a. 4,78 km 4 km 780 m **c.** 7,53 dm 7 dm 53 mm **e.** 5,9 g 5 g 900 mg
   4,75 m   4 m 75 cm   4,823 m 4 m 823 mm   3,5 t 3 t 500 kg
 b. 1,9 cm 1 cm 9 mm **d.** 2,575 kg 2 kg 575 g **f.** 0,012 kg 0 kg 12 g
   7,5 km 7 km 500 m   8,473 t 8 t 473 kg   0,041 t 0 t 41 kg

3. a. 1920 s **b.** 636 s **c.** 33 min **d.** 13 h **e.** 80 h
   1080 min   1338 min   8 d   96 h   443 min

4. – **5. a.** 2400 t **b.** 100 t **6. a.** 125 Tassen **b.** ∼142 Tassen **c.** 2,5 g **7.** ∼3666 Autos

Seite 193
1. (1) $A = 13\ cm^2$
    $u = 16\ cm$
  (2) $A = 8\ cm^2$
    $u = 17,2\ cm$

2. a. 12 000 a; 24 a; 36 km²
 b. 90 000 m²; 40 000 a; 4 km²
 c. 9 dm²; 450 000 dm²; 30 000 000 mm²
 d. 2 a; 7 ha; 70 000 m²
 e. 290 000 a; 24 000 000 cm²; 3 ha

3. a. (1) 3 ha 75 a = 375 a   (3) 0 ha 85 a = 85 a
      7 a 52 m² = 752 m²   3 dm² 75 cm² = 375 cm²
      16 km² 59 ha = 1659 ha   8 cm² 4 mm² = 804 mm²
    (2) 23 ha 50 a = 2350 a   (4) 37 m² 9 dm² = 3709 dm²
      17 a 5 m² = 1705 m²   9 cm² 40 mm² = 940 mm²
      4 km² 70 ha = 470 ha   0 dm² 7 cm² = 7 cm²

 b. (1) 7,75 ha   (2) 2,05 ha   (3) 3,17 dm²   (4) 0,18 km²
    12,19 a   61,07 a   28,53 cm²   0,43 a
    49,55 m²   3,09 km²   12,04 dm²   0,05 a
    3,5 km²   4,04 m²   3,03 cm²   0,07 ha

4. a. A = 63 cm², u = 32 cm **d.** A = 750 m², u = 110 m **g.** A = 16 800 m², u = 620 m
 b. A = 1,08 m², u = 1824 cm **e.** A = 22,2 m², u = 20,8 m **h.** A = 11 076 m², u = 440 m
 c. A = 238 m², u = 62 m **f.** A = 12,5 m², u = 15 m **i.** A = 36 360 m², u = 846 m

5. a. 684 m² **b.** 85 m²

Seite 217
1. a. (1) 6 cm³ (2) 18 m³ **b.** – **c.** (1) V = 616 cm², O = 442 cm² (2) V = 1512 m³, O = 804 m²

2. a. 7000 dm³; 9000 mm³; 4 m³; 8 000 000 l **c.** 4 m³; 7 000 000 l; 8 dm³; 3 000 000 cm³
 b. 8000 ml; 25 000 l; 2 l; 4 000 000 ml **d.** 3475 dm³; 2450 ml; 3500 l; 20 ml

3. a. 4,575 m³; 8,5 m³; 9,84 dm³ **4. a.** 2 dm³ 619 cm³; 7 m³ 200 dm³; 85 dm³ 240 cm³
 b. 3,926 l; 4,09 m³; 5,7 dm³   **b.** 9 l 20 ml; 3 l 503 ml; 7 l 500 ml
 c. 7,089 dm³; 0,85 l; 4,007 m³   **c.** 4 m³ 856 dm³; 2 m³ 400 dm³; 5 cm³ 27 mm³
 d. 0,21 l; 7,049 dm³; 0,803 m³   **d.** 8 dm³ 70 cm³; 9 l 903 ml; 6 dm³ 2 cm³
 e. 0,03 m³; 0,3 dm³; 0,083 l   **e.** 12 m³ 40 dm³; 8 l 90 ml; 7 dm³ 3 cm³

5. a. 780 000 m³ **b.** 143 520 m³

Maßeinheiten und ihre Umrechnungen

Längen

10 mm = 1 cm
10 cm = 1 dm
10 dm = 1 m
1 000 m = 1 km

Flächeninhalte

100 mm² = 1 cm²   100 m² = 1 a
100 cm² = 1 dm²   100 a = 1 ha
100 dm² = 1 m²   100 ha = 1 km²

Die Umwandlungszahl ist 100

Volumina

1 000 mm³ = 1 cm³   1 000 dm³ = 1 m³   1 dm³ = 1 l
1 000 cm³ = 1 dm³   1 cm³ = 1 ml   1 000 ml = 1 l

Die Umwandlungszahl ist 1 000

Zeitspannen

60 s = 1 min
60 min = 1 h
24 h = 1 d

Gewichte

1 000 mg = 1 g
1 000 g = 1 kg
1 000 kg = 1 t

Die Umwandlungszahl ist 1 000

Verzeichnis mathematischer Symbole

Zahlen

$a = b$	a gleich b	$a + b$	Summe aus a und b; a plus b
$a \neq b$	a ungleich b	$a - b$	Differenz aus a und b; a minus b
$a < b$	a kleiner b	$a \cdot b$	Produkt aus a und b; a mal b
$a > b$	a größer b	$a : b$	Quotient aus a und b; a durch b
$a \approx b$	a ungefähr gleich (rund) b	a^n	Potenz aus Grundzahl a und Hochzahl n; a hoch n

Geometrie

$\overline{AB}$	Verbindungsstrecke der Punkte A und B; Strecke mit den Endpunkten A und B	ABC	Dreieck mit den Eckpunkten A, B und C
AB	Verbindungsgerade durch die Punkte A und B; Gerade durch A und B	ABCD	Viereck mit den Eckpunkten A, B, C und D
$g \parallel h$	Gerade g ist parallel zu Gerade h	$P(x \mid y)$	Punkt P mit den Koordinaten x und y, wobei x die erste Koordinate, y die zweite Kordinate ist
$g \perp h$	Gerade g ist senkrecht zu Gerade h		

Stichwortverzeichnis

Abstand 107 f.
achsensymmetrisch 124
Addieren 37 f.
Assoziativgesetz 75
Aussage 85 f.

Basis 11, 51
Bilddiagramm 26
Bildpunkt 128

Differenz 31
Distributivgesetz 82
Dividend 44
Dividieren 56, 80
Divisor 44
Draufsicht 116

Ecke 94
Eckpunkt 99
Einheitentabelle 143 f., 180, 204
Element 86
Entfernungstabelle 97
Exponent 11, 51

Faktor 44
Fläche 94
Flächeninhalt 171
– eines Rechtecks 188
Flächeninhaltseinheiten 176, 177

Gerade 104
Gewichtseinheiten 152, 153
Gewichtsmessung 151
Gleichung 87
größer als 16

Grundmenge 85 f.
Grundzahl 11, 51

Hochachse 101
Hochwert 101
Hochzahl 11, 51

Kante 94
Kantenmodell 94
Kegel 93
Klammern 67
kleiner als 16
Kommutativgesetz 77
Koordinaten 101
Koordinatensystem 101
Körper 93
Kugel 93

Länge einer Strecke 96
Längeneinheiten 139, 140
Längenmessung 139
leere Menge 88
Lösung 88
Lösungsmenge 87 f.
lotrecht 113

Menge, leere 88
Minuend 31
Multiplizieren 53

Oberfläche
– eines Quaders 212

Parallel 110
Parallele 111
Parallelogramm 116

Platzhalter 85 f.
Potenz 11, 51
Produkt 44
Punkt 96
Pyramide 93

Quader 93, 118
– -s, Oberfläche eines 212
– -s, Volumen eines 210
Quadrat 115
Quotient 44

Raute 116
Rechteck 115
– -s, Flächeninhalt eines 188
– -s, Umfang eines 189
Rechtsachse 101
Rechtswert 101
römische Zahlschreibweise 22
Runden 26

Säulendiagramm 24
Schrägbild 121
Seitenansicht 116
senkrecht 106
Senkrechte 107
Spiegelachse 128
Spiegelgerade 128
Spiegeln von Figuren 128
Stellentafel 8
Strecke 96, 104
–, Länge einer 96
Strichliste 24
Subtrahend 31
Subtrahieren 39, 80

Summand 31
Summe 31
Symmetrieachse 124
Symmetriepartner 124

Term 67

Umfang 171
– eines Vielecks 99
– eines Rechtecks 189
Ungleichung 86

Verbindungsgerade 104 f.
Verbindungsgesetz 75
Verschieben von Figuren 131
Verschiebungspfeil 132
Vertauschungsgesetz 77
Verteilungsgesetz 82
Vieleck 99
Volumen
– eines Quaders 210
Volumeneinheiten 198, 200
Vorderansicht 116

waagerecht 113
Würfel 118

Zahlenstrahl 14
Zahlschreibweise, römische 22
Zehnerpotenz 11
Zehnersystem 8
Zeitdauer 159 f.
Zeitpunkt 159 f.
Zeitspanne 159 f.
Zweiersystem 20
Zylinder 93

Bildquellenverzeichnis

Seite 14 (Thermometer, Personenwaage, Meßbecher), 33, 69, 71, 94 (Kantenmodell), 97, 104, 113, 117, 121, 122, 125, 140 (Elle, Spanne), 141, 142, 148, 157, 158, 176 (Tafel), 198 (Meterwürfel, Dezimeterwürfel, Zentimeterwürfel, Filzkappe, Meßbecher), 203 Tooren-Wolff, M., Hannover; Seite 10 (Goldbarren) Merten – Zefa, Düsseldorf; Seite 10 (Geldscheine), 64, 163 (Geldscheine), Hackenberg – Zefa, Düsseldorf; Seite 12 VDO Kienzle, Frankfurt; Seite 14 (Km-Zähler-Auto) Kneer – Bavaria, Gauting; Seite 18 Streichan – Zefa, Düsseldorf; Seite 19 Manfred Klöckner – Ullstein, Berlin; Seite 20 (Asterix-Hefte), ehapa; Seite 21 Kalt – Bavaria, Gauting; Seite 23 Lehn – Mauritius, Mittenwald; Seite 27 Vidler – Mauritius, Mittenwald; Seite 28 (Menschenmenge) Deuter – Zefa, Düsseldorf; Seite 28, 176 (Fußballstadion) Weigel – Zefa, Düsseldorf; Seite 30 Tony Stone, München; Seite 34 GFP – Mauritius, Mittenwald; Seite 57 (Fußball-Aktion) – Spor – Imagine Professional, Hamburg; Seite 61 Mauritius-Photo library, Mittenwald; Seite 63 (Kolibri, Taube, Rauchschwalbe), 140 (Ohrwurm, Honigbiene, Marienkäfer, Maikäfer) 154, 214 (Dromedar), 215 (Zebras) Tony Angermayer, Holzkirchen; Seite 63 (Mauersegler) Reinhard – Zefa, Düsseldorf; Seite 65 Weyer – Mauritius, Mittenwald; Seite 66 Archiv für Kunst und Geschichte, Berlin; Seite 67, 175, Geisser – Mauritius, Mittenwald; Seite 73 Bergmann – Mauritius, Mittenwald; Seite 78 Superstock – Mauritius, Mittenwald; Seite 80 Peter Cade – Tony Stone, München; Seite 81, 217 (Tankschiff an Ladebrücke) Pictor, Hamburg; Seite 83 (oben) Gisela Schuster, Hameln; (unten) Wolfgang Schnell, Hameln; Seite 90 Märklin, Göppingen; Seite 92 (Salzkristall, Bleisulfid) Dr. Medenbach, Witten; Seite 92 (Spielwürfel), 106, 159 (Armbanduhr), 200 M. Frühsorge, Wunstorf; Seite 94 (ägyptische Pyramide), 191 Pigneter – Mauritius, Mittenwald; Seite 114 (Mondrian: Komposition) Studio Kauffelt, Mannheim; Seite 128 (Schloß Ludwigslust) Voigt – Imagine, Hamburg; Seite 130 (Rettungswagen/Spiegelschrift) van Eupen, Hambühren; Seite 131 Ilse Maierbacher: Schablonieren – Callwey Verlag; Seite 147 Otto – Imagine, Hamburg; Seite 149 DB, Berlin; Seite 150 Markus Leser – Mauritius, Mittenwald; Seite 156 Sven Simon, Essen; Seite 159 (Stoppuhr), 208 (Holzverladung-Schiffe) AGE Kat – Mauritius, Mittenwald; Seite 163 (5000-m-Lauf), 165 (Leichtathletik) Bordis – Imagine, Hamburg; Seite 165 (Raumsonde) Shigemi Numazawa – Astrofoto; Seite 176 (Luftaufnahme: Berlin) BSF – Bildflug, Diepensee. Mit Erlaubnis der Senatsverwaltung für Bauen, Wohnen und Verkehr – vom 22.01.96; Seite 177 Jürgen Purschke, Kassel; Seite 186 (Mähdrescher) SDP – Mauritius-Photothéque, Mittenwald; Seite 186 (Parkplatz) J. Beck – Mauritius, Mittenwald; Seite 192 (Aletsch-Gletscher) Troisfontaines – Mauritius, Mittenwald; Seite 192 (Jostedalsbreen) Meier – Imagine, Hamburg; Seite 198 (Weinfaß für 1 hl) Europress, Oppenheim; Seite 207 N. Fischer – Mauritius, Mittenwald; Seite 209 (links) W. Prister (rechts) J. Faber – H. Bauer Lapis KG, Köln; Seite 217 (Schwimmtanks Wilhelmshaven) Luftbildfreigabe Bez.Reg. Weser-Ems 0147/10/40; Seite 217 (Seeschleuse bei Emden) Nds. Hafenamt, Emden.